コンセプトから理解するRust

原 旅人［著］

技術評論社

●本書をお読みになる前に

・本書に記載された内容は、情報の提供のみを目的としています。したがって、本書を用いた運用は、必ずお客様自身の責任と判断によって行ってください。これらの情報の運用の結果について、技術評論社および著者はいかなる責任も負いません。

・本書記載の情報は、2022 年 1 月現在のものを掲載していますので、ご利用時には、変更されている場合もあります。

・また、ソフトウェア／ Web サービスに関する記述は、とくに断りのない限り、2022 年 1 月現在での最新バージョンをもとにしています。ソフトウェア／ Web サービスはバージョンアップされる場合があり、本書での説明とは機能内容や画面図などが異なってしまうこともあり得ます。本書ご購入の前に、必ずバージョン番号をご確認ください。

以上の注意事項をご承諾いただいたうえで、本書をご利用願います。これらの注意事項をお読みいただかずに、お問い合わせいただいても、技術評論社および著者は対処しかねます。あらかじめ、ご承知おきください。

●商標、登録商標について

本書に登場する製品名などは、一般に各社の商標または登録商標です。なお、本文中に™、® などのマークは記載しておりません。

はじめに

みなさんはどんなプログラミング言語をお使いでしょうか？　FORTRAN、C言語、C++、Java、Python、Ruby、PHP、JavaScript、Scala、Go、Haskellなどなど、今はさまざまな言語があります。これら複数の言語を、用途や特徴によって使い分けている方も多いのではないかと思います。いろいろな言語でプログラムを書いている中で、以下のようなことを経験されたことはないでしょうか？

- C言語やC++で、mallocなどで確保したメモリの解放を忘れてしまい、利用可能なメモリ量がどんどん減少してしまう（メモリリーク）、または、すでに解放されたメモリ領域を指し示すポインタ（ダングリングポインタ）を通じたメモリ上のデータへの操作によって、意図しないメモリ上の値の参照や書き換え、Segmentation Faultエラー[注1]が発生してしまう
- Javaのガベージコレクション[注2]によって、アプリケーションが動かなくなってしまう時間（"Stop the World"）が生じてしまう。または、"Stop the World"が生じないようにJavaのガベージコレクションに関連するパラメータを調整したり、ガレージコレクションのアルゴリズムをいろいろ試したりする
- JavaScriptなどで、数値と数値の加算のつもりが、文字列と数値の加算になってしまい、意図しない結果になってしまった
- オブジェクト指向の多重継承によって、いわゆる「菱形問題」[注3]が発生して意図どおりのプログラムにならない。または、多重継承が可能な言語とそうではないものがあり、どの言語で記述するかによって設計が大きく変わってしまう
- プログラムの実行が遅い。そのために開発にも時間がかかってしまう

Rustはこのような問題を解決する、有力な選択肢の1つです。

筆者はFORTRANによる数値計算のプログラム開発の経験が最も長いのですが、ファイルの入出力ライブラリなどの開発でC言語も使ってきました。C言語でプログラムを書くときには、メモリリークが起きないか、確保したメモリ領域以外へのメモリアクセスがないかを非常に気にしていました。一方、プログラマーによるメモリ管理が必要ないガベー

注1　アクセスすることが許可されていないメモリ領域にアクセスすることで生じる実行時エラー。プログラムはクラッシュして異常終了となる。

注2　参照されなくなったメモリ領域を自動的に解放する仕組み。

注3　継承した複数のクラスに同じ名前の変数やメソッドがあるときに、どちらのクラスのものを継承するかがあいまいになる問題。

ジコレクションを持つ言語を使ったときには、パフォーマンスの低下ともしばしば戦い、容易なメモリ管理とパフォーマンスはなかなか両立しないものだと感じてきました。

しかし、「メモリ安全」「高速」と言われるRustを使い始め、値の「所有権」の仕組みによって性能の犠牲なくメモリ管理の煩わしさから解放されたことに、天国かと思ったほどです。Rustにはメモリの値に対する「所有権」や、抽象化のための「トレイト」など、ほかのプログラミング言語では馴染みがあまりない概念が登場するため、学習コストが高いと言われることがあります。しかし、その特有な概念を理解できれば、ほかの言語と比べて難解なことはけっしてありません。

本書では、ほかの言語でのプログラミングの経験がある方に読んでいただくことを念頭に、Rustに特有の概念や特徴的なコードの記述方法をほかの言語と比較しながら取り上げました。そして、これらに対する筆者の理解を、各種ドキュメントの表現をそのまま使うのではなく、筆者の言葉で説明するように心がけました。いずれの章も奥深いRustの入口部分のみを説明したもので、すべての機能を網羅しているわけではありませんが、ドキュメントなどでより高度な内容を学ぶための基礎になるようにトピックを選びました。

本書がRustを始めるきっかけになれば幸いです。

本書での環境

本書のコードは、次の環境で検証しています。

OSとマシン　macOS Big Sur、Mac mini (M1, 2020)
rustc　1.54.0 (a178d0322 2021-07-26)
cargo　1.54.0 (5ae8d74b3 2021-06-22)
cc、c++　Apple clang version 12.0.5 (clang-1205.0.22.11)
Python　3.7.10
Node.js　v16.10.0
Go言語　1.17.1

バージョンや環境によっては、掲載したエラーメッセージに一部差異がある場合があります。

本書での表記についての注意

関数やメソッドについては、引数の有無に関わらず、原則として関数・メソッド名のあとに()を付けて本文では表記しています（Rustのmain関数は除く）。

謝辞

本書の執筆にあたり、多くの方のご支援をいただきました。

フォルシア株式会社技術研究所の松本健太郎さんは、筆者にRustを使い始めるきっかけを作ってくださいました。筆者に本書の執筆の機会をくださった株式会社技術評論社雑誌編集部Software Design担当の中田瑛人さんには、企画、コードの検証、編集、校正まで幅広くご支援いただきました。

業務時間外の休日、夜間・早朝に執筆活動をするにあたり、いろいろな面から家族（妻・香代、長女・明日香、長男・健人）の協力を得ました。

そして、すばらしいプログラミング言語を開発し、ドキュメントを含めてRustについてのさまざまな知見を発信しているRustの開発コミュニティーやユーザーにも感謝します。

目次
contents

第1章

Rustを学ぶにあたって

Summary

第1章では、Rustの特徴である高いパフォーマンス、高い信頼性、高い生産性を実現している仕組みやツールを簡単に解説するとともに、学習コストが高いと言われるRustを筆者はどのように学習したかについて紹介します。

1.1　Rustの特徴

Rustの公式ページ（日本語版）[注1]には次のことがRustの特徴として挙げられています。

パフォーマンス　非常に高速でメモリ効率が高く、ランタイムやガベージコレクタがないため、パフォーマンス重視のサービスを実装できる

信頼性　豊かな型システムと所有権モデルにより、メモリ安全性とスレッド安全性が保証される。さらにさまざまな種類のバグをコンパイル時に排除することが可能

生産性　優れたドキュメント、有用なエラーメッセージを備えた使いやすいコンパイラ、および統合されたパッケージマネージャとビルドツール、多数のエディタに対応するスマートな自動補完と型検査機能、自動フォーマッタといった一流のツール群が数多くそろっている

パフォーマンスと信頼性

Rustは高速実行が可能な実行モジュールを作ることができます。

図1.1はベンチマーク測定のためのプログラムをさまざまなプログラミング言語で書いたときの実行速度を比較したもので、"The Computer Language Benchmarks Game"[注2]というWebサイトに掲載されています。

注1　https://www.rust-lang.org/ja

注2　https://benchmarksgame-team.pages.debian.net/benchmarksgame/index.html

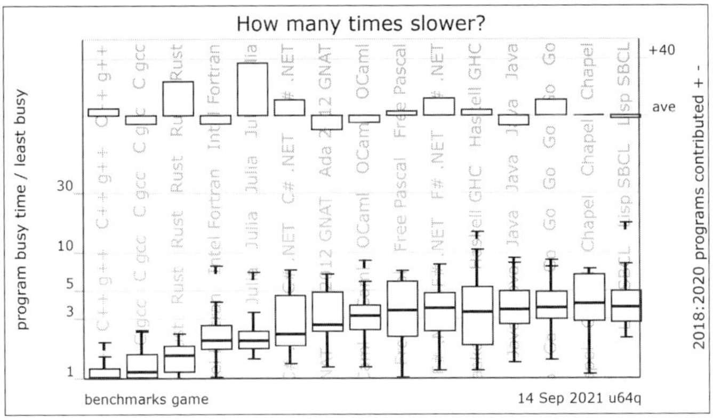

図1.1　プログラミング言語のパフォーマンス比較
https://benchmarksgame-team.pages.debian.net/benchmarksgame/box-plot-summary-charts.htmlより引用

実行速度を測定するためのベンチマークプログラムは10種類あり、測定対象のすべてのプログラムの中で、最も短い時間で実行できたプログラムの実行時間を1として、言語ごとのベンチマークプログラムの実行時間の分布を箱ひげ図で示したものです。各言語で10個の実行速度の測定値があります。言語ごとの平均値を箱の中の線で示しており、箱の下の線が第1四分位数（25パーセンタイル）、上の線が第3四分位数（75パーセンタイル）、「ひげ」が値の範囲を示しています。これを見ると、C、C++、Rustがほかの言語に比べて頭1つ飛び出しており、プログラムを高速に実行できていることがわかります。

実行速度に影響を与える要因の1つが、不要なメモリ領域の解放の操作です。Javaなどでは、「ガベージコレクション」で不要なメモリ領域の自動的な解放を行っていますが、ガベージコレクションは多くのCPUリソースを必要とする負荷の高い操作であり、それが実行速度に影響を与えることがあります。

一方、CやC++では「ガベージコレクション」がないため、それによる実行速度の影響を受けません。しかし、自らメモリ領域の確保、解放を行う必要があり、それを適切に行わないとそもそもプログラムが正しく動作しないことがあります。

これらに対して、Rustでは不要なメモリ領域の解放を、メモリ上の値に結び付けられた変数の「所有権」に基づいて実施しており、所有権を持つ変数のスコープが終わったら、対応するメモリ領域を自動的に解放します。プログラマーがメモリの解放を明示的に指示する必要がありません。また、メモリ解放のタイミングはコンパイル時に決められるため、ガベージコレクションのように実行時に動的にメモリを走査する必要もありません。

CやC++のようにプログラマーが自らメモリ領域の確保や解放をする必要がなく、Javaのように負荷が高いガベージコレクションがないため、メモリリークやダングリングポインタを発生させない「メモリ安全性」が確保できるとともに、高速実行できるパフォーマンスを確保することができています。

また、値の更新ができるのは所有権を持っている、または所有権をミュータブルに「借用」している1つの変数を通じてのみであり[注3]、複数の変数を通じて同時に値の更新ができないようになっています。このことによって、複数スレッドで同じメモリ領域を参照している場合でも、複数のスレッドが意図せず同時に同じ値を変更してしまうということを回避できるようにして、スレッド安全性を確保しています。

Rustの特徴的な概念の1つである「所有権」については、**第3章**で詳しく解説します。

生産性

Rustのパッケージにはコンパイラだけでなく、パッケージマネージャ兼ビルドツールcargo、コードをリアルタイムで分析して、エディタと組み合わせることで自動補完をしたり不正なコードをプログラマーに知らせたりする言語サーバ（Language Server）rlsやrust-analyer、フォーマッタrustfmt、リンターclippyなどが含まれています。また、Rustコンパイラのエラーメッセージには詳しいエラーの内容だけでなく、対処の方法の提案まで含んだ豊富な情報が含まれており、これらを活用することで、効率良くコードを書くことができます。

また、英語で書かれたものが多いですが、ドキュメントが充実しています。

さらに、多くのクレート[注4]のドキュメントが統一されたフォーマットで提供されているので、多くのドキュメントを同じ見方で読むことができます。

そのほかの特徴

Rustはマルチパラダイムの言語と言われることがあります。プログラミング言語のパラダイムには「手続き型」「オブジェクト指向型」「関数型」などがありますが、Rustはこれら3つの特徴を併せ持っています。その中でも、関数型言語の影響を強く受けており、値

注3　「ミュータブル」とは変数にセットした値の変更が可能であるという意味。「ミュータブル」の対義語が「イミュータブル」で、変数にセットした値を変更することができないことを意味する。第3章参照。

注4　Rustにおけるライブラリ。クレートについては2.5節を参照。

がデフォルトでは変更できない（イミュータブルである）こと、値を持たないかもしれない型であるOption型、パターンマッチなどはその一例です。

1.2 Rustの効率的な学習法

Rustは学習コストが高い言語と言われることがあります。確かに、「所有権」や「トレイト」などのほかの言語ではあまり見ない概念が存在し、そのためにほかの言語で通用した感覚がRustでは通用しないということも多々あります。

しかし、Rustのコンパイルエラーのメッセージは、コンパイルエラーになった箇所を変数単位で特定しながらエラーの内容を詳しく示すに加え、その解決方法の提案もしてくれます。

筆者は、一発でコンパイルエラーにならないコードを書こうとするのではなく、コンパイラにおかしいところをリアルタイムに教えてもらいながらRustのコードを書いています。**2.6節**で解説するRustの開発環境を用いれば、わざわざ手動でコンパイルしなくてもコンパイルエラーの内容をインラインで、かつほぼリアルタイムで表示してくれます。筆者は学習初期からこの環境を使うことで、Rustのコードの書き方がだんだんとわかってきました。

また、インラインで表示されるエラーメッセージだけでは理解できない場合は、コンパイルを実行して詳細なエラー情報を見ています。その中から、正しくコードを書くためのヒントが得られ、実際にそれらのヒントに基づいてコードを修正することでRustのコードの書き方の理解を深めることができました。

ぜひ、**2.6節**で紹介する開発環境を使いながら、本書のコードや各種ドキュメントに出てくるコードをそのまま自分で入力する「写経」に挑戦してみてください。コードをながめて書き方を理解したつもりになっていても、実際に自分で書いてみるとほかの言語との細かな書き方の違いに気がつくことがよくあり、どのようなエラーになり得るかを把握することができます。

「写経」は新しいプログラミング言語の学習を始める際の筆者のお勧めの方法で、写経をしながらエラーをすぐに把握できる環境があれば、より学習効果が高まると考えています。

1.3 Rustの情報源・利用可能なリソース

Rustに関するドキュメントは公式ページからリンクされているドキュメントのページ[注5]に用意されています。

The Rust Programming Language (The book)

公式ページからリンクされているドキュメントの中で、Rustの基本的な情報が書かれているのが"The book"と呼ばれている"The Rust Programming Language"[注6]です。原書は英語で書かれていますが、非公式の日本語翻訳版[注7]もあります。ただし、日本語翻訳版は英語による本家最新版にリアルタイムには追随しておらず、記述が古い部分があるので、英語の最新版と併せて読んでいただくのが良いかと思います。

本書はこの"The book"の内容をふまえ、筆者の経験による解釈を加えながら執筆したものです。"The book"の記述と併せて読んでいただくと、より理解が深まるのではないかと考えています。

Rust By Example

Rustの実際のコード例は"Rust By Example"[注8]に豊富にあります。こちらも日本語版[注9]がありますが、本家最新版にリアルタイムに追随していないのは"The book"と同じです。筆者の場合、ほかの文献で理解に苦しむ部分があったときに、"Rust By Example"でコード例を探して実際の使い方を見ることで、理解できるようになったことがしばしばありました。

標準ライブラリのドキュメント

標準ライブラリはStdクレートとして提供され、クレート標準のドキュメント形式で提供されています[注10]。英語による提供のみではありますが、型、メソッド、トレイトなどの

注5 https://www.rust-lang.org/ja/learn
注6 https://doc.rust-lang.org/book/
注7 https://doc.rust-jp.rs/book-ja/
注8 https://doc.rust-lang.org/stable/rust-by-example/
注9 https://doc.rust-jp.rs/rust-by-example-ja/
注10 https://doc.rust-lang.org/std/index.htm

情報が網羅されています。また、ソースコードへのリンクも用意されており、実際にソースコードを見ながら仕様の理解を深めることもできます。

また、画面上部には検索窓があり、ここに調べたいキーワードを入力して検索すれば、そのキーワードに部分一致する項目が列挙されて表示されます。この検索は非常に便利で、筆者がよく使う機能の1つです。

Webサイト「crates.io」

公開されているクレートが集められたページです[注11]。crates.io（2.5節参照）に公開されているクレートについてのドキュメンテーションへのリンクがあり、クレートを利用する際の使い方などを調べることができます。また、公開クレートの検索もできます。

The Rust Reference

"The Rust Reference"[注12]は、非公式の位置づけではありますが、Rustのコードの記述ルールを網羅しています。筆者はこのドキュメントを頻繁には使っていませんが、ほかの方が作られたコードで見慣れない書き方が出てきたりしたときに、このドキュメントを調べることでその意味を理解できることがあります。

Rust Playground

ブラウザ上でRustのコードを入力し、実行できる機能を提供してくれるWebページです[注13]。さまざまな支援機能がそろったVisual Studio Codeなどでコードを書いたほうが便利ではありますが、その環境がないときに、Rustのコードの書き方を確認したい、簡単なテストをしたいという場面で筆者は使うことがあります。

また、自分が書いたコードにURLを付与して、ほかの人に共有できる機能があります。この機能は、Rustのコードについてほかの開発者と議論するときに便利です。

◆ ◆ ◆

最近は、Rustを使おうとする人が増えてきており、Web検索をすればRustについて言及した多くのWebページを、日本語のものを含めて見つけることができます。応用的な

注11 https://crates.io
注12 https://doc.rust-lang.org/reference/index.html
注13 https://play.rust-lang.org/

内容について、コード例を交えながら説明しているページも多くあります。

Column

英語のドキュメント

Rustのドキュメントはまだまだ英語で書かれたものが多いです。これはRustに限らず、新しいことについてのドキュメントはまず英語で書かれることがほとんどで、その英語のドキュメントを見ないと最新の情報に追随できないことが多くなってきています。

英語で書かれているというだけで尻込みをしてしまう方もおられるかもしれませんが、技術関連で使われる英語ではテクニカルワードや決まった言い回しが多く、それを理解してしまえば、そんなに難しいものではありません。英語のスキルレベルを表すのに「日常会話程度」というのがありますが、日常会話は背景となる文化やトピックスが前提になっていることが多く、筆者は非常に難しいものと感じています（英国に2年間滞在した経験から）。逆に、背景となる知識があって、少々のテクニカルワードを知っていれば、記述されているのが外国語であっても、だいたいの意味は理解できることが多いです。

プログラミングに関する知識があれば、Rustの英語のドキュメントはだいたい理解できるものが多いと感じています。英語で書かれているということで避けずに、ぜひ読んでみてください。

なお、英語を逐次日本語に置き換えていると読むのに時間がかかって疲れてしまうので、嫌になってしまうことが多いですが、英語を英語のままで理解できるようにドキュメントを読む練習をすると、英語の読解スキルが高まり、英語に向き合うのが苦ではなくなります。

第2章

Rustをはじめよう

Summary

第2章では、Rust一式のインストールと、開発の始め方、コンパイル・実行方法を取り上げるとともに、Rustの特徴的な記法を含む簡単なコードを使いながら、Rustのコードの書き方、スタイルなどを解説します。また、開発や学習に欠かせないと筆者は考えているVisual Studio CodeによるRustの統合開発環境の作り方について紹介します。

2.1　Rustの開発環境のインストール

Rustは開発環境のインストールが非常に簡単です。インストール方法は公式ドキュメント[注1]にありますが、インターネット環境に接続できるLinuxやmacOSであれば、ワンライナーでインストールができてしまいます。

```
$ curl --proto '=https' --tlsv1.2 https://sh.rustup.rs -sSf | sh
```

このコマンドを実行すると、筆者の環境では以下のように出力されます。

```
info: downloading installer

Welcome to Rust!

This will download and install the official compiler for the Rust
programming language, and its package manager, Cargo.

Rustup metadata and toolchains will be installed into the Rustup
home directory, located at:

  /Users/tabito/.rustup                                              ①

This can be modified with the RUSTUP_HOME environment variable.

The Cargo home directory located at:

  /Users/tabito/.cargo                                               ②
```

注1　https://doc.rust-jp.rs/book-ja/ch01-01-installation.html

```
This can be modified with the CARGO_HOME environment variable.

The cargo, rustc, rustup and other commands will be added to           ②
Cargo's bin directory, located at:

  /Users/tabito/.cargo/bin

This path will then be added to your PATH environment variable by
modifying the profile files located at:

  /Users/tabito/.profile                                                ③
  /Users/tabito/.bash_profile
  /Users/tabito/.bashrc
  /Users/tabito/.zshenv

You can uninstall at any time with rustup self uninstall and
these changes will be reverted.

Current installation options:


   default host triple: x86_64-apple-darwin
     default toolchain: stable (default)
               profile: default                                         ④
  modify PATH variable: yes

1) Proceed with installation (default)
2) Customize installation
3) Cancel installation
```

このメッセージには、Rustを使うにあたって、これから出てくる言葉、概念がいくつか含まれています。

①「Rustupホームディレクトリというものが/Users/tabito/.rustup（tabitoはユーザー名、以下同）に置かれ、ここにメタデータやツールチェーンが置かれる」とあります。Rustup[注2]はRust本体のインストールを管理するもので、Rustupを使うとアップデートや、安定版・ベータ版・開発版の切り替えが可能です。新しいRustがリリースされたら、

```
$ rustup update
```

注2　https://github.com/rust-lang/rustup

とするだけで、新しいバージョンがインストールされます。通常の利用ではこれだけを覚えていれば十分ですが、開発版（nightly）やベータ版を使ってみたい場合には、"The rustup book"[注3]をご覧ください。

②Cargoについて、以下のような記述があります。

- Cargoのホームディレクトリが/Users/tabito/.cargoである
- /Users/tabito/.cargo/binにcargo、rustc、rustupやそのほかのツールがインストールされる

Cargoは、Rustにおいてコードのコンパイルを支援するビルドツールであり、またパッケージの管理をするパッケージマネージャでもあります。たとえば、コンパイルの操作が必要なC言語などでは、コードファイル間の依存関係を解決したり、ビルドの手順を記述したりするためにmakeなどを使うことが多いかと思います。RustではCargoがその役割を果たすものになっており、コンパイラのコマンドであるrustcを開発者が直接実行することはほとんどありません。

Cargoでパッケージのためのディレクトリを作成し、ユーザー所定の位置にソースコードを配置してCargoのコマンドを実行することでビルドを行います（Cargoがrustcを実行しています）[注4]。Cargoを使ったRustのコードの作成の流れは**2.2節**で説明します。

③各種シェルの設定ファイルにおいて、Cargoなどのツールがインストールされるディレクトリが環境変数PATHに追加される、とあります。これがインストール時に行われることで、ツールをフルパスで指定せずに使えるようになります。

④インストールをデフォルト設定で行うのか（1）、カスタマイズするのか（2）、中止するのか（3）を尋ねられます。「1」を入力して Enter を押せばインストールが始まります。

注3　https://rust-lang.github.io/rustup/concepts/channels.html

注4　そのほかのRustの関連ツールの中には、コードファイルの配置がCargoで作成されたパッケージのものであることを前提にしているものがあり、Rustでの開発ではCargoでパッケージの作成をし、Cargoでビルドをするのが良いと考えます。

```
>1

info: profile set to 'default'
info: default host triple is x86_64-apple-darwin
warning: Updating existing toolchain, profile choice will be ignored
info: syncing channel updates for 'stable-x86_64-apple-darwin'
info: latest update on 2021-07-29, rust version 1.54.0 (a178d0322 2021-07-26)
info: downloading component 'rust-analysis'
info: downloading component 'rls'
info: downloading component 'rust-src'
info: downloading component 'cargo'
info: downloading component 'clippy'
info: downloading component 'rust-docs'
info: downloading component 'rust-std'
info: downloading component 'rustc'
info: downloading component 'rustfmt'
info: installing component 'rust-analysis'
info: installing component 'rls'
info: installing component 'rust-src'
info: installing component 'cargo'
info: installing component 'clippy'
info: installing component 'rust-docs'
info: installing component 'rust-std'
info: installing component 'rustc'
info: installing component 'rustfmt'
info: default toolchain set to 'stable-x86_64-apple-darwin'

  stable-x86_64-apple-darwin updated - rustc 1.54.0 (a178d0322 2021-07-26) (from rustc 1.51.0
(2fd73fabe 2021-03-23))

Rust is installed now. Great!

To get started you may need to restart your current shell.
This would reload your PATH environment variable to include
Cargo's bin directory ($HOME/.cargo/bin).

To configure your current shell, run:
source $HOME/.cargo/env
```

これでRustの開発に必要なツールがインストールされました。あとは、最後の行にあるように、シェルを再起動します。

上記の実行ログでいくつかのツールがインストールされているのがわかります。その中から何点かを簡単に紹介しておきます。

cargo　Rustのビルドツール・パッケージマネージャ(既述)

rustc　Rustのコンパイラ(既述)

clippy　linter(静的解析ツール)の1つ。コードを分析してよくある誤りやより良い書き方を示してくれる

rustfmt　Rustの推奨されるコードスタイルに沿ったコードに整形してくれるツール(本書で使っているコードの多くもrustfmtで整形)

rls/rust-analysis/rust-src　RustのLanguage Server (LS)[注5]。エディタと組み合わせることで、自動補完、関数定義へのジャンプ、文法の誤りなどの情報を提供。次世代のRustのLSとしてrust-analyzerが開発されている[注6]

rustdoc　コード内にコメントとして書かれたドキュメントを取り出し、HTMLのドキュメントページに整形してくれるツール[注7]

これらのツールについては、本書でも必要に応じてさらに説明します。

2.2　Rustでコードを書いてみよう

ここでは、パッケージディレクトリの作成、コードの作成、コンパイルと実行という一連の流れを説明したのち、Rustのコードの形式について見ていきます。

プログラミングの書籍の最初のコードの定番は「Hello, World!」ですが、本書では読者のみなさんがほかのプログラミング言語の経験があることを前提にしているので、ほかの言語からみると特徴的な書き方を含む、少し長いコードを用います。あまり他の言語では聞かないような概念もここで出てきますが、いずれも詳しくはのちの章で取り上げますので、全部をここで理解しようとせずに、Rustの雰囲気を感じていただくので十分です。

cargo newによるパッケージディレクトリの作成

Rustでは、「パッケージ」と呼ばれるディレクトリを作成して、その中にコードを書いていくのが一般的です。まずは、`cargo new`を使ってパッケージを作成します。ここではパッケージ名をstartとしましょう。

注5　https://github.com/rust-lang/rls
注6　https://rust-analyzer.github.io/
注7　https://doc.rust-lang.org/rustdoc/what-is-rustdoc.html

```
$ cargo new start
     Created binary (application) `start` package
```

実行すると、startというディレクトリ（パッケージディレクトリ）が作成され、その下に以下のような構造でファイルが配置されます。

```
start
├── Cargo.toml
└── src
    └── main.rs
```

Cargo.tomlには、そのパッケージの内容や設定が書かれており、このファイルの存在によって、これがRustのパッケージであることを示しています。`cargo new`で自動作成されたCargo.tomlは、以下のような内容になっています。

```
[package]
name = "start"
version = "0.1.0"
edition = "2018"

# See more keys and their definitions at https://doc.rust-lang.org/cargo/reference/manifest.
html

[dependencies]
```

今はこのファイルはこのままにしておきましょう。

自動作成されるサンプルプログラムのコンパイル・実行

コードはsrc/main.rsに書いていきます。`cargo new`を実行した直後のsrc/main.rsには、お馴染みのHello, world!を表示するコードが作られています。

```
fn main() {
    println!("Hello, world!");
}
```

すでにコードがあるので、コンパイルやプログラムの実行ができます。コンパイルおよびプログラムの実行をするには、cargo runを使います。

```
$ cd start
$ cargo run
   Compiling start v0.1.0 (/private/tmp/start)
    Finished dev [unoptimized + debuginfo] target(s) in 0.74s
     Running `target/debug/start`
Hello, world!
```

コンパイルとプログラムの実行がされ、Hello, world!が標準出力に出力されているのがわかります。

コンパイルによって生成された実行モジュールは、上のcargo runのメッセージにあるように、target/debugの下に、Cargo.tomlの[package]の中で指定したnameの名前で置かれます。

コンパイルだけをして、プログラムの実行はしない場合は、cargo buildを実行します。ですので、次のようにすれば、cargo runを実行するのと同じになります。

```
$ cargo build
$ ./target/debug/start
```

cargo buildやcargo runによるコンパイルでは、デフォルトは「開発プロファイル」を用いてコンパイルがされ、最適化が行われず、さまざまなデバッグ情報が得られるような実行バイナリが生成されます。

一方、開発が終わってリリースをする際には、コンパイル時にさまざまな最適化を行う「リリースプロファイル」を用いてコンパイルすることが推奨されています。リリースプロファイルを用いてコンパイルをするには、

```
$ cargo build --release
```

のように、--releaseをオプションに付けます。実行モジュールはtarget/release以下に作成されます。開発プロファイルを用いたときに比べ、実行速度が速くなることが多いの

で、リリース時には`--release`を付けてコンパイルして生成されたバイナリを使うようにしましょう。

2.1節で、いくつかのツールがインストールされることを紹介しました、Cargoを使うとこれらのツールの実行ができます。どのファイルに対して実行するのかをCargoが判断してくれるので、簡単に実行できます。

```
$ cargo fmt     # rustfmtを実行
$ cargp clippy  # clippyを実行
```

なお、`cargo new`でパッケージのディレクトリを作らずに、自分で作ったコードをrustcを用いてコンパイルすることもできます。しかし、この方法ですと、Cargoやエディタの便利な機能が利用できません。Rustのコードを書き始めるときには、小さなコードであっても`cargo new`でパッケージを作るのが良いと考えています。

「最初のコード」とその実行

次に、start/src/main.rsを**リスト2.1**のコードに置き換えます。このプログラムは、2つの整数を引数に与えて除算をする関数をいくつか定義し、その結果を標準出力に出力するものです。その際に、ゼロによる除算をエラーとしています。

リスト2.1 最初のコード

```
fn func_ex_div_some(x: i32, y: i32) -> Option<i32> {
    let ans = if y == 0 {
        None
    } else {
        Some(x / y)
    };
    ans
}

fn func_ex_div_result(x: i32, y: i32) -> Result<i32, &'static str> {
    if y == 0 {
        Err("div by zero")
    } else {
        Ok(x / y)
    }
```

```
}

fn func_ex_print_some<T: std::fmt::Display>(ans: Option<T>) {
    if let Some(x) = ans {
        println!("{}", x)
    } else {
        println!("None")
    }
}

fn func_ex_print_some_match<T: std::fmt::Display>(ans: Option<T>) {
    match ans {
        Some(x) => println!("{}", x),
        None => println!("None")
    }
}

fn func_ex_print_result<T: std::fmt::Display, E: std::fmt::Display>(ans: Result<T, E>) {
    match ans {
        Ok(res) => println!("{}", res),
        Err(str) => println!("{}", str),
    }
}

fn main() { // メイン関数
    func_ex_print_some(func_ex_div_some(10, 5)); /* 関数の呼び出し */
    func_ex_print_some(func_ex_div_some(10, 0));
    func_ex_print_some_match(func_ex_div_some(10, 5));
    func_ex_print_some_match(func_ex_div_some(10, 0));
    func_ex_print_result(func_ex_div_result(10, 5));
    func_ex_print_result(func_ex_div_result(10, 0));
}
```

先ほどのHello world!と同様に、cargo runによって、コンパイルおよびプログラムの実行ができます。

```
$ cargo run
   Compiling start v0.1.0 (/Users/tabito/github/rust_book/code/start)
    Finished dev [unoptimized + debuginfo] target(s) in 0.84s
     Running `target/debug/start`
2
None
2
```

```
None
2
div by zero
```


この出力の最後の6行が、コードの41～46行目の関数の呼び出しに対応したものです。

Rustの記法・特徴的な書き方

リスト2.1のコードの中に出てくるRustの記法、特徴的な書き方について、いくつかピックアップしてみます。

コメントアウト

各行の`//`以降から行末まではコメントアウトです（40行目）。C言語のように`/*　*/`で囲まれた部分もコメントアウトで（41行目）、この記法は複数行のコメントアウトに対応しています。

i32型

1行目から出てくる`i32`は符号付き32ビット整数型を示しています。`i`が「符号付き整数」を表しており、`32`は表現に用いるビット数です。「符号なし整数」を表す接頭辞は`u`であり、ビット数には`8`、`16`、`32`、`64`、`128`が用意されています。これらを組み合わせた、`i16`、`u32`などの型が整数の型として定義されています。

標準出力への出力

20行目などに現れる`println!`は、引数で指定したフォーマットと内容を標準出力に出力するものです。末尾の`!`はマクロであることを示していますが、マクロであることを特段意識せず、「標準出力には`println!`」と覚えておけば十分です。第1引数で出力フォーマットを指定し、第2引数以降に出力する変数などを並べます。出力フォーマットの指定の中の`{}`が1つの変数に対応します。複雑なフォーマットを指定する必要がなければ、第2引数以降の変数の数と、第1引数の出力フォーマット指定の中の`{}`の数が一致していれば、機能します。なお、標準エラー出力に出力するには`eprintln!`を使います。

関数

Rustのコードは関数の集まりであり、C言語と同様、このプログラムが実行されるとmain関数（40〜47行目）が呼び出されます。各関数の宣言は、

```
fn 関数名(引数: 引数の型, ...) -> 返却値の型 {
    関数の実装
}
```

という形になっています。引数の型を指定している部分を「型アノテーション」と呼びます。返却値がない場合（C言語でvoidを返却する場合に対応）は、-> 返却値の型の部分は省略できますが、これは値がないことを表す型（ユニット型）の値()が返却されていることを省略したもので、省略しない場合は-> ()と書きます。

文（statement）と式（expression）

6行目や、41行目から46行目の文末には;（セミコロン）が付いていますが、7、12、14、15行目の文末にはセミコロンがありません。Rustではセミコロンがある場合とない場合で意味が異なります。

文末がセミコロンで終わっているものは「文（statement）」と呼ばれ、値を返すものではありません。一方、文末がセミコロンで終わっていないものは「式（expression）」と呼ばれ、値として評価されるものです。その結果を変数に束縛（後述）できます。

7行目はセミコロンが文末になくansだけが書かれています。これは「式」であり、この関数の返却値になっています。

if分岐と式

C言語、C++、JavaScriptなどではifのあとに書く「条件」を括弧()で囲むことが必須ですが、RustではPythonなどと同様に「条件」を括弧で囲むことが必須ではなく、むしろ括弧で囲まないことが推奨されています（2行目）。「条件」を括弧で囲むとコンパイル時にエラーにはならないものの、警告が出ます。

一方、C言語などでは「条件」に合致したときの処理を記述する部分が1行であれば、その処理を{}で囲むことを省略できますが、Rustの場合は処理の部分を{}で囲むことが必

須です。Rustでは{}で囲まれた部分のことを「ブロック（式）」と呼び、変数のスコープはブロックの中で閉じます（ブロック内で宣言された変数はブロックの外では使えない）。また、「式」であるので値を返します。ifには、「条件」の指定と「条件」に合致した際の処理を記述したブロックが必要になります。

ifには「式」であるブロックが伴うので、if分岐全体が値を返す「式」になっています。11〜15行目がまさにその例になっており、12、14行目の「式」で値を返していて（文末にセミコロンがない）、if分岐の中で評価されたどちらかのブロックの「式」の値がif分岐の「式」の値になります。15行目のif分岐の最後にもセミコロンはなく、if分岐全体が「式」であることを示しています。

なお、if分岐の中では手続きのみで値を返す式がない場合には、ユニット型の値()を返します。つまり、if分岐はいつでも値を返す「式」なのです。

if分岐は「式」ですので、返却する値の型はどの分岐が実行されても同じにする必要があります。たとえば、最初のif分岐でi32型の値を返し、elseでは手続きのみ（つまり()を返す）ということはできません。

なお、「条件」も論理型の値を返す「式」である必要があります。

Scala、Haskellなどの関数型言語でもif分岐は「式」になっており、関数型言語の影響を受けたものと言えるでしょう。

変数への束縛

変数への束縛はletによって行います。2〜6行目はその例で、=の右側の式の値をansに束縛しています。先に説明したとおり、Rustではif分岐は式でした。ですので、letの=の右側にif分岐を配置できるのです。なお、6行目のセミコロンはletの処理に対するものであり、この処理が値を返すわけではないので「文」であり、セミコロンが必要です。

変数への束縛については、**第3章**で詳しく取り上げます。

Option型

1行目の関数の返却値の型はOption<i32>となっています。Option型と呼ばれるこの型は、「値がないということがあり得ること」を示す型です。1〜8行目で定義している関数では、x / yのyがゼロであれば除算として定義できず値がないので、それを表すためにNoneを返しています。yがゼロではない場合にはx / yの計算値を返しますが、このときSome()というもので包んで返します。

Option型の値を受け取ったら、値が入っているのか入っていないのかを確認し、それぞれの場合の処理を書くことになります。その場合によく使われるのが19行目のif letや27行目のmatchです。19行目のif letでは、ansがSome()に包まれていたら、その値をxとして取り出す、という意味になります。if letでは、==ではなく=が使われていることに注意してください。elseはansがSome()に包まれていない、つまり、Noneである場合に対応しています。これらの処理を別の記法で記述したのが27行目からのmatchです。

Option型については**4.8節**で、matchやif letについては、**4.10節**で取り上げます。

型パラメータ、トレイト境界

再び、1行目の関数の返却値の型を見てみるとOption<i32>のように、<i32>という記述があります。Option型はあらゆる変数型で使えるように変数型は可変のパラメータになっており、よくOption<T>のように表されます。Tが型パラメータと呼ばれるもので、<i32>は型パラメータにi32型を指定している記述になっています。たとえば、Option<String>とすれば、「値がないということがあり得るString型」ということになり、String型の値をSome()で包んだものか、Noneのいずれを表す型になります。

18行目から定義している関数func_ex_print_some()では、引数のansの型がOption<T>となっています。この関数を呼び出している41、42行目の使い方を見ると、func_ex_print_some()の引数はfunc_ex_div_some()の返却値の型であるOption<i32>であればいいので、18行目の代わりに、

```
fn func_ex_print_some(ans: Option<i32>)
```

であれば動作はします。しかし、18行目の元の記述はi32以外の型でも使えるように、型パラメータを用いた定義になっています。こうすることで、Option<i32>に限らず、Option<f32>（f32は単精度浮動小数点の型）などでも使えるようになります。

引数や返却値の型に型パラメータを使う場合には、関数名と引数の間に型パラメータを

含むことを示す宣言を<>で囲んで示します。

ただし、Tはどんな型でもいいわけではありません。Tに条件を付けているのが18行目のT: std::fmt::Displayという部分です。これは「型Tはstd::fmt::Displayいうトレイトで宣言されたメソッドが実装されている型に制限する」と解釈されるもので、トレイト境界と呼ばれます。

トレイトというのは、Rustにおける抽象化で中心的な役割を果たすものです。詳しくは**第5章**で説明しますが、ここでは、型パラメータでいろいろな型に適用できるようにする際に、その型にどういう動作（メソッド）が実装されているかを指定できるもの、と理解していただければ十分です。

println!の中ではstd::fmt::Displayトレイトで宣言されているメソッドが使われているため、そのメソッドが実装されていることをprintln!に渡す値の型への制約条件にする必要があるわけです。

Result<T, E>型、パターンマッチ

Rustのエラーハンドリングでは Result<T,E>型がよく使われます。ここで、TやEは型パラメータで、Tが成功した場合に返却される型、Eがエラーが発生したときに返却される型になっています。

Result<T,E>は10行目から始まる関数の定義の返却値として使われ、成功時にi32型、エラー時に&'static str型を返します。なお、&'static str型には&（リファレンスであることを示す記号）や'static（変数のライフタイムを指定したもの）が付いていますが、ここでは深く追求せず、文字列を表す1つの型として理解しておいてください（**4.5節**で説明します）。

関数の中では、成功したときに返却する値をOk()に包んで（包まれる変数の型はT）、エラー発生時に返却する値をErr()に包んで（包まれる変数の型はE）、返します。12行目、14行目がそれらで、セミコロンがないので式として値を返していることがわかります。

Result<T,E>型の変数を受け取ったら、成功したときとエラーが発生したときと分けて処理を書くことになりますが、その例が34～37行目です。Option型の処理と同様に、matchを使っています。この例であれば、Result<T,E>型の変数ansがOk(値)というパターンである場合、Err(値)という形である場合の2つの場合の処理をそれぞれ書いています。

◆ ◆ ◆

ここでは簡単なコード例を用いて、Rustのコードの見た目がどういうものであるのかを示すとともに、ほかの言語にはあまり見られないRustの特徴的な書き方を紹介しました。第3章以降で、Rustのコードの書き方をより詳しく見ていくことにしましょう。

2.3 Rustのコンパイルエラーメッセージ

1.1節や**1.2節**で説明したように、Rustのコードのコンパイルに失敗したときのエラーメッセージは、多くの情報を含んでいます。次のものはエラーメッセージの一例です。

```
error[E0596]: cannot borrow `*x` as mutable, as it is behind a `&` reference
  --> src/main.rs:41:5
   |
40 | fn myclear(x: &String){
   |               ------- help: consider changing this to be a mutable reference: `&mut
String`
41 |     x.clear();
   |     ^ `x` is a `&` reference, so the data it refers to cannot be borrowed as mutable
```

コードの具体的な場所を指定しながら、何がエラーであるのかを示すとともに、修正方法の提案が書かれていることも多いです。最初の行に書かれている[E0596]はエラーインデックス番号で、公式Webページのエラーインデックス一覧[注8]に、各エラーインデックス番号に対応するエラーの解説が書かれています。

この一覧ページにあるエラーの解説と同じ内容のものは、次のようにコマンドラインからも呼び出すことができます。

```
$ rustc --explain E0596
This error occurs because you tried to mutably borrow a non-mutable variable.

Erroneous code example:

```
let x = 1;
let y = &mut x; // error: cannot borrow mutably
```

注8　https://doc.rust-lang.org/error-index.html
```

````
```

In here, `x` isn't mutable, so when we try to mutably borrow it in `y`, it
fails. To fix this error, you need to make `x` mutable:

```
let mut x = 1;
let y = &mut x; // ok!
```
````

このような詳細なエラーメッセージは、エラーの内容の把握とその修正方法の検討を容易にして生産性を高めるとともに、Rustの学習にも効果的に活用できます。

2.4 テストの実装

Rustでは、単体テストなどを簡単に実装してテストすることができます。

リスト2.2 Rustにおけるテストコード

```
fn add_i32(x: i32, y: i32) -> i32{
    x + y
}

#[test]
fn test1(){
    assert_eq!(add_i32(1, 2), 3); // 成功
}

#[test]
fn test2(){
    assert_eq!(add_i32(2, 4), 7); // 失敗
}

fn main() {
    println!("{}", add_i32(2, 5));
}
```

リスト2.2では、`add_i32()`という関数を作り、そのテストを作っています。テストは関数で記述し、関数の宣言の前に`#[test]`と書いておきます。

`#[test]`のように`#[...]`の形でコード内に置かれるものは「属性」(attributes) と呼ばれ、
```

何らかの付加情報を与えるものです。#[test]が付いている関数は、テストの際に実行する関数であり、cargo buildで作成される実行モジュールにはその関数を含めないことを示しています。

リスト2.2ではtest1()（6行目）とtest2()（11行目）という2つの関数に#[test]を付けており、テストの際に実行する関数であることを示しています。その関数の中では、assert_eq!というマクロを使っており、第1引数と第2引数が等価であるかをチェックし、等価でなければpanicを発生させ、プログラムの実行を失敗させます。テストを実行する際には、その関数がpanicを起こさずに処理を完了できれば、テストは成功したとみなされます。

#[test]を付けたテストのための関数を実行するためには、

```
$ cargo test
```

を実行します。**リスト2.2**に対してcargo testを実行すると、次の出力が得られます。

```
running 2 tests
test test1 ... ok
test test2 ... FAILED

failures:

---- test2 stdout ----
thread 'test2' panicked at 'assertion failed: `(left == right)`
  left: `6`,
 right: `7`', src/main.rs:12:5
note: run with `RUST_BACKTRACE=1` environment variable to display a backtrace


failures:
    test2

test result: FAILED. 1 passed; 1 failed; 0 ignored; 0 measured; 0 filtered out; finished in
0.00s

error: test failed, to rerun pass '--bin test_func'
```

`test1()`では、`add_i32(1, 2)`の結果が3であることをチェックしていますが、結果は3であるので、`assert_eq!`がpanicを起こさずに処理を完了し、テストは成功した（ok）と表示されています。一方、`test2()`では、`add_i32(2, 4)`の結果が7であることをチェックしていますが、結果は6であるので、`assert_eq!`に失敗して、panicが発生します。そのため、テストは失敗した（FAILED）と表示されています。

コードを開発する際には、このようなテストのための関数を入れて、テストを実行しながら進めることで、品質が高いコードを開発できるでしょう。

2.5　クレートとモジュール

バイナリクレートとライブラリクレート

Rustではプログラムの構成単位のことを「クレート」と呼んでいます。クレートには実行モジュールを作るための「バイナリクレート」と、ライブラリを作るための「ライブラリクレート」があり、`cargo new`で作成されるパッケージディレクトリは、原則として1つのクレートを作るための環境を用意することに対応しています。

`cargo new`で作成される環境はデフォルトではバイナリクレートを作成するための環境で、`cargo new`に`--libs`を付けて実行すると、ライブラリクレートを作成するための環境が用意されます。Cargo.tomlにとくに設定を書かない限りは、src/main.rsがバイナリクレート、src/lib.rsがライブラリクレートを作成するためのソースファイルになっています。

バイナリクレートもライブラリクレートも、Cargo.tomlの中の`[package]`にある`name`で指定された名前（クレート名）が付けられます。バイナリクレートのソースコードがsrc/main.rsだけであれば、コンパイルによって生成される実行モジュールはその名前になります。また、src/main.rsとsrc/lib.rsを共存させることも可能で、その場合は同名のクレートが2つあることになります。この場合には、バイナリクレートからライブラリクレートをクレート名で参照します。

src/binの下に複数の.rsファイルを配置すると、それぞれが個別のバイナリクレートのソースコードになります。`cargo build`によって、.rsファイルに対応した複数個の実行モジュールが生成され、実行モジュールの名前はそれぞれ.rsファイルの名前と一致します。

ソースコードの分割とモジュール

C言語などでは、任意の名前の複数のソースコードを個別にコンパイルし、それをリンクして実行モジュールを作ることが一般的です。複数のソースコードに分割せずに1つのファイルにすべてのコードを詰め込んでしまうと、可読性、再利用性が著しく悪くなるからです。

Rustにおいては、関連する機能をまとめた「モジュール」という単位でファイルを分割し、バイナリクレートのソースファイルであるsrc/main.rs、またはsrc/bin以下の.rsのファイルからモジュールをインポートします。モジュールがほかのモジュールをインポートすることもできます。

モジュールの定義とインポート

モジュールはmodというキーワードで宣言の定義ができます。

リスト2.3 モジュールの定義とインポート（main関数）

```
1 mod module_hello {
2   pub fn print_hello(){
3       println!("Hello");
4   }
5 }
6 
7 fn main(){
8   module_hello::print_hello();
9 }
```

このコードはsrc/main.rsの中で、modによってモジュールを作成し、main関数の中からそのモジュールの中に定義した関数print_hello()を呼んでいます。

モジュールを作成できるようになりましたが、src/main.rsにモジュールの定義を書いていてはソースファイルの分割はできません。そこで、モジュールを別のファイルに作成して、それをsrc/main.rsから読み込むようにしてみます。

リスト2.3の2〜4行目の部分を、src/module_hello.rsという別ファイルに切り出します。

リスト2.4 モジュールの定義（module_hello.rs）

```
pub fn print_hello(){
    println!("Hello");
}
```

ここで、**リスト2.3**の1行目の`mod`を含めないことに注意します。そして、バイナリクレートのソースファイルsrc/main.rsに、

```
mod module_hello;
```

と書くと、src/main.rsの中に、

```
mod module_hello{
  # module_hello.rsの中身
}
```

のように展開されたことと同じ状態になり、モジュールを作ることができます。

もし、ファイルの名前と別のモジュール名にしたければ、

```
#[path = "module_abc.rs"]
mod module_hello;
```

のように`path`属性を使い、モジュール`module_hello`を作成するときに読み込むファイル名をmodule_abc.rsと指定できます。

なお、**リスト2.3**の1～5行目の`mod`によるモジュール定義の全体をmodule_hello.rsに切り出すと、src/main.rsの`mod module_hello`によって、

```
mod module_hello{
  mod module_hello {
    pub fn print_hello(){
        println!("Hello");
    }
  }
}
```

と展開され、module_helloというモジュールの中に、さらにmodule_helloというモジュールが定義される形になりますので、注意してください。

モジュールの公開性

リスト2.4の関数print_hello()の定義の前にはpubというキーワードを付けています。モジュールには、関数、構造体などの型定義、トレイト定義などの要素を配置できますが、そのモジュールをインポートしても、デフォルトではモジュールの外からモジュールの要素にアクセスできない状態、すなわち公開されていない状態になっています。これは、オブジェクト指向言語におけるクラスの変数やメソッドの隠蔽（カプセル化）に似たものです。モジュールの外から利用するモジュールのコンポーネントにはpubというキーワードを付ける必要があります。

モジュールの階層構造とパス表記

モジュールは、ほかの.rsファイルをmodを使ってモジュールとして読み込むことができ、それによってモジュールは階層構造をなします。たとえば、main.rsが、

```
mod module_a;
```

としてmodule_a.rsを読み込み、module_a.rsが、

```
#[path = "module_b.rs"]
mod module_b;
```

としてmodule_b.rsを読み込めば、モジュールの階層構造は次のようになります。

```
crate (main.rs)
└──── module_a
      └──── module_b
```

ここで、module_a.rsがmodule_b.rsをmodで読み込む際に、#[path = "..."]によるファイルパス指定を入れました。これを指定しない場合は、module_b.rsの配置場所がsrc/

module_a/module_b.rsになっているものとしてmodule_b.rsの検索がされます。このとおりにファイルを配置しても良いですが、モジュール作成の際に読み込まれるファイルを同じディレクトリ階層に置いている場合などは、#[path = "..."]でファイルパスを指定します。

このような階層構造の中で、module_a.rsの中の関数func_a()、module_b.rsの中の関数func_b()を呼び出したい場合には、それぞれ、

```
crate::module_a::func_a();
crate::module_a::module_b::func_b();
```

のようにします。

crateは自分自身のクレートルート（クレートの大元）であるmain.rsに対応しており、crates.io（後述）に公開されている外部クレートを使う場合には、crateの部分をそのクレートの名前にします。

モジュールの階層の区切りは::で表します。モジュールの階層構造の表記は、/を区切りにして階層構造を表すファイルシステムのディレクトリとよく似ており、ファイルシステムのパス表記に「絶対パス表記」「相対パス表記」があるように、モジュールにも両方の表記法があります。

クレートルートであるcrateを先頭に表記する方法は、いわゆる「絶対パス表記」です。一方、main.rsからは、module_a.rsの中の関数func_a()、module_b.rsの中の関数func_b()は、「相対パス表記」を使ってそれぞれ、

```
module_a::func_a();
module_a::module_b::func_b();
```

と書くことができます。

useを使ったモジュールパスの短縮化

これまでに見たように、モジュール内の要素（関数など）を呼び出す際には、モジュールの階層構造をふまえたパス表記によって、その要素を指定する必要があります。モジュー

ルパスが長い場合には、useを使ってモジュールパスの記述を少なくすることができます。たとえば、

```
use crate::module_a::module_b
```

と書けば、コードの中のmodule_bという記述がcrate::module_a::module_bに展開されるので、func_b()を呼び出すときには、

```
module_b::func_b()
```

と書けば良いことになります。また、

```
use crate::module_a::module_b::func_b
```

のように、func_bまでをuseで書いてしまえば、func_b()を呼び出すときには、

```
func_b()
```

とだけ書けば良いです。

module_bの中の複数の要素（たとえばfunc_bとfunc_bb）をuseで指定したい場合には、

```
use crate::module_a::module_b::{func_b, func_bb}
```

のように{}の中にカンマ区切りで列挙できます。

useは、そのモジュールのパスを現在のコードのスコープに持ち込むものです。同じモジュールパスが繰り返し出てくるような場合には、useを使うことでコードの記述量を減らすことができ、可読性を良くすることができます。

また、トレイトに実装されているメソッドを使う場合には、そのトレイトの宣言がスコープ内にある必要があり、その場合にもuseを使います。これについては、**第6章**であらためて取り上げます。

なお、std::preludeというモジュール[注9]に宣言されているものは、自動的に読み込まれます。**第4章**で登場するベクター型Vec（std::vec::Vec）や文字列型String（std::string::String）を使うときには、モジュールパスを書いたり、useでその短縮化を宣言したりする必要はありませんが、これはpreludeにstd::vec::Vecやstd::string::Stringが含まれているためです。

crates.io

Rustでは豊富なライブラリがcrates.ioに公開されており、これらのライブラリのことも「クレート」と呼ばれています。これらは先に説明した「ライブラリクレート」で、src/lib.rsとそれが読み込むモジュールから構成されるのが一般的です。

crates.ioに公開されているクレートを使うときには、Cargo.tomlの[dependencies]に

```
クレート名 = バージョン
```

の形で追記しておきます。たとえば、**4.11節**で用いるserde_json[注10]であれば、

```
[dependencies]
serde_json = "1.0"
```

のように追記します。Cargo.tomlへの追記内容については、多くの場合、クレートの公式リポジトリに説明があります。

このように、Cargo.tomlの[dependencies]に追記をしておけば、Cargoによるコンパイルの際に必要なファイルをインターネットからダウンロードし、ダウンロードしたクレートも自分が作成したコードとともにコンパイルしてくれます。

クレートで提供されるモジュールの参照方法はこれまで説明してきたものとほぼ同じで、自分のクレートの場合のクレートルート（src/lib.rs）を示すのに用いたcrateという表記を、

```
use serde_json::json;
```

注9　https://doc.rust-lang.org/std/prelude/index.html
注10　https://github.com/serde-rs/json

のように、クレート名（json_serde）に変えるだけです。

また、標準ライブラリであるstdクレートについては、標準で使えるようになっているのでCargo.tomlへの追記は不要ですが、参照方法はクレート名をstdにすれば、あとは同様です。

2.6 高機能エディタVisual Studio Codeの導入

プログラムコードを作成する際に、読者のみなさんにはそれぞれお気に入りのエディタがあるのではないかと思います。筆者はRustのコードを書くエディタにはVisual Studio Code（VS Code）を使っています。ここでは、Rustのコード作成を支援する便利な機能を説明します。

なお、本書ではVS Code本体のインストールやRustの開発環境以外の部分での設定については触れません。VS Codeの公式ページ[注11]などをご参照ください。

Column

筆者のエディタ選択

筆者は、エディタとしてEmacsを30年間近く愛用してきました。自分なりのカスタマイズもいろいろして不自由なく使っており、これからもずっと使い続けるだろうと思っていました。一方、職場ではVS Codeがかなり普及しており、Emacs使いは超少数派。VS Codeは良いですよ、という周りの声にひかれVS Codeを試してみるも、思ったような操作ができないことがあると、すぐにEmacsに戻ってしまうというのを何回も繰り返していました。

Rustについても、Emacsでコード補完やrust-analyzerを使えるようにするなどの環境整備をして、Rustのコードを書いていましたが、動作が重くなることが多々あり、悩まされてきました。

そんな中、もう一度VS Codeに挑戦し、Emacsのキーバインディングを使えるようになる拡張機能（Awesome Emacs Keymap）などを導入し、VS CodeをEmacsと同じように使える環境を念入りに整えた結果、あまりストレスを感じることなくVS Codeが使えるようになり、Rustについても快適な開発環境が手に入りました。

お気に入りのエディタですでにRustの快適な開発環境ができているのであれば、開発

注11　https://azure.microsoft.com/ja-jp/products/visual-studio-code/

者の生産性を大きく左右するエディタをわざわざ移行する必要はないでしょう。しかし、Rustの開発環境で困っていたり、環境構築が面倒だったりするのであれば、VS Codeを試してみる価値はあると思います。Emacsを30年近く愛用してきた筆者でさえも、Rustの開発環境の快適さをきっかけに、VS Codeにほぼ完全移行してしまいました（Emacsでもきちんと設定を行えば快適にRustのコードが書ける環境ができるのだろうとは思いつつも）。そして、この原稿もVS Codeで書いています。

Rustのコーディングを VS Codeで行うには

VS Codeにはワークスペースという考え方があり、1つのワークスペースに1つのウィンドウが対応しています。Rustの場合には、`cargo new`で作ったパッケージディレクトリをVS Codeの［ファイル］メニューの中にある［フォルダをワークスペースに追加］で選択し、パッケージディレクトリをワークスペースに加えるのが便利です。

このあと紹介するRust向けの拡張機能では、`cargo new`で作成されたパッケージディレクトリのファイル配置になっていることを前提にしており、このファイル配置になっていないRustのコードに対しては一部機能が動作しません。VS Codeの便利な機能を使えるようにするためにも、`cargo new`でパッケージディレクトリを作成し、そのパッケージディレクトリをワークスペースに追加して、コードを作成していくのが良いでしょう。

パッケージディレクトリをワークスペースに追加した直後には、これから紹介する拡張機能がうまく働かないことがあります。そのようなときには、ウィンドウの再ロードを実行してください。macOSの場合は Command + Shift + P、LinuxやWindowsの場合は Ctrl + Shift + P を押すとコマンドパレットが現れますので、ここで「> Reload Window」（途中まで入力すると補完されて候補の中に出てきます）と入力して、 Enter を押します。

Rustでの開発に便利な拡張機能

Language Serverを活用する：rls、rust-analyzer

2.1節で紹介したように、Rustのインストールの際にはLanguage Server（LS）もインストールされます。エディタはLSを利用することでコードの補完、関数定義へのジャンプなどの機能を提供します。

RustのLSとしては、rlsとrust-analyzerがよく使われていますが、それらをVS Codeから使えるようにする拡張機能として以下のものがあります。

- Rust[注12]
- rust-analyzer[注13]

前者は2017年、後者は2020年のリリースであり、前者のほうが開発期間が長くユーザー数も多いようです。前者は、LSとしてrlsとrust-analyzerをサポートしているのに対し、後者はrust-analyzerを使うためのパッケージになっています。

どちらも類似の機能を提供しています。たとえば、コンパイルをしたときにエラーになる場所があると、それをリアルタイムに指摘してくれます。デフォルトでは、コンパイルエラーが発生する部分にアンダーラインを表示することでエラーがあることを示し、VS Codeの編集画面の下部にあるウィンドウの［PROBLEMS］（［問題］）の画面にエラーの内容が表示されます。

筆者はStatusbar error[注14]という拡張機能をインストールし、エディタのインラインにエラーメッセージが表示されるようにしています（**図2.1**）[注15]。

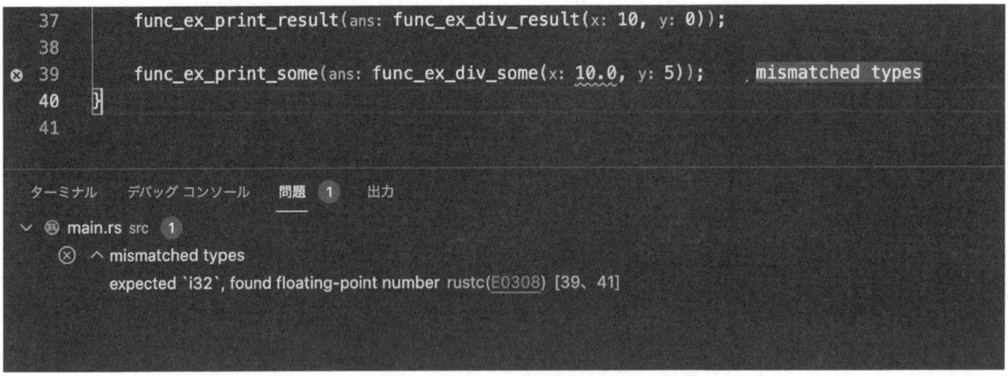

図2.1　VS Codeにおけるインラインのエラー表示の例

注12　https://marketplace.visualstudio.com/items?itemName=rust-lang.rust

注13　https://marketplace.visualstudio.com/items?itemName=matklad.rust-analyzer

注14　https://marketplace.visualstudio.com/items?itemName=JoeBerria.statusbarerror

注15　Statusbar Errorの拡張機能設定にあるStatusbar Show: Show the linter message in the status barの設定をオンにします。

Rustはコンパイルエラーが発生した際に、解決のヒントも含んだ豊富な内容のエラーメッセージを出力しますが、このインラインに表示されるエラーメッセージは、エラー内容の見出しだけを拾って出力しているものです。インラインに表示されるエラーメッセージが何を示しているのかが理解できない場合には、`cargo build`を実行してコンパイルをし、エラーメッセージをよく読んでみることをお勧めします。そうすることで、インラインに表示されるエラーの内容の理解、および解決がしやすくなります。

また、関数、変数などにマウスカーソルを合わせて右クリックメニューを表示させると、[定義へ移動][宣言に移動]などのメニューが表示され、その定義や宣言がある部分にジャンプすることができます(**図2.2**)。

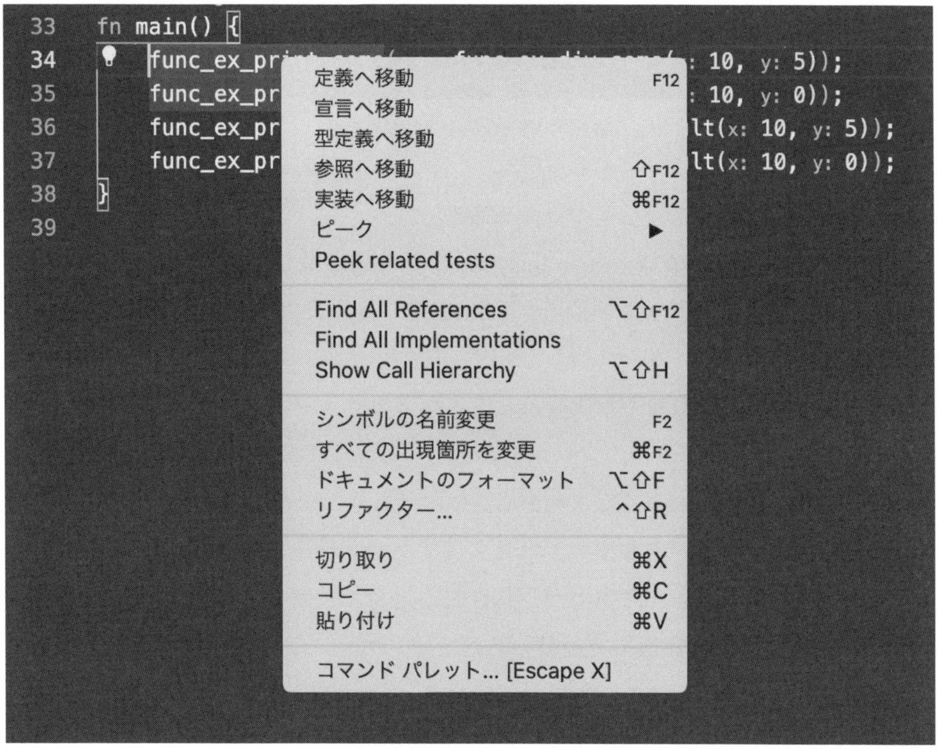

図2.2 VS Codeの右クリックメニュー

自動補完も充実しており、入力したい文字列の最初の数文字を入力すれば、その文字列を含むものが候補としてサジェストされます。文字入力の単純な誤りを防ぐためにも活用したい機能です（**図2.3**）。

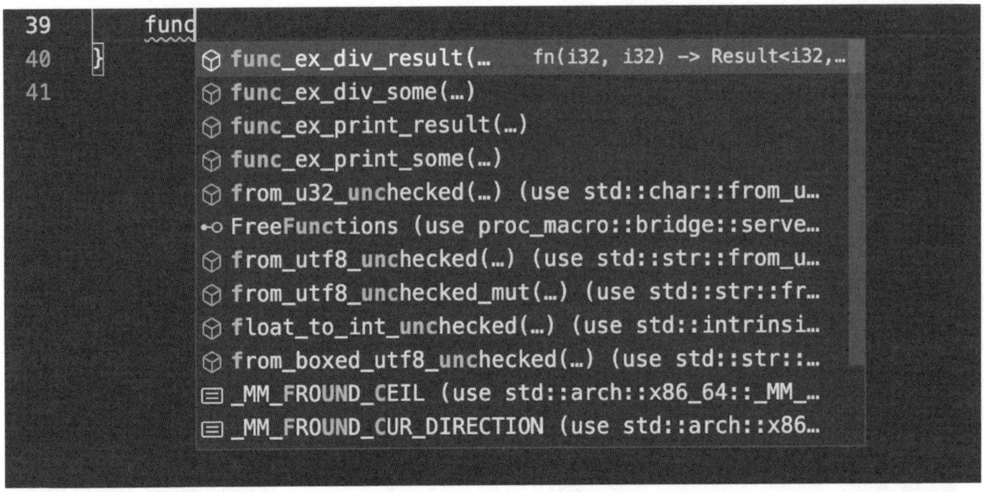

図2.3　VS Codeの自動補完の例

これまで紹介したことは、2つの拡張機能のどちらでも機能しますが、筆者は後者のrust-analyzerを使っています。rust-analyzerのドキュメントによると前者の拡張機能Rustとは競合が発生するため、rust-analyzerを使う場合には前者を無効にしておく必要があります。

rust-analyzerが提供する強力な機能として、型情報をコード内に表示してくれるものがあります。**リスト2.1**の「最初のコード」でも紹介したように、Rustには`i32`のような基本的な型だけでなく、`Option`型、`Result`型などもあり、変数の値や関数が返す値の型によって処理を変える必要があります。たとえば、ある関数を使ったときに、`i32`型の値が返却される場合と、`Option<i32>`型が返却される場合で後続の処理は異なります。`i32`型が返却される関数だと思い込んで後続の処理を書いたら、実は`Option<i32>`型が返却されており、コンパイルの際にエラーになってしまった、ということがよくあります。そのため、関数を使うときの返却値をドキュメントや関数定義を参照して確認する必要がありますが、rust-analyzerの機能を使うことで変数の型情報をコード内に表示できるようになり、それを見ながらその値の扱いを実装できて非常に便利です。

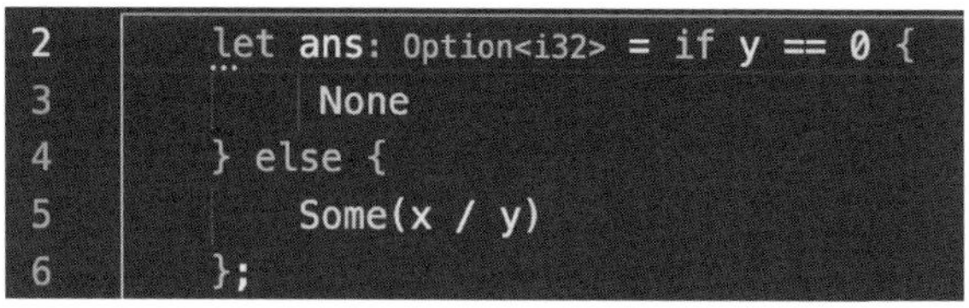

図2.4 VS Codeのrust-analyzerによる型情報の表示の例

図2.4は**リスト2.1**の2〜6行目に対応するものですが、ansのあとの`:Option<i32>`はrust-analyzerによる補助表示で、実際のコードファイルには含まれていません。この例では、ansの型が`Option<i32>`と推論されることが表示され、プログラマーの意図と異なっていないかを確認できます。そして、ansは`Option<i32>`であるので、値がない場合があり得ることを念頭に処理を書く必要があることをあらためて認識できます。

また、拡張機能rust-analyzerを用いたときには、自動補完候補から関数を選択すると、引数、返却値の情報がポップアップで表示されます（**図2.5**）。関数のインターフェースが一目でわかり、その関数を効率良く使うことができます[注16]。

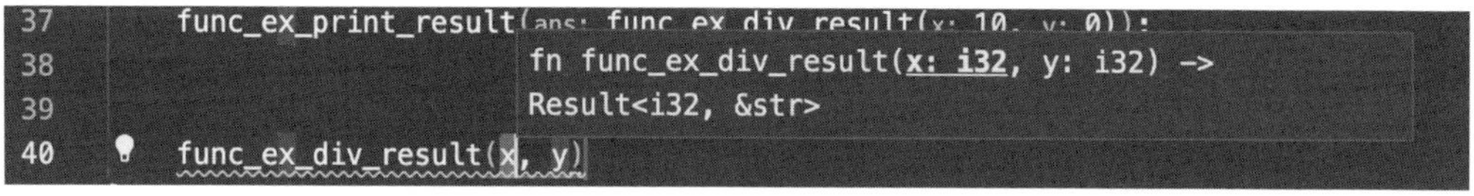

図2.5 VS Codeの自動補完候補から関数を選択すると、引数、返却値の情報が表示される

なお、拡張機能rust-analyzerを利用しているときには、main関数の上に［Run | Debug］というボタンが現れます。このボタンによって、コードを気軽に実行できるのも便利です（**図2.6**）。

図2.6 拡張機能rust-analyzerを使うと、main関数の上に、Run|Debugボタンが現れる

注16 VS Code拡張機能である「Rust」を用いた場合にも自動補完候補から関数を選択できますが、補完が確定されてコード本文に挿入される際に型名も挿入されること、返却値の型の情報表示がないことが、rust-analyzerを用いたときと異なるようです。

高機能デバッガCodeLLDB

デバッガといえば一般にGDBがよく使われていますが、次世代のネイティブデバッガとしてLLDBというものが開発されています。LLDBではRustのコードのデバッグもできます。VS CodeでLLDBを使えるようにした拡張機能がCodeLLDBです。Rustのコードに対しても、GDB同様に変数のウォッチ、ブレークポイントの設定などをVS Code上から行うことができます。

デバッグ機能を使うための準備として、VS Codeの左側のアイコン列から虫と矢印のアイコンをクリックすると、**図2.7**の画面が表示されます。

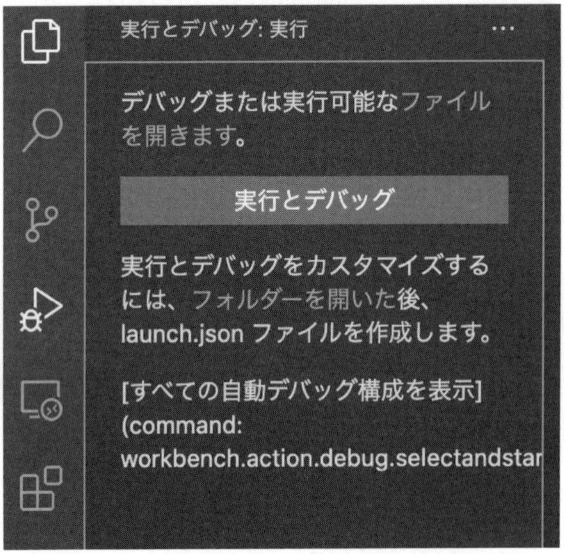

図2.7　CodeLLDBの初期設定画面

この画面の「launch.json ファイルを作成します。」というリンクをクリックすると「Cargo.tomlがワークスペースから見つかりました。そのターゲットに対する起動設定ファイルを作成しますか？」（英語）というポップアップが表示されるので、[Yes] をクリックすると、Cargo.tomlの内容から、デバッグの起動設定ファイルであるlaunch.jsonが自動的に作成されます。

たとえば、ブレークポイントを指定したい場合（そこでプログラムの実行を止めて変数の内容などを確認したいとき）は、コードの表示画面の行番号の左側をクリックします。

そこに赤点が表示され、ブレークポイントが設定されます。そして、画面の左上にある「デバッグの実行ボタン」（または F5 ）を押すと、プログラムの実行が開始され、設定したブレークポイントでプログラムの実行が停止します。**図2.8**では、11行目にブレークポイントを設定し、その行における変数の値（x:10、y:5）の情報が左の画面に表示されているのがわかります。

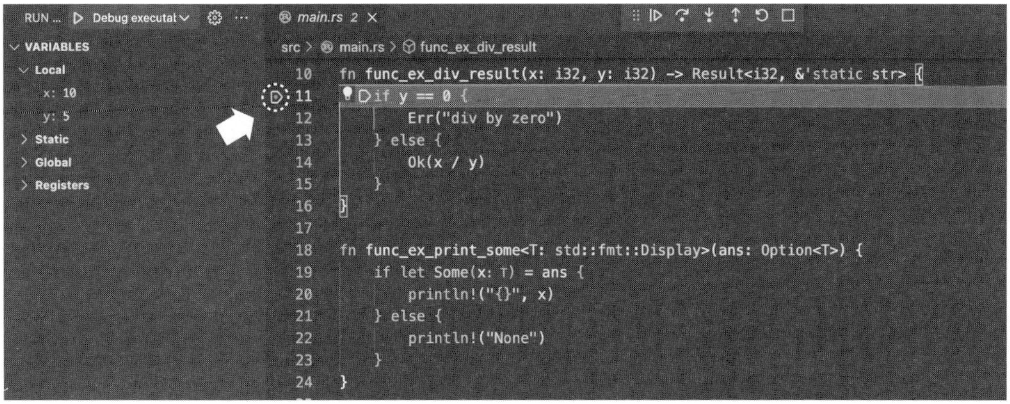

図2.8 ブレークポイントを設定したデバッグの例

プログラムの実行を継続したり、停止したりするのはコード表示画面の上に表示されているボタン群でできます（**図2.9**）。

図2.9 デバッグ操作のためのボタン

ボタンは左から以下の意味になっています（各ボタンの上にマウスオーバーすると「続行」「ステップオーバー」などの説明が表示されます）。

続行　プログラムの継続実行。次のブレークポイントで停止する

ステップオーバー　次の1つの処理だけ実行して再び停止させる。次の処理が関数であれば関数全体を実行して停止する

ステップイン 次の1つの処理だけ実行して再び停止させる。次の処理が関数であれば関数の中に入り1つの処理を実行する

ステップアウト 実行中の関数の外に出るまで実行を進めて停止する

再起動 プログラムを最初から実行しなおす

停止 デバッガの終了

デバッガを使いこなせるようになると、コーディングの効率が飛躍的に上がります。本書ではデバッガの使い方の詳細には触れませんが、Webに多くの情報がありますので、探してみてください。

そのほかにも、VS CodeにはRustに関係する拡張機能がたくさんありますので、VS Codeの拡張機能の一覧から選んでいろいろ試してみるのも楽しいです。

clippyを使う

2.1節で紹介したインストールの際に、clippyというツールがあることを紹介しました。rust-analyzerのデフォルトの設定では、ファイルの保存をする際に`cargo check`が実行されるようになっています。`cargo check`はコンパイルによって生成されるファイルを作らずにコンパイルと同様のコードのチェックを行うものです。この`cargo check`で実行されるチェックに加え、`cargo clippy`を実行するようにすれば、clippyによるコードへのアドバイスを得られるようになります。

実際に、**リスト2.1**のコードがsrc/main.rsとなっているパッケージで`cargo check`を実行しても、

```
$ cargo check
    Checking start v0.1.0 (/Users/tabito/github/rust_book/code/start)
    Finished dev [unoptimized + debuginfo] target(s) in 0.58s
```

のように、エラーがないことが表示されるだけですが、`cargo clippy`を実行してみると

```
$ cargo clippy
warning: returning the result of a `let` binding from a block
 --> src/main.rs:7:5
  |
```

```
2 | /     let ans = if y == 0 {
3 | |         None
4 | |     } else {
5 | |         Some(x / y)
6 | |     };
  | |______- unnecessary `let` binding
7 |       ans
  |       ^^^
  |
  = note: `#[warn(clippy::let_and_return)]` on by default
  = help: for further information visit https://rust-lang.github.io/rust-clippy/master/
index.html#let_and_return
help: return the expression directly
  |
2 |
3 |     if y == 0 {
4 |         None
5 |     } else {
6 |         Some(x / y)
7 |     }
  |

warning: 1 warning emitted

    Finished dev [unoptimized + debuginfo] target(s) in 0.41s
```

のようにいくつかの指摘が出ます。これは、2〜6行目でansという変数にif分岐の式の返却値を束縛していますが、変数に束縛せずに直接返却してしまうのが良い、という指摘です[注17]。

VS Codeでファイルの保存をする際にcargo checkではなくcargo clippyを実行するようにするには、拡張機能rust-analyzerの設定を変更します。ウィンドウのリロードでも使ったコマンドパレットを開き（macOSの場合は[Command]＋[Shift]＋[P]、LinuxやWindowsの場合は[Ctrl]＋[Shift]＋[P]）、「> Open Setting (UI)」を選択することで、設定画面が現れます。または、VS Code拡張機能の一覧からrust-analyzerを検索し、歯車マークをクリックして表示されるメニューから「拡張機能の設定」を選ぶことでも表示させることができます。

注17　**リスト2.1**のコードではif分岐は「式」であり、その返却値を変数に束縛できることを示す例、およびセミコロンなしの行は「式」で値を返す例とするために、clippyの指摘を無視していました。

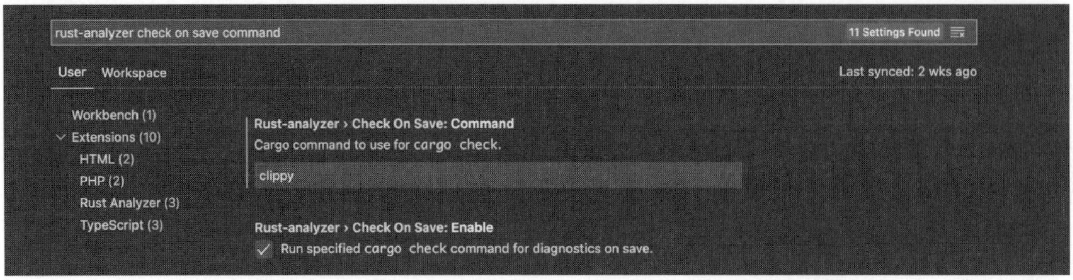

図2.10　拡張機能rust-analyzerのCheck on Save: Commandの設定画面

その設定画面で、rust-analyzer check on save commandと検索窓に入力すると、**図2.10**の画面になります。そのRust-analyzer > Check on Save: Command設定をcheckからclippyに変更します。この変更によって、ファイルを保存をする際に`cargo check`の代わりに`cargo clippy`が実行されるようになります。

そして、その指摘は**図2.11**のようにVS Code上に表示されます（インラインで指摘内容が表示されているのは、VS Codeの拡張機能Statusbar Errorによるものです）。

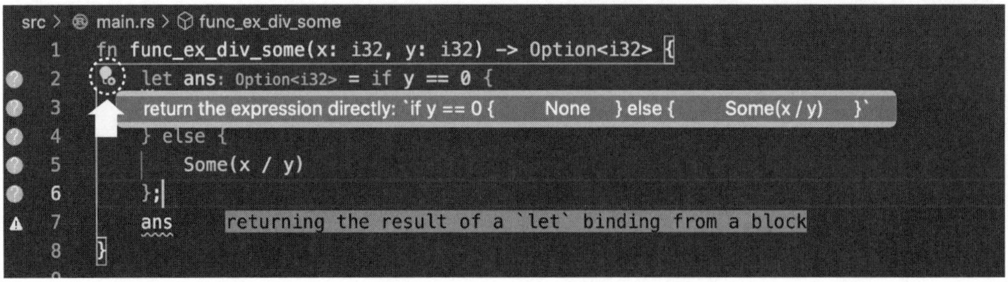

図2.11　VS Codeにおけるclippyの指摘の表示と推奨内容への変更を尋ねるメニューの例

指摘箇所の最初にある青いアイコン（図中矢印部分）をクリックすると、推奨内容に沿って修正するかを尋ねるメニューが現れ、それを選択すると修正が行われます（Undoで元に戻せます）。

◆　◆　◆

筆者の場合、Rustを書き始めて間もなくは慣れないことも多く、正しい文法をふまえてコードを書くことがなかなかできずにストレスがたまりましたが、これまでに紹介した環境を使ってRustのコードを書き始めると、リアルタイムで文法の誤りやより適した書き方を指摘してくれ、その指摘を見ながらコードを書くことでRustのコードの書き方がだんだんわかるようになってきました。

筆者のような古い人間は、つい、IDE環境がなくてもコードは書ける、と思ってしまうものですが、今ではRustの習得、さらに質の高いRustのコードを効率良く作成するために、VS Codeによる開発環境は欠かせないものと考えています。VS Codeでは環境構築も簡単にできますので、ぜひ試してみてください。

第3章

所有権とライフタイム

Summary

第3章では、Rustの特徴の1つであるメモリ安全性と、メモリの効率的な利用を実現する仕組みである「所有権」について取り上げます。所有権とその借用という考え方はほかの言語ではあまりみないものであり、初めて触れる方も多いかと思います。本章では所有権の概念と、所有権によってどのようにメモリの安全性と効率的な利用が実現できるのかを説明します。

3.1 Rustにおける変数への値の割り当て

どのプログラミング言語でも、変数に値を割り当て、その変数を使って処理をすることでプログラムが作られます。Rustでは、値の変数への割り当てはletというキーワードを用いて行います。letというキーワードで変数への値の割り当てをするのは、最近のJavaScriptなどでも見られます。

```
1 fn main(){
2     let x = 1;
3     println!("x = {}", x);
4 
5     let y = 2;
6     println!("y = {}", y);
7 }
```

このRustのプログラムは2行目で変数xに1という値を割り当て、3行目で標準出力に出力しています。変数の割り当てはプログラムのどこでもできて、3行目で変数宣言以外の処理をしたのちに、5行目で変数yに2という値を割り当てています[注1]。

イミュータブルとミュータブル

次に、値の割り当てをした変数の値を更新しようとします。

注1　C99以前のC言語では、変数宣言は関数やブロックの最初のほうにまとめる必要があり、変数宣言以外の操作が行われたあとには再び変数宣言をすることができず、変数宣言を追加するときにはその関数の冒頭に戻り変数を追加したものですが、Rustではどこでも変数の追加ができます。なお、C99以降のC言語では変数宣言の位置の制約がなくなりました。最近よく使われるほとんどのプログラミング言語は変数宣言の位置の制約がないものになっています。

```
fn main(){
    let x = 1;
    x = x + 1;
    println!("x = {}", x);
}
```

しかし、これはコンパイルエラーになってしまいます。

```
error[E0384]: cannot assign twice to immutable variable `x`
 --> src/main.rs:3:5
  |
2 |     let x = 1;
  |         -
  |         |
  |         first assignment to `x`
  |         help: consider making this binding mutable: `mut x`
3 |     x = x + 1;
  |     ^^^^^^^^^ cannot assign twice to immutable variable

error: aborting due to previous error
```

エラーメッセージには"cannot assign twice to immutable variable `x`"（イミュータブルな変数xには2回割り当てをすることができない）と書かれています。「イミュータブル」とは「変更ができない」という意味ですが、Rustではletによって変数に値の割り当てをしたあとには、値を変更できないのです。これは関数型プログラミングに見られる変数への値の割り当て方と同じで、HaskellやScala（変数宣言にvalを用いた場合）などでも同様です。

関数型プログラミングの利点（**第7章**で解説）を活かすためには、イミュータブルな変数でプログラムを組み立てることが理想ですが、割り当てられた値を変更できる「ミュータブル」な変数を用いたほうが開発や実行の効率が良いことがあります。

Rustでは、変数に割り当てた値を変更できるように変数を「ミュータブル」として宣言する場合には、変数の前にmutというキーワードを付けます。上のエラーでも"consider making this binding mutable: `mut x`"（mut xとしてミュータブルな変数の値を割り当てることを検討してください）と提案しています。次のようにmutを変数の前に付けることでコンパイルエラーは発生せず、期待どおり、x = 2という出力が得られます。

リスト3.1　Rustでの値の割り当て

```
fn main() {
    let mut x = 1;
    x = x + 1;
    println!("x = {}", x);
}
```

値を割り当てた変数は{}で囲まれたブロック内でスコープを持ち、そのスコープの中で利用できます。なお、変数に値を割り当てたものの、その変数がそのスコープ内で使われていない場合には、コンパイルエラーにはなりませんが「使われていない変数がある」との警告が出ます。たとえば、次のようなコードをコンパイルすると、

```
fn main(){
    let x = 1;
}
```

コンパイル時に次のような警告が出てきます。

```
warning: unused variable: `x`
 --> src/main.rs:2:9
  |
2 |     let x = 1;
  |         ^ help: if this is intentional, prefix it with an underscore: `_x`
  |
  = note: `#[warn(unused_variables)]` on by default
```

"warning: unused variable: `x`"（警告：xは使われていない変数である）と出力されています。そして、"help: if this is intentional, prefix it with an underscore: `_x`"（もしこれが意図的なものであるならば、_を変数の先頭に付けて_xとしてください）と解決方法が示してあります。

メモリの無駄遣いをしないために、使わない変数は宣言せずに削除すべきです。しかし、使っていない変数をあえて残している場合には、_xのように_を変数の先頭に付けます。そうすることで、この警告メッセージを抑止できます。

型推論

リスト3.1に対応するC言語のプログラムを書いてみましょう。

```
#include <stdio.h>
int main(){
    int x = 1;
    x = x + 1;
    printf("%d\n", x);

    return 0;
};
```

C言語の場合は`int`のように、変数型を宣言の際に指定する必要がありました。一方、**リスト3.1**のRustのコードの`let`による変数宣言には、変数型の指定がありません。Rustでは「型推論」と呼ばれる機能によって、変数型をコンパイラが推定してくれます。

```
let mut x = 1;
```

というコードでは、右辺が整数の値（整数リテラル）であるので、その値に割り当てられた変数は整数型であることがわかります。整数リテラルで、かつ型の指定をしていない場合は`i32`型とみなされ、上記の`x`は`i32`型と推論されます（**第4章**参照）。

型推論の結果は、VS Codeのrust-analyzerがコードにインラインで表示してくれるので便利です（**図3.1**）。

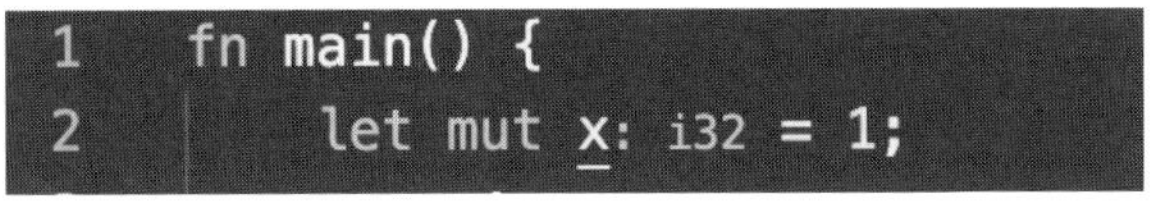

図3.1 rust-analyzerのインライン表示

型推論に頼らず、型アノテーションを使って自分で型を指定することもできます。

```
let mut x: i32 = 1;
```

3.2 「束縛」の描像から見た、変数への値の割り当て

これまで、let文の役割については「変数に値を割り当てる」という言い方をあえてしてきました。多くのプログラミング言語では、この操作は「代入」(substitute) と呼ばれるものです。一方、関数型言語ではこの操作を「束縛」(bind) と呼びます。Rustにおいても、letの機能は"Bind a value to a variable"、すなわち「値を変数に束縛する」と位置づけられています[注2]。

筆者は「代入」「束縛」という言葉に次のようなイメージを持っています。

代入　変数名が付いた空の箱をメモリに用意し、そこに値を入れる。主役は「変数」であり、そこに「値」を割り当てる (**図3.2**)

束縛　値を入れた箱をメモリに用意し、その値を指す変数を設定する。主役は「値」であり、その「値」を指す「変数」を割り当てる (**図3.3**)

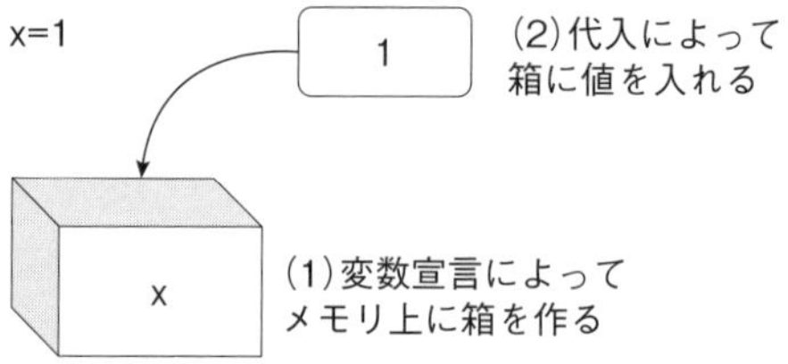

図3.2　「代入」のイメージ

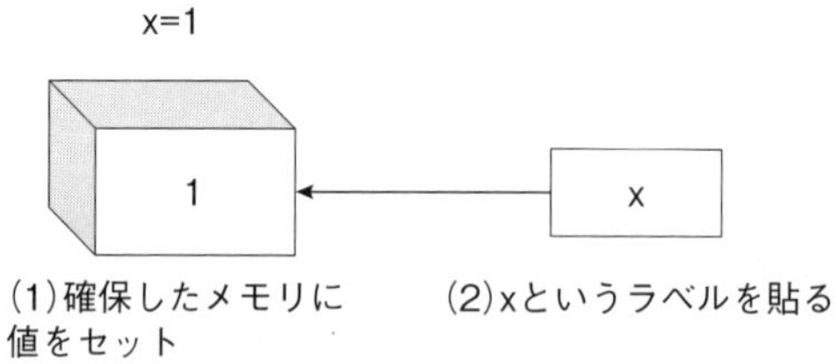

図3.3　「束縛」のイメージ

「代入」にしても「束縛」にしても、変数と値を結び付ける操作であることには変わりませんが、Rustの変数の扱いは「束縛」のイメージのほうが理解しやすいところも多いです。

Rustでの変数の扱いについての説明に入る前に、C言語、Pythonにおける「変数と値の

注2　https://doc.rust-lang.org/std/keyword.let.html

結び付け」を「束縛」の描像からながめてみましょう。

C言語における変数・値とメモリ

以下、しばらくの間、C言語のコード例で考えます。

リスト3.2 C言語での値の割り当てとそのコピー

```
1  int main(){
2      int x = 1;
3      int y = x;
4      struct test_t {
5          int x;
6          int y;
7      };
8  
9      struct test_t t = {1, 2};
10     struct test_t s = t;
11 
12     return 0;
13 }
```

変数と値の関連付け

リスト3.2の2行目、x = 1という操作の裏側を見てみましょう。まず、1という4バイト整数を格納するためのメモリを確保し、そこに1のビット表現（16進数表記で0x00000001）を書き込みます。そして、そのメモリ上の値とxという変数を対応させます。そのメモリに書き込まれた1という値にxというラベルを貼っている、というイメージです（**図3.4**）。

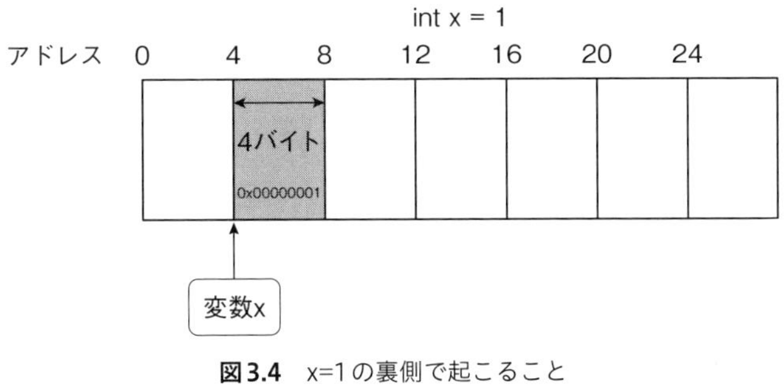

図3.4 x=1の裏側で起こること

では、y = xとした場合はどうでしょうか？　C言語においては、4バイト整数型であるyを格納する4バイトのメモリを確保し、xというラベルが付けられた値をコピーしています（**図3.5**）。

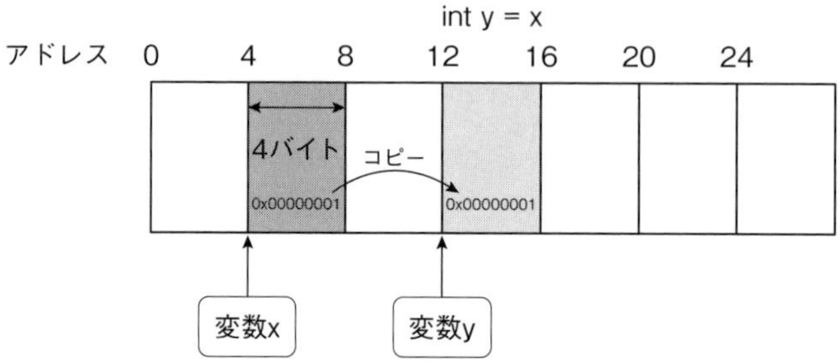

図3.5　y=xの裏側で起こること

これらのことは構造体でも同じです。**リスト3.2**の9行目では、

```
struct test_t t = {1, 2};
```

としていますが、struct test_tを格納するためのメモリ領域を確保し、そこにstruct test_t {1, 2}のビット表現を書き込み、tというラベルを付けています。s = tとすれば、sを格納するためのメモリを確保し、そこにtというラベルが貼られた値をコピーすることになります。構造体のサイズが大きくなると、変数の代入によるメモリコピーのコストが大きくなることに注意が必要です。

ポインタ

C言語においては、変数名が異なればその変数に対応する値が格納されているメモリ領域は異なります。一方、同じメモリ領域を別の変数によって参照できるのが「ポインタ」です。

ポインタ型はメモリアドレスの値を保持するための変数型で、32bit OSであれば4バイト、64bit OSであれば8バイトの値です。

リスト3.3 C言語でのポインタ型の変数への値の割り当てとそのコピー

```
#include <stdio.h>
int main(){
    int x = 1;
    int* p = &x;
    int* q = p;

    printf("p-1: %d\n", *p); /* p-1: 1 */

    *q = 2;

    /* qとpは同じメモリ領域を指しているのでpが指すメモリ領域に格納されている値も変化 */
    printf("p-2: %d\n", *p); /* p-2: 2 */

    /* xも変化する */
    printf("x: %d\n", x);  /* x: 2 */

    return 0;
}
```

ポインタ変数も整数などの値と同様に、p = &xとすると、メモリアドレスを格納する4バイト（32bit OSの場合）または8バイト（64bit OSの場合）のメモリ領域を確保し、そのメモリにxのメモリアドレスの値を書き込み、その値にpというラベルを付けます（**図3.6**）。

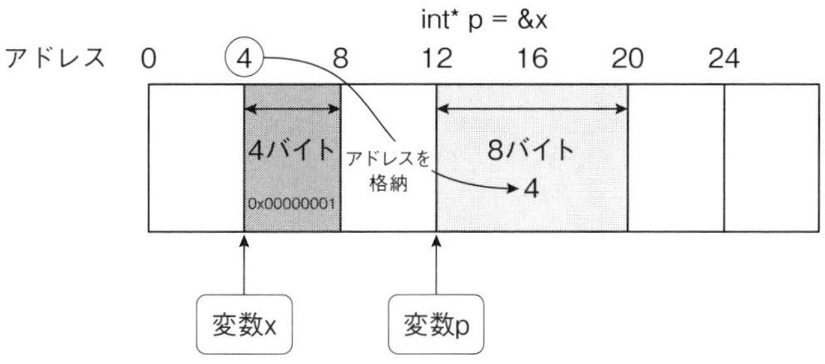

図3.6 int* p = &xの裏側で起こること

q = pは、qを格納するメモリ領域を確保し、そのメモリにpというラベルが付けられた値（この場合はxのメモリアドレスの値）をコピーしています（**図3.7**）。

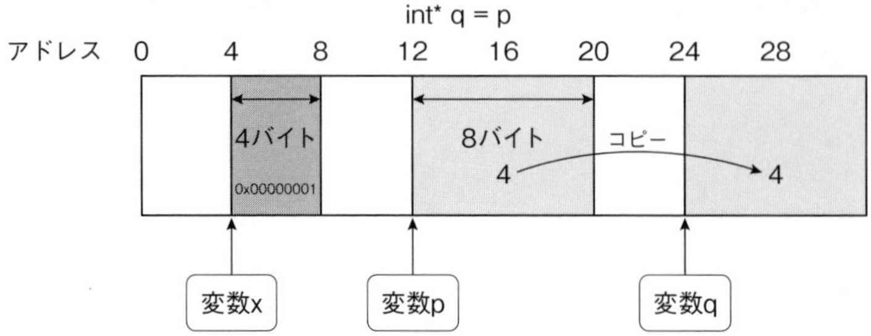

図3.7　int* q = pの裏側で起こること

このポインタのコピーは、ポインタが指しているメモリ領域そのものをコピーしているわけではなく、メモリアドレスの値（4バイトまたは8バイト）をコピーしているだけで、メモリのコピー量はわずかです。ですので、同じメモリ領域を別の変数名で参照したいときには、ポインタを便利に使うことができます。

ただし、1つのメモリ領域を複数のポインタが参照している場合、そのうちの1つのポインタ変数を通じてメモリ領域に格納されている値を変更すると、別のポインタ変数で参照している値も変化してしまうことに注意が必要です。

リスト3.3の5行目では、pの値（xのメモリアドレスの値）をqに代入しています。その結果、pにもqにも、xというラベルが付いたメモリ領域のアドレスの値が格納されています。

9行目でqのアドレスに格納されている値を2に書き換えています。この操作は、xを2に書き換えているのと同じであり、pが示すアドレスに格納されている値（*p）も2になります（12行目）。つまり、*pで参照していた値が、pに対する操作はしていないのに変化してしまいます。

ポインタを通じて値を変更し、元の変数の値が変わっていることを見落としていた、というのはC言語でよく遭遇するバグの1つです。

Pythonにおける変数と値の結び付け

これまで見たように、C言語の場合は、既存の変数を新しい変数に=で結び付けると、いつもコピーになります。しかし、ほかの言語では=による左辺と右辺の結び付けが場合によってコピーになったり、参照の追加（値へのラベルの追加）になったりする場合があります。

たとえば、Pythonの例を考えましょう。Pythonの場合は、変数に対応する値の型によってイミュータブルかミュータブルかが決められており、=で結び付けたときの挙動は、値がイミュータブルかミュータブルかによって変わります。整数型の値はイミュータブルであり、イミュータブルな値については、=で結び付けたときの挙動はC言語と同じように考えることができます。

```
x = 1
y = x

print("x=", x, id(x))
print("y=", y, id(y))

x = x + 1

print("x=", x, id(x))
print("y=", y, id(y))
```

これを実行すると以下のようになります。

```
x= 1 4310868232
y= 1 4310868232
x= 2 4310868264
y= 1 4310868232
```

このことから、

- xに1を加算してもyは影響を受けない
- 変数xと変数yは異なるIDのオブジェクトを指している

すなわち、xやyというラベルが貼られた値は異なるメモリ領域に確保されており、xに何らかの操作をしてもxというラベルが貼られたメモリ領域の値が変わるだけで[注3]、yというラベルが貼られたメモリ領域の値はなんら影響を受けません（**図3.8**）。

注3　イミュータブルな変数に対して何らかの演算を行うと、その演算結果を格納するための別のメモリ領域が確保され、そのメモリ領域に演算結果が書き込まれ、xというラベルは新たに確保されたメモリ領域の値に付け替えられます。そして、元のメモリ領域に置かれた値にはラベルが付与されていない状態になり、ガベージコレクションによって解放されます。

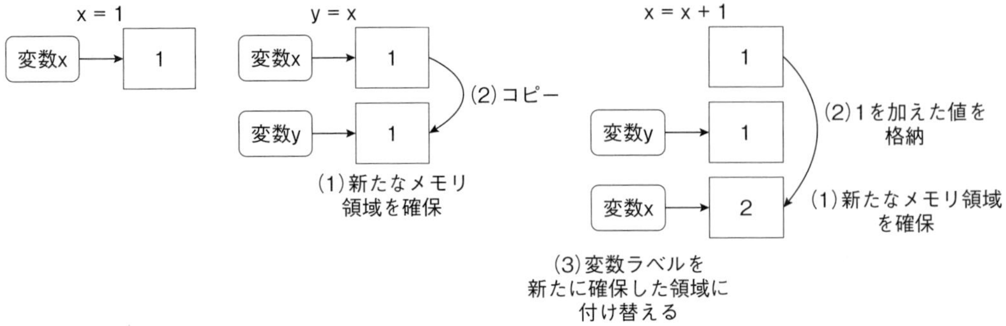

図3.8　Pythonにおける整数型の場合の変数とメモリ（オブジェクト）の関係

しかし、リスト型のように、値がミュータブルな場合は話が変わります。次のようなPythonのコードを考えます。

```
x = [0, 1, 2]
y = x

print("x=", x, id(x))
print("y=", y, id(y))

x.append(3)

print("x=", x, id(x))
print("y=", y, id(y))
```

これを実行すると以下のようになります。

```
x= [0, 1, 2] 4344548352
y= [0, 1, 2] 4344548352
x= [0, 1, 2, 3] 4344548352
y= [0, 1, 2, 3] 4344548352
```

これが示すことは、

- y = xのあとに、x.append(3)をすると、yには3が追加されている
- 変数xと変数yは同じオブジェクトを指している

ということです。

なぜこのようになってしまうかというと、y = xという操作が、yのために新しいメモリ領域を確保しているのではなく、xというラベルが指し示していた値にyというラベルを追加したことに対応しているからです。つまり、ラベルはxとyと異なっているものの、実体は同じものを指しているため、xに対して実行した操作がyに対しても実行されてしまっているわけです（**図3.9**）。

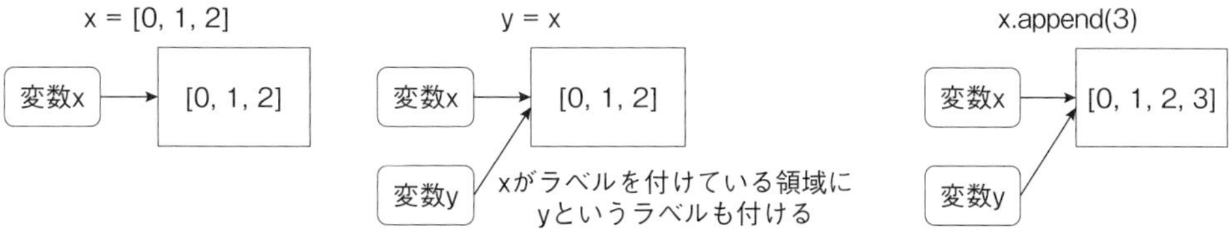

図3.9　Pythonにおけるリスト型の場合の変数とメモリ（オブジェクト）の関係

このように、複数の変数（ラベル）が同じメモリ領域に配置されている値を指し示していて、そのうちの1つを変更したことで意図せずほかの変数が指し示す値も変わってしまった、ということが、PythonやJavaScriptなどではよくあるのではないかと思います。

3.3　Rustにおける変数の束縛と所有権

Rustでは、PythonやJavaScriptと同じように、「束縛」の操作による効果は変数に束縛しようとする値の型によって異なります。

Rustのプリミティブ型と呼ばれる基本的な型（整数型、浮動小数点型、論理型など。**4.1節**参照）では、ある変数を別の変数に束縛しようとすると、C言語の場合と同様、メモリ領域の新たな確保が行われ、その新しいメモリ領域に値がコピーされ、その新しいメモリ領域の値に新しい変数が束縛されます。

一方、プリミティブ型以外の変数や、構造体や列挙型（**第4章**で取り上げます）といった自分で定義した型の値に束縛されている変数を別の変数に=で結び付けようとしたときには、デフォルトではコピーにはなりません。そして、Pythonにおけるミュータブルな値のように、メモリに格納された値に複数のラベルが付与されるという挙動にもなりません。

コピーセマンティクス

では、実験をしてみましょう。まずは、i32型の変数を宣言して、その型の変数を別の変数と=で結び付けてみます。

```
fn main() {
    let s = 1;
    let t = s;
    println!("{}", t);
    println!("{}", s);
}
```

このコードはコンパイルができて、

```
1
1
```

の出力が得られます。このRustのコードでは、変数sに1というi32型の値を束縛し、変数tと変数sを=でつなげています。このt = sによって、新たにi32型の値を格納するメモリが確保され、そこにsの値がコピーされ、新しく確保したメモリの値にtというラベルが付与されます。つまり、C言語や、整数型などのイミュータブルな変数に対するPythonの挙動と同じです。

このように、既存の変数を新しい変数と=で結び付けたときに、新たなメモリ領域が確保され、既存の変数の値を新たなメモリ領域にコピーする方式を「コピーセマンティクス」と呼んでいます（**図3.10**）。C言語の挙動はコピーセマンティクスに該当します。

ムーブセマンティクス

それでは、i32型の変数の代わりに、String型（**4.5節**で解説）の変数にしたらどうなるでしょうか？

リスト3.4　同じ変数を2回使えない例

```
fn main() {
    let s = "Hello".to_string();
```

```
    let t = s;
    println!("{}", t);
    println!("{}", s);
}
```


i32型をString型に変えただけですが、このコードはコンパイルに失敗します。

```
error[E0382]: borrow of moved value: `s`
 --> main.rs:5:20
  |
2 |     let s = "Hello".to_string();
  |         - move occurs because `s` has type `std::string::String`, which does not
implement the `Copy` trait
3 |     let t = s;
  |             - value moved here
4 |     println!("{}", t);
5 |     println!("{}", s);
  |                    ^ value borrowed here after move
```

つまり、String型の場合はコピーセマンティクスが適用されず、さらにコンパイルエラーになることを示しています。このエラーメッセージにある以下のメッセージが、このエラーを解く キーワードであり、Rustでのメモリ管理の方法と大きく関連しています。

- "move occurs"（「移動」が発生した）
- "not implement the `Copy` trait"（Copyトレイトが実装されていない）
- "value borrowed here after move"（「移動」のあとに値が「借用」されている）

Rustでは、整数型、浮動小数点型、論理型といったプリミティブ型を除き、ある変数sを別の変数tと=で結び付けると、sが指し示していた値のラベルが、tに変わります。そして、sのラベルはどのメモリ領域も指さなくなります。これを「sが指し示していた値の『所有権』が、sからtに移動した」と言います。

このように、既存の変数を新しい変数に=で結び付けたときに、新たなメモリ領域の確保をせず、所有権を移動させて新しい変数のラベルに付け替える方式を「ムーブセマンティクス」と呼んでいます（**図3.11**）。

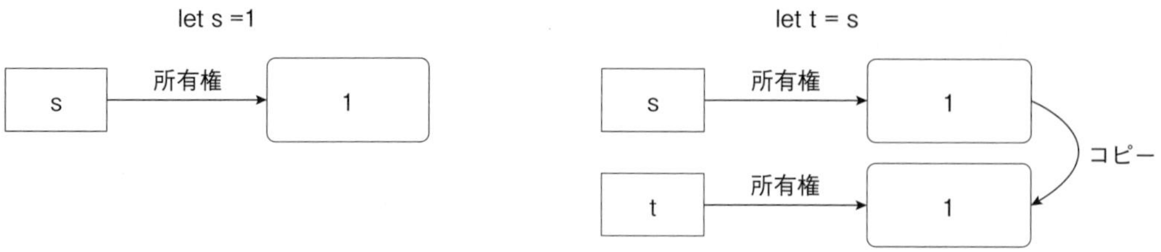

図3.10　コピーセマンティクスの概念

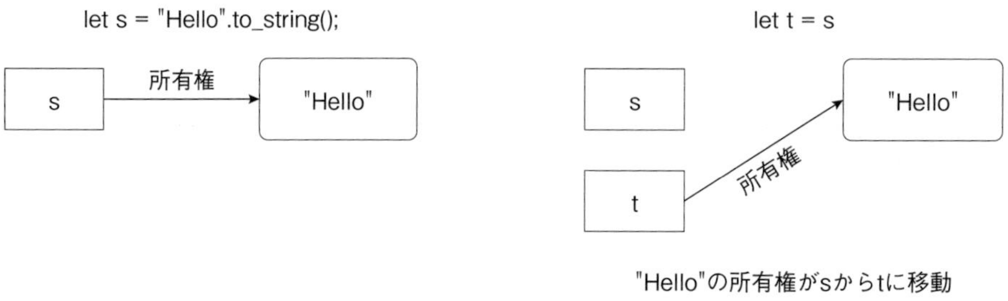

図3.11　ムーブセマンティクスの概念

Rustにおいては、メモリ上に確保された値には「所有者」が設定されていて、

- それぞれの値にはあるライフタイム（生存期間）を持ったただ1つの所有者（所有権を持つ変数）があり、所有権を持つ変数のみが値にアクセスできる
- どの値の所有者にもなっていない変数は「初期化されていない状態」になり参照できない
- ライフタイムが終了した、または所有者がいなくなった値はメモリ上からただちに破棄される

というルールが一貫して適用されます。ここで、「ライフタイム」というのは、大雑把に言えば変数のスコープ範囲と一致します。

所有権という考え方を導入すると、メモリ上に格納された値とラベルである変数が1対1に対応します。ですので、どの変数からも所有されていないメモリ上の値は不要と判断できます。この判断がガベージコレクションのような実行時ではなく、コンパイル時にできるのが大きなメリットです。最初の2つのルールはコンパイル時にそれを満たしているかがチェックされ、コンパイルに成功したプログラムはこのルールを満たしていることが保証されます。この仕組みによってメモリリークを防ぐことができます。

変数の型によってコピーセマンティクスが適用されたり、ムーブセマンティクスが適用されたりしますが、どちらが適用されるかは「その変数型がCopyトレイトを実装しているか」によって決まります。トレイトについては**第5章**で詳しく説明しますが、整数型、浮動小数点型、論理型にはCopyトレイトが実装されています。Copyトレイトが実装されていることは、公式ページのCopyトレイトのページ[注4]を見ることでわかります。

このページのCopyトレイトの解説の中に"Implementors"という項目があり、ここに、Copyトレイトを実装している型、すなわちコピーセマンティクスが適用される型の一覧があります（**図3.12**）。

注4　https://doc.rust-lang.org/std/marker/trait.Copy.html

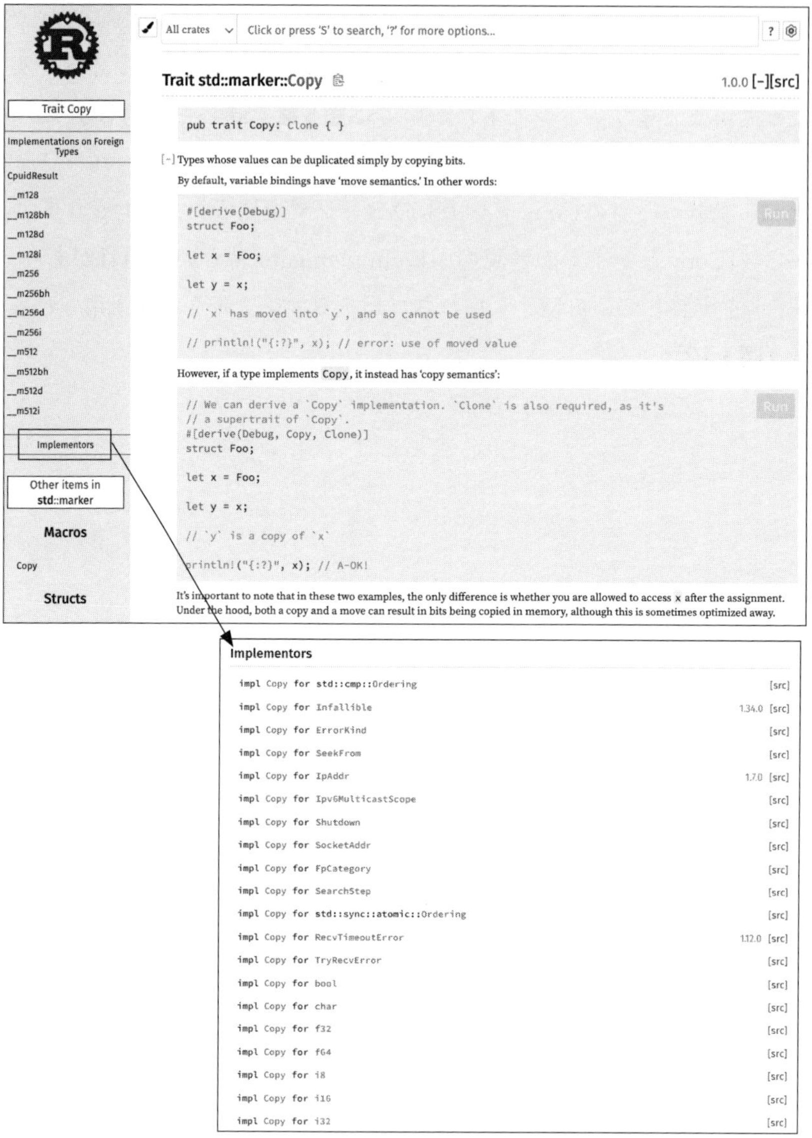

図3.12　公式ページのCopyトレイトの解説

第4章では型について解説しますが、構造体を使って自分で型を作ることができます。新しく作られた型はデフォルトではムーブセマンティクスが適用されますが、コピーセマンティクスを適用したければ、その型にCopyトレイトを実装すれば良いことになります（**4.6節**参照）。その実装は「属性」（Attribute）というものを使うことで簡単にできます。

ただ、コピーを作るというのはコストがかかる処理です。すでにCopyトレイトが実装されているような基本的な型やデータ量が小さい型以外では、特段の必要がなければムーブセマンティクスを適用する（つまり、自分で新しい型を作ってもCopyトレイトを実装しない）のが望ましいと筆者は考えます。

ここまでの解説をふまえ、再度**リスト3.4**をコンパイルしたときのエラーメッセージを振り返ってみると、以下のように解釈できます。

- "Hello"というString型の値の所有権は変数sが持っていたが、let t = sという束縛によって、所有権が変数sから変数tに移動した
- 所有権が移動したのは、String型がCopyトレイトを実装していないからである
- 所有権が移動して何も値を所有しない変数を借用しようとした

ここで「変数を借用」という言葉が出てきますが、ここでは「参照する」と考えていただければ十分です。「所有権の借用」については、**3.4節**で解説します。

関数の引数への引き渡しによる所有権の移動、コピー

所有権の移動、コピーは関数の引数への引き渡しでも起こります。println!でコンソールに出力する処理を以下のように関数にしてみましょう。

```
fn myprint<T: std::fmt::Display>(msg: T) {
    println!("{}", msg);
}

fn main() {
    let s = 1;
    myprint(s);
    myprint(s); // sをもう1回出力
}
```

ここではsの値を2回出力しています（実用的ではありませんが、所有権を理解するための1つの例とお考えください）。ここで、myprint()という関数を定義しました。<T: std:fmt:Display>というのは、Rustでよく使われるジェネリクスやトレイト（**第5章**で説明）を用いて、「std:fmt:Displayというトレイトで指定されているメソッドが実装さ

れている型T」を表していて、msgがi32型でもString型でも使えるようにしています。

このプログラムはコンパイルができて、

```
1
1
```

と意図した出力が得られます。ここで、sに束縛する値の型をString型に変えてみます。

リスト3.5　関数の引数の変数に所有権が移動する例（コンパイルできない）

```
1 fn myprint<T: std::fmt::Display>(msg: T) {
2     println!("{}", msg);
3 }
4 
5 fn main() {
6     let s = "Hello".to_string();
7     myprint(s); // sの所有権が関数内の変数に移動
8     myprint(s); // sの所有権は移動してしまい初期化されていない変数になるのでエラーになる
9 }
```

リスト3.5をコンパイルすると、以下のようなエラーが出て、コンパイルが失敗します。

```
error[E0382]: use of moved value: `s`
 --> main.rs:8:13
  |
6 |     let s = "Hello".to_string();
  |         - move occurs because `s` has type `std::string::String`, which does not
implement the `Copy` trait
7 |     myprint(s);
  |             - value moved here
8 |     myprint(s);
  |             ^ value used here after move
```

リスト3.4をコンパイルしたときと同じようなエラーメッセージが出て失敗しています。つまり、所有権に関係するコンパイルエラーです。このエラーメッセージをよく見ると、"main.rs:8:13"とあるように、8行目にある2回目のmyprint()でエラーになっています。なお、myprint()の呼び出しを1回だけにするとコンパイルに成功して、意図どおりに動作します。

ムーブセマンティクスが適用される変数sを関数の引数に渡すと、関数内の変数msgにsが持っていた所有権が移動します。その結果、sは初期化されていない状態になるため、2回目のmyprint()で使おうとしたときには失敗してしまいます。

msgのスコープ範囲はmyprint()の関数内のみであり、msgに移動した所有権のライフタイムはそのスコープの範囲と同じで、この関数を抜けるまでになります。つまり、1回目のmyprint()関数を抜けたところで、msgに移動した所有権のライフタイムは終了し、その時点でその値はメモリ上から解放されており、メモリから値そのものがなくなっています。

このように関数の中の変数に所有権が移動することを「所有権を消費（consume）する」という言い方をすることがあります。

所有権のメリットは、メモリ上の値と変数の対応を1対1にし、解放してもよい不要なメモリ領域の判定をコンパイル時にできるようになることでした。ある変数を関数の引数に渡したあとにその変数を参照することがなければ、関数の実行の終了とともにその変数に対応する値はメモリから解放されるので、省メモリにはなります。

しかし、ある変数を関数の引数に渡し、関数の実行が終わってからもその変数を参照したいような場合には、関数の引数に渡せば所有権が消費されてしまい、返却値を受け取ったあとに引数に渡したもとの値がわからなくなるので、困ります。

それを回避する方法の1つは、関数の引数に渡す前にコピーを作っておくことです。

リスト3.6 clone()を使って関数の引数に渡す前にコピーを作っておく例

```
1  fn myprint<T: std::fmt::Display>(msg: T) {
2      println!("{}", msg);
3  }
4
5  fn main() {
6      let s = "Hello".to_string();
7      let ss = s.clone(); // sのコピーをssに作っておく
8      myprint(s); // sの所有権が関数内の変数に移動
9      myprint(ss); // ssの所有権が関数内の変数に移動
10 }
```

リスト3.6の7行目のように、clone()を使ってsのコピーをssに作っておけば、引数に渡した変数の所有権は消費されても、引数に渡さなかったコピーを参照し、元の変数の情報を得ることができます。これにより、コピーセマンティクスが適用される変数を関数の引数に渡した場合と同じ効果を得ることができます。しかし、コピーするデータ量が大きくなると、無駄なメモリコピーを減らそうとするムーブセマンティクスのメリットを潰してしまいます。

ムーブセマンティクスが適用される変数の所有権を移動させずに、関数の引数などで使えるようにするには、「リファレンス」(reference) を使います。

3.4 リファレンス

リスト3.6のコードに少し手を加えてみます。

リスト3.7　リスト3.6を変更

```
fn myprint<T: std::fmt::Display>(msg: &T) {
    // リファレンスによってmsgを受け取る
    println!("{}", *msg);
}

fn main() {
    let s = "Hello".to_string();
    myprint(&s); // リファレンスによって関数に渡している
    myprint(&s); // sが所有権を失わないので2回実行できる
}
```

リスト3.6のコードと比較すると、myprint()の引数の型がTから&Tに変わっています。そして、myprint()の引数として、sの代わりに&sを指定しています。&sは、「変数sが所有している値のリファレンス (reference)」と呼ばれます[注5]。

「リファレンス」とは、値を指し示すことができる情報 (＝メモリアドレス) を持った別の値のことで、値がT型であれば、そのリファレンスは別の型であり、&T型と表記されます。

リファレンスによる所有権の借用

ここで重要なのは、値の代わりにそのリファレンスを関数の引数に渡しても、所有権が

注5　"The Rust Programming Language"の日本語版では、"reference"のことを「参照」と訳しており、Rustに関する書籍やWebページでも「参照」としています。本書では、一般的な動詞「参照する」や名詞「参照」と混合しないように、「リファレンス」と呼ぶことにします。

関数内の変数に移動しないことです。値にアクセスするためには所有権が必要でしたが、リファレンスを関数の引数に渡した場合には、そのリファレンスを受け取った関数内の変数は、所有権を一時的に「借用」(borrow) します。所有権を借用した変数は、リファレンスを通じて値にアクセスできるようになります (**図3.13**)。

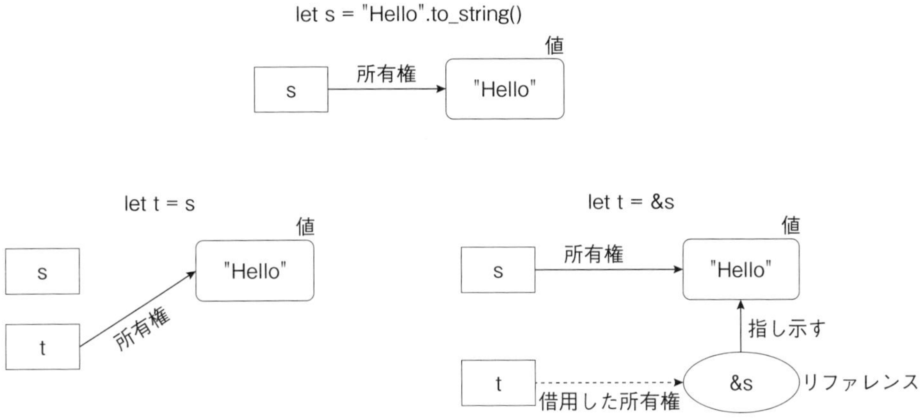

図3.13 所有権の移動と借用

リスト3.7では、リファレンスである`&s`が関数`myprint()`の引数に渡され、そのリファレンスを受け取った`msg`は所有権を借用し、`&s`を通じて`s`の値である`"Hello".to_string()`にアクセスしています。

リファレンスからそれが指し示す値にたどることを「デリファレンス」(dereference) と呼びますが[注6]、デリファレンスをするときにはリファレンスの値に束縛された変数の前に`*`演算子を付けます。

それにしたがい、3行目の`println!`の第2引数には`*`を付けていますが、**5.10節**で説明するように、`println!`の第2引数以降は値でもリファレンスでもどちらでも動作するため、

```
println!("{}", msg);
```

でも正しく動作します。以後、`println!`を使う際には、第2引数以降は値かリファレンスかを気にせずに使います。

注6 "The Rust Programming Language"の日本語版では「参照外し」と訳しています。

イミュータブルなリファレンス

リスト3.7のコードで、String型のリファレンス型である&String型（&str型）の変数への束縛を明示すると次のようになります。

```
1 fn main() {
2     let s = "Hello".to_string();
3     let s_ref = &s;
4     myprint(s_ref); // リファレンスを関数に渡している
5     myprint(s_ref); // sが所有権を失わないので2回実行できる
6 }
```

リファレンス&sを変数s_refに束縛する場合も（3行目）、sからの所有権の移動は発生せず、束縛した変数s_refは所有権を借用し、&sを通じてsに束縛されている値である"Hello".to_string()にアクセスします。

なお、同じ値に対するイミュータブルなリファレンスは複数作成できます。

```
fn main() {
    let s = "Hello".to_string();
    let s_ref = &s;
    let s_ref2 = &s;
    myprint(s_ref); // リファレンスを関数に渡している
    myprint(s_ref); // sが所有権を失わないので2回実行できる

    myprint(s_ref2); // リファレンスを関数に渡している
    myprint(s_ref2); // sが所有権を失わないので2回実行できる
}
```

ミュータブルなリファレンス

さて、次にString型に対して操作をすることを考えます。String型にはclear()というメソッドが用意されており、セットされている文字列をすべて削除できます。

```
fn main() {
    let mut s = "Hello".to_string();
    println!("s= {}", s);

    s.clear();
```

```
6     println!("s= {}", s);
7 }
```

これを実行すると次の出力が得られます。

```
s= Hello
s=
```

ここで、sは内容が変化するのでmutを付けて、ミュータブルな変数として値を束縛しています（2行目）。では、clear()を適用する部分を関数にしてみましょう。所有権が移動しないように、関数myclear()の引数をリファレンスにすると以下のようになるでしょう。

```
fn myclear(x: &String){
    x.clear();
}

fn main() {
    let mut s = "Hello".to_string();
    println!("s= {}", s);

    let s_ref = &s;
    myclear(&s);
    println!("s= {}", s);

}
```

しかし、このコードは次のエラーメッセージ（一部を抜粋）を出力してコンパイルに失敗します。

```
error[E0596]: cannot borrow `*x` as mutable, as it is behind a `&` reference
 --> src/main.rs:2:5
  |
1 | fn myclear(x: &String){
  |               ------- help: consider changing this to be a mutable reference: `&mut
String`
2 |     x.clear();
  |     ^ `x` is a `&` reference, so the data it refers to cannot be borrowed as mutable
```

このエラーメッセージには、

- "cannot borrow `*x` as mutable" (*xをミュータブルとして借用 (borrow) できない)
- "help: consider changing this to be a mutable reference: `&mut String`" (ミュータブルなリファレンス&mut Stringに修正することを検討してください)

ということが書かれています。

リファレンスとして関数に渡した変数の値が関数の中で変更される場合には、&ではなく&mutを変数の前に付けて「ミュータブルなリファレンス」として関数に渡すようにします。そのために、関数の引数の定義、および関数の引数に渡すリファレンスを修正します(1行目、9行目)。

```
1  fn myclear(x: &mut String){
2      x.clear();
3  }
4
5  fn main() {
6      let mut s = "Hello".to_string();
7      println!("s= {}", s);
8
9      let s_ref = &mut s;
10     myclear(s_ref);
11     println!("s= {}", s);
12 }
```

これはコンパイルに成功して、意図した出力が得られます。

次に、あえて同じ値に対するミュータブルなリファレンスを2つ作ってみます。

リスト3.8　ミュータブルなリファレンスは複数作ることができない (コンパイルできない)

```
fn myclear(x: &mut String){
    x.clear();
}

fn main() {
    let mut s = "Hello".to_string();
    println!("s= {}", s);

```

```
    let s_ref = &mut s;
    let s_ref2 = &mut s;

    myclear(s_ref);
    println!("s= {}", s);

}
```


このコードをコンパイルをすると、次のエラーメッセージ（一部を抜粋）を出力してエラーになります。

```
error[E0499]: cannot borrow `s` as mutable more than once at a time
  --> src/main.rs:10:18
   |
9  |     let s_ref = &mut s;
   |                 ------ first mutable borrow occurs here
10 |     let s_ref2 = &mut s;
   |                  ^^^^^^ second mutable borrow occurs here
11 |
12 |     myclear(s_ref);
   |             ----- first borrow later used here
```

エラーメッセージは「同時にミュータブルな借用は1回より多くはできない」と言っています。イミュータブルなリファレンスは複数作成できましたが、値の変更が可能なミュータブルなリファレンスは1つしか作ることができません。

もし、同じ値に対する複数のミュータブルなリファレンスが存在できると、**リスト3.3**のC言語のコードのように、あるリファレンス型の変数を通じて値を変更したときに、別のリファレンス型の変数が参照している値が知らぬ間に変わってしまうということが起こります。また、複数スレッドで実行する際に（スレッド実行については**第8章**参照）、ある値を意図せずに同時に変更しようとする「競合」が生じ、プログラムの挙動が不定になってしまうことが起こりえます。Rustでは、「同じ値に対する複数のミュータブルなリファレンスは存在できない」というルールにより、バグの原因となるこれらの事象が起こらないようになっています。

なお、リファレンスが保持するデータは参照先のメモリアドレスで、保持するデータはC言語のポインタと同じです。64bit OSであれば、64ビット（8バイト）のメモリ領域に、参照先のメモリアドレスがリファレンスの値として格納されます。リファレンスの値（参照先のメモリアドレス）は、次のコードのようにprintln!の第1引数のフォーマット指定子に{:p}を指定することで表示させることができます[注7]。

```
fn main(){
  let x = 1;
  println!("{:p}", &x);
}
```

このコードの出力結果の例は次のとおりです。

```
0x7fff807ef9fc
```

このコードは、C言語では次のコードと同等です。

```
#include <stdio.h>

int main(){
  int x = 1;
  printf("%p\n", &x);
}
```

このように、Rustでもリファレンスの値として参照先の値が格納されているメモリアドレスを表示させることはできますが、C言語のポインタのようにそのメモリアドレスを使って何らかの操作をすることは、Rustのリファレンスではできません。C言語のポインタと同様の操作が必要な場合には、**4.12節**で説明する生ポインタを使えますが、生ポインタを通じたメモリ上の値の操作は、Rustでは安全ではない（unsafe）とされています。プログラマーからは隠蔽されたライブラリの中で生ポインタが使われることはあるものの、プログラマーから見えるところでは生ポインタの使用は避けるべきでしょう。

注7　{:p}をフォーマット指定子にして出力できる値にはPointerトレイトが実装されている必要があります。リファレンスにはPointerトレイトが自動的に実装されています。https://doc.rust-lang.org/std/fmt/trait.Pointer.html#impl-Pointer

リファレンスのスコープ

複数のミュータブルなリファレンスがあってコンパイルができなかった**リスト3.8**のコードを次のように修正してみます。

リスト3.9 ミュータブルなリファレンスはスコープが重ならなければ良い

```
1  fn myclear(x: &mut String){
2      x.clear();
3  }
4
5  fn main() {
6      let mut s = "Hello".to_string();
7      println!("s= {}", s);
8
9      let s_ref = &mut s;
10     myclear(s_ref);
11     println!("s= {}", s);
12
13     let s_ref2 = &mut s;
14     myclear(s_ref2);
15     println!("s= {}", s);
16 }
```

s_ref、s_ref2と、同じ変数sのミュータブルなリファレンスが2つありますが、このコードはコンパイルすることができます。

リファレンスのスコープは、そのリファレンスが最後に使われたところで終わります。このコードでは、s_refが使われるのは10行目が最後であり、10行目でスコープが終わります。s_ref2のスコープが始まるのは14行目からであり、ミュータブルなリファレンスと重なりはありません。それゆえ、このコードはコンパイルエラーにはならなかったのです。

先ほどのエラーメッセージにあった「同時にミュータブルな借用は1回より多くはできない」の「同時」とは、同じ変数sのミュータブルなリファレンスのスコープが重なることを意味しており、スコープが重ならなければ複数のミュータブルなリファレンスがあるように見えても許容されます。

次に、所有権を貸し出しているミュータブルな変数を更新しようとする、次のようなコードを考えてみます。

```
1 fn main(){
2   let mut x = 1;
3   let x_ref = &x;
4 
5   x = 2;
6   println!("{}", x_ref);
7 }
```

このコードはコンパイルに失敗します。

```
error[E0506]: cannot assign to `x` because it is borrowed
 --> src/main.rs:5:3
  |
3 |   let x_ref = &x;
  |               -- borrow of `x` occurs here
4 |
5 |   x = 2;
  |   ^^^^^ assignment to borrowed `x` occurs here
6 |   println!("{}", x_ref);
  |                  ----- borrow later used here
```

xはミュータブルな変数として値を束縛しており、それを、

```
x = 2;
```

として更新するのは一見問題ないように思えます。しかし、x_refのスコープが3～6行目になっており、そのスコープの中で参照元の値を変更しようとしていることがエラーになっています。つまり、ミュータブルな変数に束縛している値であっても、その値のリファレンスのスコープの中では値の更新ができないのです。このことによって、ある変数が指し示す値を更新したら、知らぬ間に、別のリファレンス型の変数を通じて参照している値も変わっていた、ということを防いでいます。

リファレンスのスコープの中では元の変数は所有権をほかの変数に貸し出していて、一時的に失っている状態になり、所有権を持っていた値を変更できないのです。そして、リファレンスのスコープの外に出ると所有権が戻ってきます。まさに、所有権を一時的に「借用」しているのです。

ライフタイムとリファレンス

メモリ上に確保された値は、その値に対する所有権を持つ変数のスコープが終わるとメモリから破棄され、そのメモリ領域が解放される、と説明しました。この仕組みによって、Rustではプログラマーがメモリの解放のタイミングを考える必要がなく、C言語のプログラマーからは天国にも思える世界となっています。

一方、Rustで新たに注意すべきなのは、スコープ外に出て破棄されてしまった値のリファレンスは存在してはならない、ということです。

たとえば、次のようなコードを考えましょう。

リスト3.10 関数内のローカル変数へのリファレンスを返却値にすることはできない（コンパイルできない）

```
1 fn return_hello() -> &String {
2     let s = "Hello".to_string();
3     &s
4 }
5
6 fn main() {
7     let s = return_hello();
8     println!("{}", s);
9 }
```

関数return_hello()では、String型の値（"Hello"）を関数内のローカル変数sに束縛し、そのリファレンスである&sを返却しています（3行目）。

しかし、このコードはコンパイルすることができません。

```
error[E0106]: missing lifetime specifier
 --> src/main.rs:1:22
  |
1 | fn return_hello() -> &String {
  |                      ^ expected named lifetime parameter
  |
  = help: this function's return type contains a borrowed value, but there is no value for
it to be borrowed from
help: consider using the `'static` lifetime
  |
1 | fn return_hello() -> &'static String {
  |                      ^^^^^^^^
```

このメッセージには見慣れない用語がいくつか見られますが、"help: this function's return type contains a borrowed value, but there is no value for it to be borrowed from"（この関数の返却値の型には借用された値が含まれているが、借用された値が存在しない）というのが肝心な部分です。

関数return_hello()で宣言されている変数sは関数内のローカル変数ですので、この関数の実行が終わるとその値はメモリから破棄され、関数の外では返却されたリファレンス&sが指す値はすでに破棄されてしまっています。エラーメッセージはこれを知らせてくれています。

リファレンスが指し示す値は、そのリファレンスよりも「長生き」している必要があります。つまり、リファレンスのスコープは参照する元の変数のスコープよりも小さい必要があるのです。これを所有権の言葉で言い換えれば、「リファレンスは参照する元の変数の所有権のライフタイムを超えて使うことができない」ということになります。

別の例を示してみましょう。このコードではブロック内で割り当てられた値へのリファレンスを使い、ブロック外でその値を参照しようとしています。

```
fn main(){
    let x;
    {
        let y = 1;
        x = &y;
    }
    println!("{}", x)
}
```

このコードはコンパイルすることができません。

```
error[E0597]: `y` does not live long enough
 --> src/main.rs:5:13
  |
5 |         x = &y;
  |             ^^ borrowed value does not live long enough
6 |     }
  |     - `y` dropped here while still borrowed
7 |     println!("{}", x)
  |                    - borrow later used here
```

「yは十分に長く生存していない」というエラーメッセージが出ています。このコードでは2行目でxの変数宣言だけをして、その変数への束縛は5行目で行っています（イミュータブルな変数は1回だけ束縛が可能です）。3〜6行目は{}で囲まれたブロックになっており、この中でletで宣言された変数は、このブロック内部だけにスコープを持ちます。ですので、4行目でyに束縛した1は、このブロックが終わる6行目でメモリから破棄されます。しかし、7行目では破棄された値に対するリファレンスを使おうとしています。ここでも、値を所有する変数のスコープの外でその値に対する参照が行われているためにエラーになってしまいました。

これらの例は概念を理解するための簡単なものでしたが、構造体のフィールドにリファレンスを含む場合など、リファレンスと元の変数のスコープの関係が複雑になるケースもあり、ルールに適合するようにコードを書いていくのに苦労することもあります。しかし、ルールが満たされるかはコンパイル時にチェックされるので、メモリに存在しない（または存在しない可能性がある）値に対するリファレンスを作ってしまうなどのバグはコンパイル時に回避できます。

関数定義におけるライフタイムパラメータ

リファレンスを引数として、リファレンスを返す関数を考えます。ここでは、配列型、スライス、タプルなどが登場しますが、これらについては**4.4節**で説明します。

リスト3.11 引数にリファレンスを受け取り、リファレンスを返却する関数の例

```
fn pick1(x: &[i32], end: usize)->&[i32]{
    &x[..end]
}

fn main(){
    let v1 = [1, 2, 3, 4, 5];
    let p = pick1(&v1, 2);
    for ss in p {
        println!("{}", ss);
    };
}
```

関数pick1()は、i32型の配列のリファレンスxと、符号なし整数usize型の変数end

を引数にとり、その配列の最初からend個を抜き出したスライスを作成し、そのリファレンスを返却値とする関数です。

main関数では、i32型の配列v1を定義して（6行目）、endを2として、関数pick1()を呼び出しています（7行目）。このコードはコンパイルすることができて、

```
1
2
```

という結果が得られます。

では、2つの配列に対して同様の操作を行う次のコードではどうでしょうか？

リスト3.12　2つの配列のリファレンスそれぞれから一部を取り出してスライスを返却する例（コンパイルできない）

```
fn pick2(x: &[i32], y:&[i32], end: usize)->(&[i32], &[i32]){
    (&x[..end], &y[..end])
}

fn main(){
    let v1 = [1, 2, 3, 4, 5];
    let v2 = [6, 7, 8];

    let p = pick2(&v1, &v2, 2);
    for ss in p.0 {
        println!("{}", ss);
    };
    for ss in p.1 {
        println!("{}", ss);
    };
}
```

関数pick2()は、2つの配列のリファレンスを引数にとり、それぞれの配列について最初からend個だけ取り出したスライスを作成し、それらのリファレンスをタプルにして返却しているものです。このコードはコンパイルに失敗します。

```
error[E0106]: missing lifetime specifier
 --> src/main.rs:1:47
  |
1 | fn pick2(x: &[i32], y:&[i32], end: usize)->(&[i32], &[i32]){
```

```
  |             ------    ------                ^ expected named lifetime parameter
  |
  = help: this function's return type contains a borrowed value, but the signature does not
say whether it is borrowed from `x` or `y`
help: consider introducing a named lifetime parameter
  |
1 | fn pick2<'a>(x: &'a [i32], y:&'a [i32], end: usize)->(&'a [i32], &[i32]){
  |         ^^^^    ^^^^^^^^^    ^^^^^^^^^                ^^^

error[E0106]: missing lifetime specifier
 --> src/main.rs:1:55
  |
1 | fn pick2(x: &[i32], y:&[i32], end: usize)->(&[i32], &[i32]){
  |             ------    ------                          ^ expected named lifetime parameter
  |
  = help: this function's return type contains a borrowed value, but the signature does not
say whether it is borrowed from `x` or `y`
help: consider introducing a named lifetime parameter
  |
1 | fn pick2<'a>(x: &'a [i32], y:&'a [i32], end: usize)->(&[i32], &'a [i32]){
```

返却値のタプルのスライスそれぞれについて同様のエラーメッセージが繰り返されていますが、重要なメッセージは以下の部分です。

- "this function's return type contains a borrowed value, but the signature does not say whether it is borrowed from `x` or `y`"（この関数の返却値の型は借用された値を含んでいる。しかし、関数の定義（シグネチャ）からは2つの引数xとyのどちらから借用しているのかわからない）
- "consider introducing a named lifetime parameter"（名前付きのライフタイムパラメータを使うことを検討してください）

すでに**リスト3.10**のコードで見たように、関数のローカル変数のリファレンスを返却値とすることはできないので、返却値のリファレンスは引数のリファレンスを起源にしたものか、静的領域（**4.12節**参照）に配置されるプログラム実行時にいつでも有効な値のリファレンス（`&'static`）のいずれかになります。その結果、返却値とその起源となる引数が参照する元の値が同時にライフタイムの中にいる、すなわち、同時にメモリに存在していて破棄されていない必要があります。

リスト3.12の場合、xと返却値のタプルの最初の成分、yと返却値のタプルの2番目の成分それぞれについて、参照元の値が同時にライフタイムの中にあれば、コンパイラは返却値のタプルの最初の成分はリファレンスxが指し示す値の一部を、返却値のタプルの2番目の成分はリファレンスyが指し示す値の一部を参照できることがわかります。

それらのことをコンパイラに伝えるために、エラーメッセージにも登場した「ライフタイムパラメータ」を使い、pick2()の関数の定義を以下のようにします。

リスト3.13 ライフタイムパラメータを指定した関数の定義例

```
fn pick2<'a, 'b>(x: &'a [i32], y:&'b [i32], end: usize)->(&'a [i32], &'b [i32]){
    (&x[..end], &y[..end])
}
```

'a、'bが「ライフタイムパラメータ」と呼ばれるもので、'と文字（慣例でa、b……が使われます）の組み合わせで表されます。必ずリファレンスを示す&とともに使われ、変数の型を示す場合には、リファレンスを示す&のあとにライフタイムパラメータを置き、そのあとに空白を入れます。イミュータブルなリファレンスである場合には&'aとしますが、ミュータブルなリファレンスの場合には&'a mutのようにします。関数定義においては、関数名のあとの<>（ジェネリクスパラメータと呼ばれます）の中に、どのようなライフタイムパラメータを用いるかを示します。

この修正を行ったコードはコンパイルすることができ、実行すると期待どおり、

```
1
2
6
7
```

という出力を得られます。

ライフタイムパラメータは単独で意味を持つものではありません。ライフタイムパラメータが同じ2つ以上のリファレンスは、それぞれの参照元の値が同時にライフタイムの中にあって、同時に参照することが可能である、ということを示しています。

リスト3.13の例では、xと返却値のタプルの最初の成分、およびyと返却値のタプルの2番目の成分それぞれについて、参照元の値が同時にライフタイムの中にある、というこ

とを示しています。

コンパイラはこの指定があることで、「返却値のタプルの最初の成分の参照元の値とxの参照元の値は、同時にライフタイムの中にいて参照できる。そうであるならば、返却値のタプルの最初の成分にはxからのデータの一部が返却されるべきで、実際にそのようなコードになっている（yについても同様）」という確認をすることができます。

ここで、返却値のタプルに付けたライフタイムパラメータを逆にするとどうなるでしょうか？

```
fn pick2<'a, 'b>(x: &'a [i32], y:&'b [i32], end: usize)->(&'b [i32], &'a [i32]){
    (&x[..end], &y[..end])
}
```

コンパイルに失敗して、以下のエラーメッセージが出力されます。

```
error[E0623]: lifetime mismatch
 --> src/main.rs:2:6
  |
1 | fn pick2<'a, 'b>(x: &'a [i32], y:&'b [i32], end: usize)->(&'b [i32], &'a [i32]){
  |                                     ---------               ----------------------
  |                                     |
  |                                     this parameter and the return type are declared with
different lifetimes...
2 |     (&x[..end], &y[..end])
  |      ^^^^^^^^^ ...but data from `x` is returned here

error[E0623]: lifetime mismatch
 --> src/main.rs:2:19
  |
1 | fn pick2<'a, 'b>(x: &'a [i32], y:&'b [i32], end: usize)->(&'b [i32], &'a [i32]){
  |                     ---------                               ----------------------
  |                     |
  |                     this parameter and the return type are declared with different
lifetimes...
2 |     (&x[..end], &y[..end])
  |                 ^^^^^^^^^ ...but data from `y` is returned here
```

エラーメッセージからは、「返却値のタプルの最初の成分はライフタイムパラメータ'bを持つと宣言されているが、コードの中ではライフタイムパラメータが'aであるxからの値になっている。そのため、xの参照元の値と返却値のタプルの最初の成分の参照元の値は、同時にライフタイムの中にいて参照できるようになっているべきであるが、それが保証されていない」ということが読み取れます。

このように、引数にリファレンスが現れ、返却値にもリファレンスが現れる場合には、引数のリファレンスと返却値のリファレンスが同時に生存しているか否かを示すためにライフタイムパラメータの指定が必要になります。

引数のxと返却値のタプルの第1成分、引数のyと返却値のタプルの第2成分それぞれが同じライフタイムパラメータを持つこと、つまり同時に参照元の値のライフタイムを超えていないということをコンパイラが認識できれば良いので、引数のxとy、返却値のタプルの2つの成分がすべて同じライフタイムパラメータを持っていても条件を満たせます。したがって、次のように、ライフタイムパラメータを'aのみにして、すべての引数のリファレンス、返却値のリファレンスが同じライフタイムを持つように関数を定義しても、コンパイルおよび実行ができます。

```
fn pick2<'a>(x: &'a [i32], y:&'a [i32], end: usize)->(&'a [i32], &'a [i32]){
    (&x[..end], &y[..end])
}
```

これは、x、y、返却値のタプルの第1成分、第2成分の参照元の値が、すべて同時にライフタイムの中にあることを示しています。

ライフタイムパラメータが省略できる場合

リスト3.11の関数pick1()は引数と返却値にリファレンスが現れているのに、ライフタイムパラメータを指定することなく、コンパイルすることができました。実は、あるルールのもとで、ライフタイムパラメータの指定を省略することができます。

ライフタイムパラメータを省略せずに関数pick1()の定義を書くと次のようになります。

```
fn pick1<'a>(x: &'a [i32], end: usize)->&'a [i32]{
    &x[..end]
}
```

関数の引数と返却値にリファレンスが現れ、ライフタイムパラメータによる引数のリファレンスと返却値のリファレンスの対応付けが必要な場合にライフタイムパラメータが指定されていないときには、引数に現れるリファレンスが1つであれば、そのリファレンスのライフタイムと返却値に現れるすべてのリファレンスは同じライフタイムを持つ、という推定がされます。

リスト3.11の関数pick1()は引数に現れるリファレンスが1つであったので、ライフタイムパラメータが指定されていなくても、引数に現れる1つのリファレンスと返却値のリファレンスが同じライフタイムを持つという推定が働き、コンパイルすることができたのです。しかし、**リスト3.12**の場合は引数に現れるリファレンスが1つではなかったので、このようなライフタイムパラメータの推定が行うことができず、コンパイルエラーとなりました。

リファレンスのルールのまとめ

ここまでの議論をまとめると、リファレンスによる所有権の借用には以下のルールがあります。

- リファレンスは参照する元の変数の所有権のライフタイムを超えて使うことができない
- 同じ値に対するイミュータブルなリファレンス（共有リファレンスとも呼ばれます）は、複数存在することが許される（どのリファレンスも同じ値を読み出せる）
- 同じ値に対するミュータブルなリファレンスは1つだけしか存在できない

このルールによって、値がないリファレンスが作られないこと、リファレンスを通じて値が変更されることがあっても排他的に行われることが、コンパイル時に保証されます。このルールを満たしているかのチェックは「借用チェック」（borrow check）と呼ばれ、チェックをパスしないためにコンパイルエラーになることがよくあります。

関数の引数を値にするか、リファレンスにするか

ムーブセマンティクスが適用される変数を関数の引数に渡すときに、所有権の移転を伴わずに値を渡すために、リファレンスによる所有権の借用を使いました。

コピーセマンティクスが適用される値を関数の引数に渡すときには、その値の所有権を

持つ変数を引数に渡すことも、所有権を借用したリファレンスを引数に渡すこともできます。どちらが良いのでしょうか？　実行速度の面ではケースバイケースになると考えています。

リスト3.14　関数の引数に値を渡す場合とリファレンスを渡す場合

```
fn incr_by_owned(x: i32)->i32{
    x + 1
}
fn incr_by_ref(x_ref: &i32)->i32{
    *x_ref + 1
}

fn main(){
  let x = 1;
  let x_ref = &x;
  println!("{}", incr_by_owned(x));
  println!("{}", incr_by_ref(x_ref));
}
```

このコードでは、関数によって整数に1を加える処理を実装していますが、incr_by_owned()では所有権を持つ変数を、incr_by_ref()では所有権を借用したリファレンスを引数にしています。引数がコピーセマンティクスが適用されるi32型ですので、関数の引数にはコピーが渡され、元の変数が所有権を失ってしまうことはありません。また、incr_by_ref()では、&i32型のリファレンスx_refから値を取り出すデリファレンスの操作を*x_refとして行っています。

これらの関数が呼び出されると、どちらの関数でも、引数の内容をスタック領域と呼ばれるメモリにコピーします。このコードでは、incr_by_owned()はxに対応する値そのものを、incr_by_ref()はxのリファレンスの値（メモリアドレス）をコピーします。引数に渡した変数に束縛されている値のデータ量が大きい場合（大きな構造体など）は、リファレンスに比べてデータの量が多くなるので、スタック領域へのコピーにかかる時間が多くなるでしょう。一方、incr_by_owned()の場合はスタック領域にコピーされた値をそのまま演算に使えばいいですが、incr_by_ref()の場合はリファレンスから値をたどって取り出すデリファレンスが必要になります。

したがって、引数のスタックへのコピーにかかる時間の差と、リファレンスの場合に必要なデリファレンスの時間により、どちらがより高速に実行できるかが決まってくると考えられます。

プリミティブ型にはCopyトレイトが実装され、コピーセマンティクスが適用されることをすでに説明しましたが、プリミティブ型の変数を引数に渡すときには、所有権を持つ変数を渡したときと所有権を借用したリファレンスを渡したときでスタックへのコピー量はほぼ同じであり、所有権を借用したリファレンスを渡したときのほうがデリファレンスをするコストが余分にかかることから、その値の所有権を持つ変数を渡したほうが良いのではないかと考えています。

実際に、f64型に対して定義されているsqrt()、log()などの数学関数の値を得るメソッドには、値の所有権を持つ変数を引数に渡すようになっています[注8]。

3.5 変数の再宣言とシャドーイング

すでに説明したように、letによる変数宣言および値の束縛の際に、mutを付与しないと値はイミュータブルになり、変更できません。一方、再度letを使って新しい値を同じ変数に束縛することはできます。

```
fn main(){
    let x = 1;
    println!("{}", x);

    let x = 2;
    println!("{}", x);
}
```

これをコンパイルして実行すると

```
1
2
```

が得られます。

注8　https://doc.rust-lang.org/1.55.0/std/primitive.f64.html

このように、letを使えば、変数の再宣言が可能になります。ここでは、新しい値をメモリ上に作成し、同じxというラベルを値に付与しているのですが、新しく付与したラベルに既存の同名のラベルが隠されてしまっています。

「隠されている」と言ったのは、そのラベル（変数）のスコープが終われば、新しいラベルによって隠されていた既存の同名ラベルが再び見えるようになって使えるからです。ただ、このコードの例では、プログラムが終了するまでに新しいラベル（変数）のスコープが終わることはないので、最初に宣言したxに束縛された値はプログラム終了まで見ることができなくなっています。

「隠されている」様子は、以下のプログラムから確認することができます。

```
1 fn main(){
2     let x = 1;
3     println!("{}", x);
4     {
5         let x = 2;
6         println!("{}", x);
7     }
8     println!("{}", x);
9 }
```

これをコンパイルして実行すると、

```
1
2
1
```

となります。5行目で再宣言されたxは4～7行目のブロック内にのみスコープを持ち、このブロック内では、2行目で宣言したxを隠しています。しかし、このブロックが終了し、5行目でxのスコープが終わると、最初のxを隠していたものがとれて、再び最初のxが見えるようになっているのです。

このように、変数の再宣言によって、再宣言した変数のスコープの間、既存の変数を隠して見えなくしてしまうことを「シャドーイング」(shadowing) と呼んでいます。

シャドーイングのメリットとしては、意味がわかりやすい変数の名前を（型が異なる場合でも）使い回せる、ということがよく挙げられます。一方、すでにある変数名を使って新たにletで値を束縛してしまうと、変数の値を意図せずに変更してしまうことと同じになります。

letで変数を束縛する際には、意図せずにシャドーイングが発生していないかを注意する必要があります。

3.6　所有権とメモリ安全性

「所有権」の考え方があることで、なぜメモリ安全性が担保されるのか、以下で説明しましょう。

メモリ管理の難しさ

C言語における動的確保

C言語でプログラマーの頭を悩ませる問題が、malloc()によってプログラマーが動的に確保したメモリ領域の管理です[注9]。

リスト3.15　メモリリークが発生するC言語のコード

```
#include <stdlib.h>

#define BUFSIZE 100000000
#define NMAX 100000000

int main(){
    char *p;
    int ii;

    for (ii = 0; ii < NMAX; ii++){
        p = (char*)malloc(BUFSIZE);
    }
    return 0;
}
```

リスト3.15のコードを実行するとどうなるでしょうか？　筆者の環境では"malloc:

注9　malloc()によって動的に確保しようとするメモリは、メモリのヒープ領域に確保されます。メモリの領域については**4.12節**で説明します。

can't allocate region"というメッセージが出て、異常終了しました。これはメモリリーク、すなわち使わなくなったメモリが解放されずに、利用できるメモリ量が減ってしまう状況が発生し、最終的にはメモリが確保できずにエラーになったことを示しています。

このときのメモリの使用状態の模式図が**図3.14**です。

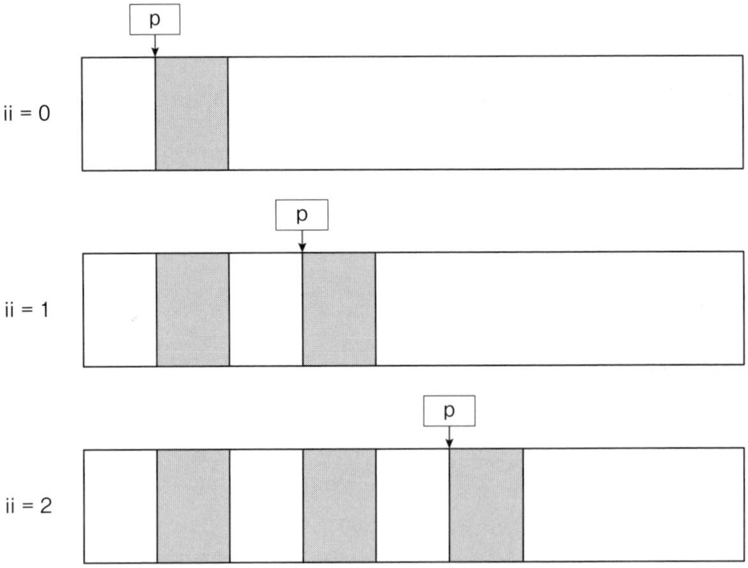

図3.14　リスト3.15でのメモリの動的確保の模式図

`malloc()`は指定されたサイズのメモリを確保し、その先頭アドレスの値をポインタとして返します。確保したメモリ領域を解放するためには、その先頭アドレスのポインタを引数にして`free()`を呼び出す必要があります。つまり、`malloc()`で確保したメモリ領域の先頭アドレスのポインタを保持していないと、メモリの解放ができないのです。

リスト3.15では`for`ループの中で繰り返し`malloc()`が呼ばれてメモリ領域が確保され、その先頭アドレスの値を`p`というポインタ型の変数に入れています。ループの2回目の`ii = 1`のときには、`ii = 0`のときに確保したメモリ領域と別の領域が確保されます。そして、`p`には`ii = 0`のときに確保したメモリ領域の先頭アドレスの値が入っていましたが、`ii = 1`のときに新しく確保したメモリ領域の先頭アドレスの値に上書きされてしまい、`ii = 0`のときに確保した先頭アドレスの値の情報がなくなってしまいます。そうなると、`ii = 0`のときに確保した領域を`free()`で解放することすらできなくなってしまうのです。

また、注意しないとfree()ですでに解放した領域を再度解放してしまうという問題も起こりえます[注10]。

C言語においては、動的に確保されたメモリ領域を使い終わったら解放することを忘れないことはもちろんのことですが、あとで解放ができるように、確保したメモリ領域の先頭アドレスの情報を失わないように注意する必要があります。この管理がうまくいかず、メモリリークが発生してしまうのは、C言語でよくあるバグの1つです。

C言語におけるバッファオーバーラン

C言語では、確保したメモリ領域を超えてデータの書き込みをして、メモリの内容を破壊してしまうバッファオーバーランを発生させるプログラムが簡単に書けてしまいます。次のC言語のプログラムは、確保したメモリ領域ではない領域にアクセスしていますが、場合によっては何もエラーを出さずに実行できてしまいます。

リスト3.16 C言語でバッファオーバーランが発生するコード例

```
#include <stdio.h>
#define BUFSIZE 1024

int main(){
  int ibuf[BUFSIZE];
  int ii;

  /* ibufは1024バイト分だけ確保されているが、その領域をオーバーして
     1026バイト書き込みをして、メモリを破壊している */
  for (ii = 0; ii < BUFSIZE + 2; ii++) {
    ibuf[ii] = ii;
  }
  return 0;
}
```

これもC言語のプログラムでよく発生するバグの1つであり、確保したメモリ領域を超えた書き込みを行うような入力を故意に与えることで、メモリ上の重要なデータを書き換えることができてしまう、という脆弱性が発生することもあります。

注10　筆者はこの問題を回避するために、free()をした先頭ポインタの変数をNULLに書き換える処理を入れた、自作のmyfree()関数を定義していました。free(NULL)は何もしないので2回解放するという問題は回避できました。

Javaなどではガベージコレクションで不要なメモリを解放

一方、Java、Python、Ruby、PHP、JavaScriptなどのプログラム言語にはガベージコレクション（GC）という機能が実装されています。これは、どの変数からも参照されなくなったメモリ領域の解放をプログラマーが明示しなくても実行してくれる機能です。**リスト3.15**のC言語のプログラムで、もしGCがあれば、毎回のforループで確保されるメモリ領域はどの変数からも参照されていないので、GCの対象になります。

しかし、GCには実行タイミングが制御できないこと（いつ自動的なGCが発生するかはわからない）、GCの実行中はアプリケーションの停止を伴うこと（"Stop the World"）、などの問題があります。とくに、アプリケーションの停止を伴うことはアプリケーションの速度性能を低下させることになります。JVM（Java Virtual Machine）では、マイナーGCとメジャーGCがあり、メジャーGCが発生すると秒単位でアプリケーションの動作が停止してしまうこともあります。

とくに、イミュータブルな変数を多用する関数型言語においては、処理結果の格納を同じメモリ領域の値を更新することによって行うことはできないので、新しいメモリ領域を確保して結果を格納し、元の値を参照している変数がなくなるという状況が発生する頻度が多くなります。GCがある場合、元の値を参照している変数がなくなるとそのメモリ領域はGCの対象になりますが、イミュータブルな変数を多用する場合はGCの頻度も増え、それが速度性能を低下させてしまう可能性があります。

Rustのメモリ管理

Rustは所有権でメモリを管理

Rustでは、これまで説明したように、値に対する所有権をどの変数も持たなくなったときに、その値に対応するメモリ領域が解放されることがコンパイル時に決まるのでした。実行時に動作するGCではなく、コンパイル時に不要メモリ領域を判断して解放するようにコンパイルされるため、GCの多発による速度性能の低下は生じません。

C言語のようにプログラマーの責任でメモリの確保、解放をする必要はなく、GCを使っている言語のようにGCによる速度劣化を考慮する必要がない、というのは、メモリ管理やGCによる性能劣化に苦しめられてきたプログラマーにとっては天国です。しかし、所有権の移動や借用を意識したプログラムを書く必要があるため、従来とは異なるプログラミングスタイルを求められたり、借用チェックを満たさないなどの所有権に関連するコンパイルエラーと戦ったりすることもしばしばあります。

とはいえ、これらのことがコンパイル時にチェックされ、メモリリークなどの問題が起きないことが保証されるというのは、プログラマーに大きな安心感を与えます。

バッファオーバーランはRustではどのように検出できるか

C言語では簡単にバッファオーバーランを発生させられることを**リスト3.16**で示しましたが、それとほぼ同等のプログラムをRustで書くと次のようになります。

```
const BUFSIZE: usize = 1024;
fn main() {
    let mut ibuf = [0i32; BUFSIZE];

    for ii in 0..BUFSIZE + 2 {
        ibuf[ii] = ii as i32;
    }
}
```

このプログラムはコンパイルに成功しますが、実行をすると以下のランタイムエラーが出て異常終了します。

```
thread 'main' panicked at 'index out of bounds: the len is 1024 but the index is 1024', main.
rs:5:9
note: run with `RUST_BACKTRACE=1` environment variable to display a backtrace
```

つまり、確保したメモリではない領域にアクセスしていることを実行時に検知し、異常終了しています。このようなチェックが実行時に行われるため、Rustではバッファオーバーランは起こらないといって良いでしょう。

なお、`get_unchecked()`という関数を通じて配列などのインデックスを参照したり、生ポインタ（C言語などのポインタと同じ）を通じてメモリにアクセスをしたりすると[注11]、確保されたメモリ領域内であるかのチェックが実行時に行われず、確保されていないメモリ領域への不正なアクセスに対する実行時エラーは出ませんので、バッファオーバー

注11　安全ではない操作ですのでunsafeキーワードを併用してプログラムを記述する必要があります。

ランが起きてしまうことがあります。確保されたメモリ領域内であるかの実行時チェックによるオーバーヘッドが無視できない場合にはこれらを使うこともありますが、不正な参照ではないことの責任をプログラマーが負わなければならないので、できるだけ使わないようにするのが良いでしょう。

第4章

Rustにおける値の型

Summary

第4章ではRustにおける型を解説します。Rustは静的型付け言語であり、ほぼすべての値の型がコンパイル時に決まりますが、意図した型になっているか、その型に合わせた処理になっているかをプログラマーが意識しながらコードを書いていく必要があります。そのためには、Rustにはどのような型があり、また、どのように新しい型を作ることができるのかを理解することが重要です。この章ではRustで使われる主な型や、新しい型の作り方・扱い方について解説します。

4.1　静的型付け言語と動的型付け言語

プログラム言語は、プログラムの中の変数の型がコンパイル時に決まる静的型付け言語と、実行時に決まる動的型付け言語に大きく分けられます。

動的型付け言語は実行時に変数の型を決めながら処理を進めていくので、「コンパイル」という動作がないインタプリタ言語が該当します。型を明示せずにプログラムが書けるので、少ないコード量でプログラムを書けることが多いです。一方、以下に挙げる点などが動的型付け言語のデメリットとしてよく挙げられます。

- 実行してみないと型が整合していないこと（その変数のオブジェクトに実装されていると考えていたメソッドがないなど）のチェックが行えないこと
- 型が決まらないと値を格納するのに必要なメモリ量が決まらないので、最適なメモリ領域の確保がしにくくなり、メモリの使用量が多くなりがちになること
- 型が決まることで適用できる最適化が使えないので、実行速度は静的型付け言語よりも遅くなることが多いこと

それに対して、静的型付け言語では、実行モジュールを作成するためのコンパイルという操作が伴い、その操作の中でコードの中の変数の型が決められます。プログラマーは、変数の型が決まるように型を指定したり、型推論が適切に行われるようなコードを書いたりする必要があり、動的型付け言語に比べるとコード量は多くなりがちで、学習コストも高めと言われます。一方で、以下に挙げる点などが静的型付け言語のメリットとして知られています。

- コンパイル時に型の間の整合性（使える関数やメソッドなど）のチェックを行えるので、型に関連するバグをコンパイルの段階で発見できることが多いこと
- コンパイル時に型が決まっていると、確保すべきメモリ量が事前にわかり最適なメモリ領域の確保が行われるため、動的型付け言語よりもメモリ使用量が少なくなることが多いこと
- 型が決まっていることで行われる演算があらかじめわかるため、コンパイル時の自動最適化が適用されやすく、実行速度が速い実行モジュールを生成しやすくなること

以下に静的型付け言語と動的型付け言語の代表をまとめました。

静的型付け言語　Rust、FORTRAN、C言語、C++、Go、Haskell、Java、Scala、Swift、TypeScriptなど

動的型付け言語　Python、Ruby、Perl、JavaScript、PHPなど

Rustは静的型付け言語であり、コーディングの中で、型のことに気を配ったり、型の不整合に起因するコンパイルエラーに遭遇したりすることが多くなります。Rustには強力な型推論があり、型推論が適切にできる場合には変数の型の宣言を省略でき、それを活用することによってコードの量を減らすことができますが、どのような型推論が行われているかを意識しておくことはRustの学習を進め、コーディングを効率的に行ううえで大切なことであると考えています。

2.6節で紹介したVS Codeの拡張機能rust-analyzerは、インラインに型推論の結果を表示してくれます。これによって自分が意図した型に推論されているかの確認や、自分が意図しなかった、知らなかった型が推論として出てきたときには、それらについて調べるきっかけを与えてくれます。筆者は、インラインに型推論の結果を表示する機能に出会って、型推論の結果が可視化されるようになってから、Rustに対するハードルが低くなったと感じています。ぜひ、エディタの機能を活用しながら、型を意識してRustのコードを書くようにしてください。

4.2 プリミティブ型

まずは、さまざまな型の構成要素となる基本的な型であるプリミティブ型を取り上げます。プリミティブ型は、すでにRustに組み込まれているので、何も準備をすることなく使うことができます。プリミティブ型は**表4.1**のとおりです。

表4.1　Rustのプリミティブ型

		型名	表現ビット数	値範囲など
スカラー	整数型（符号付き）	i8	8ビット	-128 (-2^{7}) ～127 ($2^{7}-1$)
		i16	16ビット	$-32{,}768$ (-2^{15}) ～32,767 ($2^{15}-1$)
		i32	32ビット	$-2{,}147{,}483{,}648$ (-2^{31}) ～ 2,147,483,647 ($2^{31}-1$)
		i64	64ビット	-2^{63} ～ $2^{63}-1$
		i128	128ビット	-2^{127} ～ $2^{127}-1$
		isize	Nビット*	-2^{N-1} ～ $2^{N-1}-1$
	整数型（符号なし）	u8	8ビット	0～255 ($2^{8}-1$)
		u16	16ビット	0～65535 ($2^{16}-1$)
		u32	32ビット	0～4,284,967,295 ($2^{32}-1$)
		u64	64ビット	0～ $2^{64}-1$
		u128	128ビット	0～ $2^{128}-1$
		usize	Nビット*	0～ $2^{N}-1$
	浮動小数点型	f32	単精度（32ビット）	$-3.40282347 \times 10^{38}$ ～ $3.40282347 \times 10^{38}$ （有効数字6～9桁）
		f64	倍精度（64ビット）	$-1.7976931348623157 \times 10^{308}$ ～ $1.7976931348623157 \times 10^{308}$ （有効数字15～17桁）
	論理型	bool		true、false
	文字型	char		ユニコードでの1文字
	ユニット型	()		値がないことを示す
複合	配列	[T; N]		型Tの値がN個
	タプル	(T,S,...)		

*Nはメモリアドレッシングのビット数でアーキテクチャによる。

この表の中で、「論理型」はtrue（真）またはfalse（偽）のいずれかの値を表すもので、ほかの言語と同じです。また、「ユニット型」というのは「値がない」ことを示す型で、取り得る値は()のみです。返却値がない関数は、ユニット型の()を返却しているとみなされます。そのほかの型については、このあと順次説明していきます。

なお、**第3章**の中で説明したように、**表4.1**に列挙したプリミティブ型にはCopyトレイトが実装されていて、ほかの変数に束縛しても所有権を失わないことが共通した特徴です。

4.3　整数型・浮動小数点型

表4.1に示したように、Rustの整数型はビット数と符号の有無で指定します[注1]。また、浮動小数点型には単精度、倍精度の2種類が用意されています。

C言語の場合、型の宣言が必ずあるので、変数の型はプログラマーが決め、その変数に異なる型の変数を代入しようとすれば、エラーとなるか、変数の型に暗黙的にキャストされます。

```
int main(){
  int ii;

  ii = 3.5;  /* 3.5はintにキャストされて3となる */
}
```

このC言語のプログラムでは、int型の変数であるiiに浮動小数点の値である3.5を代入していますが、int型にキャストされて3になります。

一方、Rustの場合は型推論が働くので、多くの場合、変数への値の束縛の際に型を明示的に宣言する必要がありません。Rustには整数型がたくさんありますが、コードの中に123と書いたとき、この123はどの整数型と推論されるでしょうか？

123のように、具体的な値をコード内で書いたものをリテラルと呼びます。123は整数リテラルとなります。整数リテラルは、型指定をせずに単独で使われている場合は、i32型とみなされます。もし、型を指定したい場合には、

注1　C言語の場合、整数型にはchar、short、int、long、long longが用意されており、数値の表現に用いるビット数が異なりますが、規約上はcharが1バイト（8ビット）であることが決まっているだけで、そのほかの型のビット長はコンパイラの実装やアーキテクチャに依存します。そのため「32ビットの整数」の型がこれらのうちのどれなのかをコンパイル前のconfigureスクリプトで判定し、その型と自ら宣言した「32ビットの整数」の型名をtypedefで結び付けるということがよく行われています。Rustの場合はビット数で型を指定できるので、そのようなことをする必要がなく便利です。型のビット長は整数の表現範囲を決めるとともに、バイナリデータの読み書きをするときに気にする必要があります。

```
123_u32
```

のように、アンダースコア（_）に続けて型名を付けることで、型名を指定して整数リテラルを作ることができます。

このあと説明するとおり、Rustでは整数型の間の四則演算では暗黙の型変換が行われないため、型指定をしない場合は、その演算が成り立つ型とみなされます。たとえば、

```
let x = 1_i64 + 2;
```

と書いたときの2は`2_i64`とみなされ、`x`は`i64`型と推論されます。また、

```
let x = 1000_i8;
```

のように、符号付き8ビット整数（－128〜127）の範囲外の整数を指定したり、

```
let x = -1_u8;
```

のように符号なしの整数にマイナスの符号を付けようとしたりすると、コンパイルエラーになります。このように、コンパイラがその型で表現できる範囲の値であるかを確認しています。

浮動小数点リテラルは、型指定を付与せずに単独で現れる場合は`f64`型とみなされますが[注2]、単精度の値として指定したい場合には、

```
1.23e4_f32
```

のように書きます。

注2　C言語でも浮動小数点リテラルは倍精度がデフォルトであり、単精度を指定する場合は末尾にFかfを付けます。なお、FORTRANでは1.234e5のように指数表示にeを使った値が単精度、1.234d5のようにdを使った値が倍精度と解釈されます。

型が異なる2つの整数の間の四則演算はできるか？

さて、型が異なる2つの整数の間の四則演算はどうなるでしょうか？　C言語においては「暗黙の型変換」があり、次のようなコードをコンパイルして実行することができます。

```
1  int main(){
2      char ii = 1;
3      unsigned short jj = 2;
4      int kk = ii + jj;
5      printf("kk = %d\n", kk);
6      return 0;
7  }
```

4行目では、char型とunsigned short型という、型が異なる値の間での演算が行われています。ここでは「汎整数拡張」と呼ばれる変換が行われており、演算の前にそれぞれの値がint型、またはunsigned int型に変換され、演算されています。つまり4行目は、

```
int kk = (int)ii + (int)jj;
```

と同じになります。一方、Rustで同等のコードを書くと次のようになるでしょう。

```
fn main(){
    let ii = 1_i8;
    let jj = 2_u16;
    let kk: i32 = ii + jj;
    println!("{}", kk);
}
```

しかし、このコードは次のコンパイルエラーを出力して、コンパイルできません。

```
error[E0308]: mismatched types
 --> src/main.rs:4:24
  |
4 |     let kk: i32 = ii + jj;
  |                        ^^ expected `i8`, found `u16`
```

```
error[E0308]: mismatched types
 --> src/main.rs:4:19
  |
4 |     let kk: i32 = ii + jj;
  |             ---   ^^^^^^^
  |             |     |
  |             |     expected `i32`, found `i8`
  |             |     help: you can convert an `i8` to an `i32`: `(ii + jj).into()`
  |             expected due to this

error[E0277]: cannot add `u16` to `i8`
 --> src/main.rs:4:22
  |
4 |     let kk: i32 = ii + jj;
  |                      ^ no implementation for `i8 + u16`
  |
  = help: the trait `Add<u16>` is not implemented for `i8`
```

4行目の部分について、3つのエラーが出ています。

- "expected `i8`, found `u16`"（jjはi8型であるはずだが、u16型になっている）
- "expected `i32`, found `i8`"（左辺のkkはi32型であると宣言されているのに、右辺はi8型になっている）
- "no implementation for `i8 + u16`"（i8型とu16型の加算は実装されていない）

1番目のメッセージで「jjはi8型であるはず」と推測しているのは、iiがi8型であるからです。i8型に加えることができるのはi8型だけであるのに、そうなってはいないということです。そのことは、3番目のメッセージでもわかります。そして、i8型に加えたときの返却値はi8型であるべきなのに、束縛される変数がi32型になっていて整合していない、というのが2番目のメッセージです。

このようにRustでは、整数型の間の四則演算は型が異なる値同士では実装されておらず、同じ型の間の演算をしてその型の結果を返すものしか実装されていません。

このコードをコンパイルできるようにする1つの方法が次のコードのようにasを使って型を変換（キャスト）する方法です。

```
fn main(){
    let ii = 1_i8;
    let jj = 2_u16;
    let kk: i32 = ii as i32 + jj as i32;
    println!("{}", kk);
}
```


as 型名はその値を型名で指定される型に変換（キャスト）するもので、ここではiiとjjを、kkと同じi32型に変換しています。

このように、Rustでは、整数型の四則演算において、C言語にあったような「暗黙の型変換」がなく、演算する値同士、そしてその結果が同じ型になるように、必要に応じてプログラマーが明示的に型変換をする必要があります。「暗黙の型変換」はルールを把握していれば便利ではありますが、思わぬ変換がされてしまってバグを生んでしまうこともあり、Rustではそのバグの可能性を排除していると言えます。

整数の除算について

除算については、言語によって扱いが異なることが多いので、Rustの場合の扱いを見ておきましょう。いろいろな整数型がありますが、同じ型の間ではないと除算を含む四則演算ができないのはすでに説明したとおりです。

m、nを整数として、mを被除数（割られる数）、nを除数（割る数）とすると、

$$m = qn + r \qquad (q, r \text{は整数で} 0 \leqq r < n)$$

の関係式が一意に成立します。このとき、qは商、rは剰余（余り）と呼ばれます。

Rustにおいては、m / nによってqが、m % nによってrが得られます。

```
fn main(){
  println!("{}", 20 / 7);
  println!("{}", 20 % 7);
}
```

の結果は、

```
2
6
```

となります。

一方、Pythonでは演算子`/`の意味が違っており、`m / n`は、

$$m = qn$$

を満たす実数qを求めるものです。Rustの`/`と同じ挙動をするPythonの演算子は`//` です。

```
print(20 / 7)
print(20 // 7)
print(20 % 7)
```

このPythonのコードの結果は、

```
2.857142857142857
2
6
```

となります。

4.4 配列・タプル・スライス・ベクター

配列

ある型の値を順番に並べた複合型として配列型[注3]が用意されています。配列型は固定長で、型の表示としては`[T; N]`（T：型、N：要素数）で示します。

```
fn main(){
    let ary = [0, 1, 2, 3]; // [i32; 4]型と推論される
```

注3　https://doc.rust-lang.org/std/primitive.array.html

```
3     for aa in &ary{
4         println!("{}", aa);
5     }
6     println!("ary[1] = {}", ary[1]);
7 }
```


2行目のように、[]で囲んで配列リテラルを書くことができます。その配列の各要素について処理したい場合には、forループが使えます（**7.2節**を参照。）。なお、ループ変数のaaは&i32型で、リファレンスです。また、配列のインデックス番号は0始まりで、たとえばary[1]とすることで、インデックス番号1の値（最初から2番目の値）を指すことができます。

上記コードの実行結果は次のとおりになります。

```
0
1
2
3
ary[1] = 1
```

配列の各要素は同じ変数型である必要があります。たとえば、

```
let ary = [0, 1, 2.5, 3];
```

のように異なる変数型（i32型とf64型）を混ぜると、"mismatched type"（型が整合しない）としてコンパイルエラーになります。

タプル

タプル型[注4]は、配列型と同様、複数の値を順番に並べて構成されるものです。配列型の要素はすべて同じ型である必要がありましたが、タプル型は異なる型を要素とすることができます。配列型はカンマで区切った複数の値を[]で囲むのに対し、タプル型は()で囲みます。たとえば、tup.1とすることで、インデックス番号1の値（最初から2番目の値）

注4　https://doc.rust-lang.org/std/primitive.tuple.html

を指すことができます。

```
fn main(){
    let tup = (1, 2.5, true);
    println!("{}, {}, {}", tup.0, tup.1, tup.2);
}
```

このコードの実行結果は次のとおりです。

```
1, 2.5, true
```

Pythonでは、リストやタプルで要素の型が異なっていたとしても、forループを使って各要素に対する繰り返し処理ができます。一方、Rustでは繰り返す要素を返すイテレータ（**7.2節**参照）は同じ型の値を順番に返していくものであり、要素の型が異なることがあるRustのタプルではイテレータが実装されていません。タプルは異なる型を要素にできるものの、繰り返し処理には不向きです。

スライス

配列の一部を参照するには「スライス」と呼ばれる型[注5]を使います。スライスはリファレンスであり、別に実体があるものに対する「ビュー」を与えています。所有権は持ちません。T型の配列[T; N]のスライスであれば、変数の型としては&[T]型と表記されます。

配列aryのスライスは、たとえば&ary[0..2]のように書きます。配列の最初の要素は0番目で、インデックスiが$0 \leqq i < 2$を満たすもの、すなわち0と1を取り出したものになります。

0..2の表記は「レンジ」(range) と呼ばれるもので、i..jと書けば、$i, i+1, \cdots, j-1$の数列を表します。始点を省略して..jとすれば「最初からj未満まで」の意味になりますし、終点を省略してi..とすれば「iから最後まで」、..とすれば「最初から最後まで（つまり全体）」という意味になります。また、i..=jとすれば、終点は「j以下」となり、jを含んだものになります。

注5　https://doc.rust-lang.org/std/primitive.slice.html

次のコードはスライスを用いた例です。

```
1 fn main(){
2     let ary = [0, 1, 2, 3]; // [i32; 4]型と推論される
3     let ary_sliced = &ary[0..2];
4     for aa in ary_sliced{
5         println!("{}", aa);
6     }
7 }
```

実行結果は次のとおりで、期待どおり、aryの0番目、1番目の要素のみをary_slicedが参照していることがわかります。

```
0
1
```

スライスはリファレンスであり、&ary[0..2]のように表記すると説明しましたが、&を付けずに、3行目を、

```
let ary_sliced = ary[0..2];
```

とすることはできません。このようにすると、コンパイルは失敗し、次のようなエラーメッセージが出ます（一部を抜粋）。

```
error[E0277]: the size for values of type `[{integer}]` cannot be known at compilation time
 --> src/main.rs:3:9
  |
3 |     let ary_sliced = ary[0..2];
  |         ^^^^^^^^^^ doesn't have a size known at compile-time
  |
  = help: the trait `Sized` is not implemented for `[{integer}]`
  = note: all local variables must have a statically known size
  = help: unsized locals are gated as an unstable feature
help: consider borrowing here
  |
3 |     let ary_sliced = &ary[0..2];
  |                      ^
```

このメッセージには、"the size for values of type `[{integer}]` cannot be known at compilation time"（integer型の値のサイズがコンパイル時にはわからない）とあります。ary[0..2]は[i32]型と解釈され、要素数が実行時に動的に決まる型です。要素数Nが指定されている配列[T; N]型との違いに注意してください。スライス&[i32]は[i32]のリファレンスであり、その実体は「スライスの先頭に対応する値のメモリアドレス」と「スライスの長さ」の2つのデータを持ったものです。これらを格納するために必要なメモリサイズの大きさはコンパイル時に確定しますが[注6]、スライスの長さはデータであり、コンパイル時に決まっている必要はありません。つまり、デリファレンスをした値の要素数はコンパイル時には決まらず、実行時に動的に決まることになります。

ary_slicedのように関数内のみにスコープを持つローカル変数は、コンパイル時にメモリに確保する大きさが決まる必要がありますが[注7]、[i32]型の要素数は実行時に動的に決まるので、メモリに確保する大きさがコンパイル時には決まらずにエラーになったわけです。スライスは&ary[0..2]のようにリファレンスとして使うことがほとんどで、ary[0..2]という表記で使うことはめったにないと理解しておいて差し支えありません。

ここでは配列に対してスライスを導入しましたが、このあとで登場するVec<T>型やString型においてもスライスを使うことができます。

ベクター型

配列は要素数が固定でした。しかし、Pythonのリスト型など、要素数が可変な「配列」がほかの言語にはあります。RustではVec<T>型がそれにあたり、ベクター型[注8]と呼ばれます。次のコードはベクター型を用いた例です。

```
fn main(){
    let mut v = vec![0, 1, 2, 3];

    println!("before push: {:?}", v);
    v.push(10);
    println!("after push: {:?}", v);

```

注6　64ビットアーキテクチャであれば、メモリアドレスの64ビットとスライスの長さの64ビットで計128ビット、つまり16バイトのメモリ容量を必要とします。

注7　このことは、変数に束縛された値がSizedトレイトを実装していることと等価です。

注8　https://doc.rust-lang.org/std/vec/struct.Vec.html

```
8      v[2] += 10;
9      println!("after v[2] += 10: {:?}", v);
10
11     println!("&v[3..] = {:?}", &v[3..]);
12 }
```

実行結果は次のようになります。


```
before push: [0, 1, 2, 3]
after push: [0, 1, 2, 3, 10]
after v[2] += 10: [0, 1, 12, 3, 10]
&v[3..] = [3, 10]
```

2行目でマクロvec!を使って配列型[0, 1, 2, 3]からVec<i32>型の値を作成し、変数vに束縛しています。Vec<T>型は構造体であり、そのインスタンスを作成するためにはVec<T>型の各フィールドの値をセットする必要がありますが、vec!は配列を与えるだけでその構造体の各フィールドの値を埋め、Vec型の値を返してくれます。

5行目でpush()を使って、vの末尾に10を加えています。配列と異なりベクター型は可変長であるので、要素の追加ができます。ただし、2行目のように、ミュータブルな変数として束縛しておく必要があります。

8行目のように[n]でインデックス番号nの要素（インデックス番号は0始まりなので最初からn+1番目）にアクセスすることができます[注9]。ミュータブルな変数として束縛しているので、要素の値を変更することもできます。

11行目のように、スライス&v[start..end]によって部分列を取り出すこともできます。なお、Vec<T>型のリファレンス&Vec<T>型はスライス&[T]型と同等であり、Vec<T>型のリファレンスを関数の引数などの型アノテーションに指定する場合、clippyは&[T]の表記を推奨しています。

2行目では初期要素を配列で与え、その配列から要素の変数型が推論されてVec<i32>型を作成しましたが、

```
let mut v: Vec<i32> = Vec::new();
```

注9　[]を使ってインデックス番号でアクセスできるのは、Vec<T>型がIndexトレイトを実装しているからです。

または、

```
let mut v = Vec::<i32>::new();
```

のように、束縛する変数の型を明示すれば、初期要素を何も与えずに、Vec<i32>型の変数を作ることができます。なお、後者の場合、型の表記はVec<i32>ですが、メソッドを、型の指定をして呼ぶ場合、Vecと<i32>の間に::が入ることに注意してください。

Vec<T>型は、要素数が可変である「配列」としていろいろな場面で使われます。Vec<T>型の使い方の例や実装されているさまざまなメソッドについては、公式ページのVec<T>型の解説を参照してください。

4.5　文字・文字列の型

文字型

Rustにはプリミティブ型としてchar型[注10]が用意されており、1つの文字を表します。

```
let c = 'c';
let a = 'あ';
```

のように、シングルクォーテーションマークで囲んだ1文字が文字リテラルになり、それに束縛された変数はchar型と推論されます。

C言語においては、charは1バイトでありASCII文字1文字に対応しますが、Rustのchar型はユニコードでの1文字であり、1バイトとは限らないことに注意が必要です。ユニコードは最大4バイト（サイズは文字によって固定ではない）であり、Rustのchar型からu32型への変換はメソッドが用意されていますが、u8型への変換は、情報を失わずに変換できるとは限らないことから対応していません。

シングルクォーテーションマークは1文字の文字リテラルを囲むものであり、

注10　https://doc.rust-lang.org/std/primitive.char.html

```
let c = 'cc';
```

のように、シングルクォーテーションマークで2文字以上の文字を囲むと文法エラーになります。これはC言語と同じです。

文字列型

2文字以上は文字列となり、文字列リテラルを表現するにはダブルクォーテーションマークで囲みます。

```
let s = "hello";
```

文字列リテラルに束縛された変数は&'static str型[注11]と推論されます。&str型というのは、&が先頭に付いているようにリファレンスを表す型です。リファレンスであるということは参照先の値がメモリ上にあることになりますが、プログラマーがメモリに置くという直接の操作はしていないように見えます。実は、文字列リテラルが示す文字列はプログラム実行の初期にメモリの「静的領域」と呼ばれる領域に配列のように配置され、そのスライスとなります。「静的領域」はプログラムの起動から最後まで割り当てられていてサイズが不変な「静的変数」を配置する領域です。staicを付けて宣言した変数もこの領域に配置されます（**4.12節**参照）。文字列リテラルの値はプログラムの起動から最後までメモリに置かれているため、ライフタイムパラメータは'staticになります。

この次に紹介するString型のリファレンス&Stringは&str型と同等であり、これはライフタイムパラメータが'staticではない&str型です。

&str型はスライスですので、スライスと同様の記法で一部分の取り出しができます。

```
fn main(){
    let ss = "Hello!";
    println!("{}", ss);
    println!("{}", &ss[0..2]);
}
```

注11 https://doc.rust-lang.org/std/primitive.str.html

実行結果は次のとおりになり、スライスによって、最初の2文字が取り出されているのがわかります。

```
Hello
He
```

&strは&[u8]と同じであり、日本語のようなマルチバイト文字のスライスもバイト単位での指定になります。たとえば、「あいうえお」という文字列は、UTF-8ではそれぞれが3バイトの文字から構成されていますが、スライスの境界が文字境界になっている必要があります。

```
1 fn main() {
2     let st = "あいうえお";
3     println!("{}", &st[0..6]);
4 }
```

のように、0..6は先頭から6バイトであり、文字境界に一致しています。実行結果すると次が得られます。

```
あい
```

しかし、スライスの境界が文字境界と一致していないとpanicを起こします。たとえば、3行目を、

```
println!("{}", &st[0..5]);
```

のように、文字境界と一致しないスライスを指定すると、実行時に以下のエラーメッセージが出ます。

```
thread 'main' panicked at 'byte index 5 is not a char boundary; it is inside 'い' (bytes 3..6) of `あいうえお`', src/main.rs:3:21
```

マルチバイト文字を含む&str型から部分文字列を取り出したい場合にはchars()メソッドを使い、文字境界で分割してchar型を返すイテレータを使うのが便利です（**7.2節**参照）。また、as_bytes()メソッドを使えば、文字境界にかかわらずバイト列のスライスを作ることができます。

String型

&str型は文字列リテラルから手軽に作ることができて便利なのですが、文字の追加などはできず、文字列の操作の手段は限られています。配列型の高機能版としてベクター型があったように、str型の高機能版としてString型[注12]があります。

String型の変数は、文字列リテラルなどの&str型の変数から作成できます。

```
1 fn main(){
2     // &strからStringに変換
3     let st1 = "Hello".to_string();
4     let st2 = String::from("Hello");
5 }
```

3行目は&str型のメソッドto_string()を用いたもの、4行目はString型の関連関数（後述）であるfrom()を用いたものになっています。

次のコードは文字列の追加と部分取り出しをする例です。

```
fn main(){
    let mut st = String::from("Hello");

    st.push_str(", World");
    println!("{}", st);
    println!("{}", &st[0..6]);
}
```

実行結果は次のようになります。

注12　https://doc.rust-lang.org/std/string/struct.String.html

```
Hello, World
Hello,
```

String型の変数をミュータブルな変数に束縛し、push_str()というString型のメソッドで追加をしています（4行目）。

また、配列[T; N]型やVec<T>型と同様に、&st[0..6]という形でスライスを使うこともできます（6行目）。String型のリファレンス&String型は&str型と同等であり、String型のリファレンスを関数の引数などの型アノテーションに指定する場合は、clippyは&strの表記を推奨しています。

そのほかにも、String型のメソッドが公式の解説ページに紹介されていますので、参照してください。

4.6　構造体

構造体の宣言

構造体はほかの言語にもよく出てくるもので、1つまたは複数の値をまとめることができる型です。値には「フィールド名」という呼ばれるキーを付与し、いわゆるキー・バリューの形になっています。たとえば、人の属性をまとめたPersonという型を以下のように定義できます[注13]。

リスト4.1　Person型の定義

```
struct Person {
    name: String,
    age: u8
};
```

このPersonという構造体では、String型のnameというフィールドと、u8型のageというフィールドが宣言されています。

注13　Rustでは型の名前をUpperCamelCaseにすることが推奨されています。https://github.com/rust-lang/rfcs/blob/master/text/0430-finalizing-naming-conventions.md

構造体のインスタンスの作成

structによる構造体の宣言は、構造体の「型紙」を作っているようなものです。この型紙から、構造体の値（インスタンス）を作るためには、次のようにします。

```
let taro = Person{name: String::from("taro"), age: 10};
```

構造体名に続き、{}で囲んだ中で各フィールドの値をセットします。書き方はJSONに似ています。構造体の各フィールドの値は、

```
println!("{}, {}", taro.name, taro.age);
```

のように、変数名のあとに.を入れてフィールド名を入れることで参照できます。

```
let mut taro = Person{name: String::from("taro"), age: 10};
```

のように、ミュータブルな変数として宣言すれば、

```
taro.age = 20;
```

のように、フィールドの値を更新できます。

構造体のフィールドにアクセスするときの自動的なデリファレンス

C言語では、構造体の値へのポインタが与えられたとき、その構造体の値を取り出すのに、.ではなく->を使いました。たとえば、pが構造体へのポインタであるならば、p->nameのようにします。デリファレンスを明示的に書けば、(*p).nameと書けます。

Rustでは、構造体の値であっても（=所有権を持っていても）、それへのリファレンスであっても（=所有権を借用していても）、フィールドの参照には.を使うことができます。構造体のリファレンスに対して.が使われている場合には、デリファレンスを自動的に裏側でやってくれるためです。

フィールド名と同じ変数がスコープの中にある場合の構造体インスタンスの作成

フィールド名と同じ変数がスコープの中にある場合は、構造体のインスタンスを作成する際のフィールド名を省略できます。

```
1 let name = String::from("hana");
2 let age = 30;
3
4 let hana = Person{
5     name,
6     age
7 };
8 println!("{}, {}", hana.name, hana.age);
```

1行目と2行目で構造体Personのフィールド名と同名の変数name、ageが宣言されているので、5行目と6行目のフィールドの値のセットではフィールド名を省略しています。

同じ型の既存の構造体の一部フィールドの書き換えによる構造体インスタンスの作成

構造体のインスタンスを作るときには、原則として、構造体のすべてのフィールドの値を指定する必要がありますが、既存の同じ型の構造体の一部のフィールドを書き換えることで、新しい構造体を作ることができます。

```
1 let jiro = Person{
2     name: String::from("jiro"),
3     ..taro
4 };
```

2行目でnameのフィールドにString::from("jiro")をセットしていますが、3行目の..taroによって残りのフィールドにはtaroの値を使うことを示しています。

フィールドの数が非常に多い構造体のインスタンスを作成するときに、フィールドの値にデフォルト値を入れた構造体インスタンスを作成しておき、この記法を使ってそのデフォルトの値の一部を変えることで新しい構造体インスタンスを作る、という使い方ができます。

タプル構造体

フィールド名がない構造体を作成することもできます。

```
struct ColorRGB(u32, u32, u32);
```

のように構造体を宣言すると、u32型3つをフィールドに持つものの、フィールド名がない構造体を作ることができます。このような構造体をタプル構造体と呼びます。

この構造体のインスタンスを作成、参照するためには以下のようにします。

```
let color = Color(255, 128, 0);
println!("{},{},{}", color.0, color.1, color.2);
```

フィールドの値を参照するときには、0から始まるインデックス番号を用いて変数名.インデックス番号とすれば参照できます。

このタプル構造体は、同じ型の値をフィールドとする別の型を定義できます。たとえば、摂氏温度と、摂氏温度に273.15を加えた絶対温度は、いずれも実数であり、f64型で表現することができます。この2つの温度を同じf64型で定義するのではなく、

```
struct Celsius(f64);  // 摂氏温度
struct Kelvin(f64);   // 絶対温度
```

のように別の型にしておくと、それぞれの値がどちらの型を使っているかによって、どちらの単位による値であるのかを知ることができます。これをnew type patternと呼んでいます。

Unit-Like構造体

フィールドが何もない構造体も定義できます。このような構造体はUnit-Like構造体[注14]と呼ばれます。何も値を持たないユニット型()と似ていて、何もデータがない構造体で

注14 "The Rust Book"の日本語訳版では「ユニット様構造体」と訳していますが、日本語としても意味がとれないので本書では英語のままにしてあります。

あることからこのように呼ばれます。何もデータを持てないような型は何に使えるのか、と思われるかもしれませんが、トレイトを実装する際に必要になることがあります（その例は**リスト5.13**）。

構造体へのメソッドの実装

オブジェクト指向言語では「クラス」と呼ばれるものが中心的な役割を果たします。クラスとはデータとそのデータを扱うメソッドの集まりと言うことができます。この「データ」とはまさに構造体そのものであり、構造体のフィールドのデータを扱うメソッドを実装すれば、オブジェクト指向言語におけるクラスのようなものができます。

Rustにおいても、構造体に付随した関数（関連関数：associated function）、ないしは関数に類似したもの（メソッド：method）を実装できます。関連関数は、その構造体に関連した関数であり、インスタンスとともに呼ばれる必要がないものです。ほかの言語では静的メソッド（static method）と呼ばれたりします[注15]。それに対して、最初の引数が、自分自身を表す`self`または`&self`になっていて、処理対象のインスタンスを指定しているのが「メソッド」です。

たとえば、**リスト4.1**で定義した構造体`Person`に対して、いくつかの関連関数やメソッドを実装してみましょう。

リスト4.2　リスト4.1に関連関数やメソッドを実装

```
struct Person{
    name: String,
    age: u8
}

impl Person {
    // 関連関数
    fn new(name: String, age: u8)->Person{
        Person{name, age}
    }
    // メソッド
    fn age_incr(&self, incr: u8)->u8{
        self.age + incr
    }
```

注15　以前の"Rust By Example"ではstatic methodという用語が使われていましたが、最新版ではassociated functionに修正されています。https://github.com/rust-lang/rust-by-example/commits/master/src/fn/methods.md

```
    // メソッド
    fn age_incr_replace(&mut self, incr: u8){
        self.age += incr;
    }
}
```


クラスを持つ言語では、クラスの宣言の中で変数やそれを操作するメソッドを定義しますが、Rustでは構造体の関連関数やメソッドの定義は別のブロックで行われます。構造体名の前にimplというキーワードを付けたブロックの中で関連関数やメソッドを定義していきます。関連関数の定義はこれまでに出てきた関数の定義と同じです。関連関数を呼び出す際には、構造体名を関数の前に示して、

```
let taro = Person::new(String::from("taro"), 10);
```

のようにします。

関連関数と同じ内容の関数の定義をimplブロックの外で行うこともできますが、関連関数として定義しておくことで、定義においても呼び出しにおいてもその構造体に関連した関数であるということが明らかとなり、可読性が増します。

メソッドの定義では、関連関数の最初の引数が構造体インスタンス自身を表す以下のいずれかになります。

&self　自分自身へのイミュータブルなリファレンス。構造体インスタンスのデータを変更しない場合

&mut self　自分自身へのミュータブルなリファレンス。構造体インスタンスのデータを変更する場合

self　自分自身の値。この構造体にCopyトレイトが実装されていない場合は所有権がメソッド内の変数に移動する

通常、関数やメソッドの引数には型の指定である型アノテーションが必要ですが、&self、&mut self、selfについては、**リスト4.2**のように型アノテーションを省略できます。型アノテーションを省略せずに書けば、それぞれself: &Self、self: &mut Self、self: Selfと書くことができます。このように書くとclippyは「型アノテーショ

ンは必要ない」というアドバイスを出しますので、self関連の型アノテーションは省略するのが良いでしょう。

12行目から定義されているage_incr()は、構造体のフィールドの値を変えることがないので、定義の際の最初の引数が自分自身へのイミュータブルなリファレンスである&selfになっています。一方、16行目から定義されているage_incr_replace()は構造体のフィールドの値の変更をしているので、定義の際の最初の引数がインスタンスへのミュータブルなリファレンスである&mut selfになっています。

メソッドを呼び出すには、たとえば**リスト4.3**のようにします。

リスト4.3　構造体に実装されたメソッドの呼び出し例

```
1 fn main() {
2     let mut taro = Person::new(String::from("taro"), 10);
3 
4     let age_plus1 = taro.age_incr(1);
5     println!("{}", age_plus1);
6 
7     taro.age_incr_replace(10);
8     println!("{}", taro.age);
9 }
```

4行目の、

```
let age_plus1 = taro.age_incr(1);
```

のように、構造体のインスタンスtaroのあとに.（ドット）を置き、そのあとにメソッド名を置くことでメソッドを呼び出すことができます。age_incr()はu8型の返却値を返すメソッドですので（**リスト4.2**の12行目）、その返却値をage_plus1に束縛しています。

age_incr_replace()についても呼び出し方法は同じです。このメソッドは返却値を返さないので（**リスト4.2**の16行目）、age_incr()を呼び出したときのようなletによる変数の束縛はしていません。

呼び出すメソッドの引数には定義（**リスト4.2**の12行目、16行目）の引数の2番目以降を書きます。メソッドの最初の引数をselfにし、インスタンスに付随して呼び出すときには2番目の引数以降を書くという記法は、Pythonのclassとよく似ており、馴染みのある方もおられるのではないかと思います。

メソッドも関連関数のように、

```
let age_incr = Person::age_incr(&taro, 1);
```

のようにも呼び出すこともできますが、**リスト4.3**の呼び出し方のほうがRustらしい書き方と言えると思います。

構造体、フィールド、メソッドの隠蔽

オブジェクト指向言語の「クラス」では、クラスで保持するデータや非公開メソッドをクラスの外からは見せないようにする隠蔽（カプセル化）がよく行われます。

Rustにおいてもソースコードを、**2.5節**で紹介した「モジュール」に分割することで、カプセル化を実現することができます。モジュールの中に定義した構造体やメソッドはデフォルトでは「プライベート」であり、モジュールの外からはアクセスすることができません。これらを公開してモジュールの外からもアクセスできるようにするには、構造体やメソッドの宣言の前にpubというキーワードを付与します。

次のコードは、モジュール内に置かれることを想定し、公開するものにpubを付けたものです。

```
pub struct Person {
    pub name: String,
    pub age: u8
};
impl Person {
    // メソッド
    pub fn age_incr_replace(&mut self, incr: u8){
        self.age += incr;
    }
}
```

構造体の宣言にpubを付けることは、構造体の定義にモジュール外からアクセスできることを示しており、各フィールドの公開性とは別です。つまり、構造体の宣言本体を公開しても、各フィールドを公開しないとフィールドの値にはモジュール外からはアクセスで

きません。モジュール外にもフィールドの公開をしたい場合は、フィールド名の宣言にpubを付与する必要があります。

構造体の宣言本体を公開しない場合は、モジュールの外から構造体のインスタンスを作ることはできません。また、モジュールの外から構造体のフィールド名を与えて構造体のインスタンスを作る場合は、構造体の宣言が公開になっていても、非公開のフィールドがあると作成できません。

Debugトレイトの実装

これまで、変数の値の標準出力への出力に、

```
println!("{}", x);
```

という構文を用いてきました。第1引数はフォーマットを指定する部分で、いろいろなフォーマットが用意されていますが[注16]、println!の第2引数以降に指定する変数の型に、指定フォーマットに従った整形をするためのメソッドが実装されている必要があります[注17]。

しかし、自分で作成した構造体についてそのメソッドを実装していないと、たとえば**リスト4.3**のtaroに対し、

```
println!("{}", taro);
```

としても、コンパイルエラーになってしまいます。そのため、これまでのコード例では、println!の第2引数以降に整形するためのメソッドが実装されている型の値を指定するために、**リスト4.3**の8行目のように、わざわざ構造体のフィールドを個別に指定して出力させていました。しかし、構造体のフィールド数が多くなると、デバッグの際にいちいちこれをやるのは面倒です。

そこで用意されているのがDebugトレイトの自動実装機能です（トレイトとは何か、ということはここでは深く考える必要はありません）。Debugトレイトは「デバッグをする」という動作に関連したメソッドの一覧を列挙したもので、そのトレイトが実装された型で

注16　https://doc.rust-lang.org/std/fmt/

注17　std::fmt::Displayトレイトが実装されている必要があります。

はトレイトで列挙されているメソッドを使うことができます。

```
#[derive(Debug)]
struct Person{
    name: String,
    age: u8
}
fn main() {
    let taro = Person{
        name: String::from("taro"),
        age: 10
    };
    println!("{:?}", taro);
}
```

このコードをコンパイル、実行すると次の出力が得られます。

```
Person { name: "taro", age: 10 }
```

これまでのコードと異なるのは以下の点です。

- 構造体の定義の前に#[derive(Debug)]を加えるだけで、自分で定義した構造体に自動的にDebugトレイトを実装（＝Debugトレイトに列挙されたメソッドを実装）できる
- Debugトレイトが実装されている型に対しては、println!の第1引数のフォーマット指定子に{:?}を指定することで、その変数の内容をデバッグをするのに十分な形で出力できる。Debugトレイトが実装されていることで、{:?}を指定したときの処理に使われるメソッドが使えるようになる

この出力機能はデバッグにたいへん便利ですので、自分で型を新しく定義した場合は、#[derive(Debug)]を加えておくことをお勧めします。

Copyトレイトの実装

自分で定義した構造体にはデフォルトではムーブセマンティクスが適用されます。なぜなら、Copyトレイトが実装されていないからです。もし、構造体を通じて自分で定義し

た型に対してコピーセマンティクスを適用させたいのであれば、Copyトレイトを実装します。Copyトレイトの実装もDebugトレイトと同様に、構造体の定義の前に、

```
#[derive(Clone, Copy)]
```

を加えるだけです。

Cloneトレイトは、Copyが前提としているトレイトで、Copyとともに併せて指定しておく必要があります（Cloneの指定がないとコンパイルエラーとなります）。

Copyトレイトを実装すると、変数への束縛や関数の引数への引き渡しの際に所有権が移動しなくなりますが、その一方で構造体が保持するデータのメモリ上でのコピーが発生し、それによって実行速度が低下することがあります。構造体へのCopyトレイトの実装は基本的には行わず、どうしても必要なときだけにするのが良いと考えます。

構造体のフィールドにリファレンスを使う場合

構造体のフィールドに別の構造体を配置することもできます。そのときに、値を配置することもできますし、その値へのリファレンスを配置することもできます。

たとえば、すでに定義したPersonという型を用いて、Parentsという構造体を次のように定義します。

```
#[derive(Debug)]
struct Parents{
    father: Person, // 父
    mother: Person  // 母
}

fn main(){
    let taro = Person { name: String::from("taro"), age: 50 };
    let hanako = Person { name: String::from("hanako"), age: 48 };

    let sato = Parents{
        father: taro,
        mother: hanako
    };
    println!("{:?}", sato);
}
```

12行目と13行目でtaro、hanakoを構造体のフィールドにセットするときに、taro、hanakoが持つ所有権は、構造体の各フィールドに移動することに注意が必要です。構造体にセットしたあとにtaro、hanakoにアクセスしようとすると、「所有権が移動した」としてコンパイルエラーになります。このあとでtaro、hanakoにアクセスする必要がなければ所有権が移動しても問題ないのですが、アクセスする必要があったり、taro、hanakoへの変更をsatoにも反映させたりしたいならば、構造体のフィールドを、値の代わりにリファレンスにする必要があります。

構造体のフィールドをリファレンスにする場合、構造体の定義は、ナイーブには次のようになります。

```
#[derive(Debug)]
struct Parents{
    father: &Person, // 父
    mother: &Person  // 母
}
```

しかし、この定義を使ってコンパイルしようとすると「ライフタイムパラメータが必要」とコンパイルエラーになります。このようにリファレンスをフィールドに用いる場合には、ライフタイムパラメータを明示する必要があります。たとえば、次のようにすればコンパイルエラーを回避できます。

```
#[derive(Debug)]
struct Parents<'a, 'b>{
    father: &'a Person, // 父
    mother: &'b Person  // 母
}
```

この定義だけでは、「fatherとmotherは別のライフタイムパラメータを持っていて、同時に参照ができるとは限らない」ということを言っているだけですが、関連関数やメソッドの引数、返却値のリファレンスに付与されるライフタイムパラメータと組み合わせることで意味を持ちます。

```
1  #[derive(Debug)]
2  struct Parents<'a, 'b>{
3      father: &'a Person, // 父
4      mother: &'b Person  // 母
5  }
6  impl<'a, 'b> Parents<'a, 'b>{
7      fn new(father: &'a Person, mother: &'b Person)->Parents<'a, 'b>{
8          Parents{father, mother}
9      }
10 }
11
12 fn main() {
13     let taro = Person { name: String::from("taro"), age: 50 };
14     let hanako = Person { name: String::from("hanako"), age: 48 };
15
16     let sato = Parents::new(&taro, &hanako);
17     println!("{:?}", sato);
18 }
```

ライフタイムパラメータがたくさん出てきますが、次のように解釈できます。

・2行目：Parentsはライフタイムパラメータ'aと'bによって具体的に定まる
・6行目：implのあとの<'a, 'b>は、この実装がライフタイムパラメータ'aと'bを含んでいることを示し、'aと'bが与えられたときの型Parents<'a, 'b>に関連する実装を定義していることを示す
・7行目：Parents<'a, 'b>の関連関数new()は、Parents<'a, 'b>型を返却値とし、引数にあるfather、montherのライフタイムパラメータがそれぞれ'a、'bになっている

ライフタイムパラメータが必要であるのは、7行目のnew()の引数に与えられるfatherと、その返却値Parents型のフィールドfatherを同時に参照できる必要があるからで、これらに同じライフタイムパラメータ'aが付いています。ライフタイムパラメータ'bが付いているmotherについても同様です。

このように、構造体のフィールドにリファレンスがある場合には、そのリファレンスのライフタイムパラメータは省略できません。「構造体の定義はライフタイムパラメータに依存するようになること」「関連関数やメソッドを実装する場合にはそれらの引数とフィールドが同時に参照できること」を宣言するためのライフタイムパラメータが必要になります。

なお、**3.4節**の「ライフタイムとリファレンス」項で、関数の定義に現れるライフタイ

ムパラメータの省略のルールについて、次のように説明しました。

- 引数にリファレンスが現れ、返却値にもリファレンスが現れる場合には、引数のリファレンスと返却値のリファレンスの対応関係を示すためにライフタイムパラメータの指定が必要になる
- ライフタイムパラメータが指定されていないときには、引数に現れるリファレンスが1つであれば、そのリファレンスのライフタイムと返却値に現れるすべてのリファレンスは同じライフタイムを持つとみなされる

これに加え、メソッドの場合の同様のルールとして、次のものがあります。

- メソッドの最初の引数が&selfまたは&mut selfで、返却値にリファレンスが含まれていてライフタイムパラメータが指定されていない場合には、返却値のリファレンスはselfと同じライフタイムを持つと推定される

4.7 列挙型

単純な列挙型

列挙型は、取り得る値をすべて網羅して列挙したものです。その型のインスタンスは、列挙されたものの中のいずれか1つの値を取ります。たとえば、数値の符号が取り得るのは正（Positive）、ゼロ（Zero）、負（Negative）で網羅され、そのうちのいずれか1つです。これを列挙型で表現してみましょう。

```
enum Sign {
    Positive,
    Zero,
    Negative
}
```

列挙型は、enumというキーワードのあとに型名を置き、ブロック内にカンマ区切りで取り得る値（列挙子）を並べます。それぞれの列挙子は自ら命名できます。

この型を使って、次のような関数を作ることができます。

リスト4.4　列挙型を返却する関数の例

```
fn determine_sign(x: i32) -> Sign{
    if x > 0 {
        Sign::Positive
    } else if x < 0 {
        Sign::Negative
    } else {
        Sign::Zero
    }
}
```

返却値の型が上で定義したSign型であり、入力のi32型がSign型の列挙子のいずれかであるかを判定して返却するコードになっています。列挙型の値は型名::列挙子で表現されます。

列挙型におけるmatchの活用

列挙型の値は**リスト2.1**で使ったmatchとの相性が非常に良いです（**4.10節**も参照）。matchは入力のパターンによって場合分けができるものですが、すべての場合を網羅していることをコンパイラに認識してもらう必要があります。matchのパターンに列挙子をすべて列挙していれば、パターンを網羅していることをコンパイラは認識できます。

次のコードはmatchのパターンにSign型のすべての列挙子を列挙しています。

```
fn print_sign(s: Sign){
    match s{
        Sign::Positive => println!("+"),
        Sign::Zero     => println!("0"),
        Sign::Negative => println!("-")
    }
}
fn main(){
    print_sign(determine_sign(1));
    print_sign(determine_sign(-2));
    print_sign(determine_sign(0));
}
```

この出力結果は、

```
+
-
0
```

となり、1、−2、0の符号が期待どおりに表示されています。

リスト4.4の関数determine_sign()の定義は、すでに定義されている列挙型とmatchを使い、以下のように書き換えることができます[注18]。

```
1 use std::cmp::Ordering;
2 fn determine_sign(x: i32) -> Sign{
3     match x.cmp(&0){
4         Ordering::Greater => Sign::Positive,
5         Ordering::Less => Sign::Negative,
6         Ordering::Equal => Sign::Zero
7     }
8 }
```

3行目で使っているcmp(&self, other: &Self)->OrderingはOrdトレイトが実装を求めるメソッドで、x.cmp(&y)でxとyの大小関係を比較し、その結果をOrdering型で返却するものです。cmp()はOrdトレイトが実装されている型で利用でき、各整数型、浮動小数点型でも使うことができます。

Ordering型の定義は以下の通りで、Less（より小さい）、Equal（等しい）、Greater（より大きい）のいずれかの値をとります。

```
enum Ordering {
    Less, // より小さい
    Equal, // 等しい
    Greater // より大きい
}
```

このように、列挙型とmatchの相性は良く、パターンを漏らさずに処理を記述する助けになってくれます。

注18　clippyがcmpとmatchを使うように提案してくれます。

列挙子にデータを持たせた列挙型

列挙子にはデータを持たせることもできます。

リスト4.5　列挙子にデータを持たせた例

```
enum EnumExample{
    TupleTypeExample1(String),
    TupleTypeExample2(i32, bool),
    StructTypeExample{name: String, age: u8}
}
```

TupleTypeExample1、TupleTypeExample2のようなタプル構造体や、StructTypeExampleのようなフィールド名を持つ構造体をデータとして持たせることができます。

列挙子に持たせたデータの取り出しには、`if let`や`match`が便利です（**4.10節**を参照）。

次のコードは、EnumExampleの値を作成し、そこから`if let`や`match`を使ってデータを取り出す例です。

リスト4.6　リスト4.5の列挙型の値を作成して`let if`や`match`によって列挙型の値の場合分けをする例

```
fn main() {
    let mut v: Vec<EnumExample> = Vec::new();

    v.push(EnumExample::TupleTypeExample1(String::from("Hello")));
    v.push(EnumExample::TupleTypeExample2(10, true));
    v.push(EnumExample::StructTypeExample {
        name: String::from("taro"),
        age: 10,
    });

    for e in &v {
        if let EnumExample::StructTypeExample { name: n, age: a } = e {
                println!("StructTypeExample_iflet: name = {}, age = {}", n, a);
        }
    }

    for e in &v {
        match e {
            EnumExample::TupleTypeExample1(s) => {
                println!("TupleTypeExample1: s = {}", s);
            }
            EnumExample::TupleTypeExample2(n, b) => {
                println!("TupleTypeExample2: n = {}, b = {}", n, b);
```

```
24             }
25             EnumExample::StructTypeExample { name: n, .. } => {
26                 println!("StructTypeExample: name = {}", n);
27             }
28         }
29     }
30 }
```


実行したときの出力結果は以下のとおりになります。

```
StructTypeExample_iflet: name = taro, age = 10
TupleTypeExample1: s = Hello
TupleTypeExample2: n = 10, b = true
StructTypeExample: name = taro
```

列挙型の特定の列挙子のパターンを取り出すには`if let`を使います。この例では、`v`において`EnumExample::StructTypeExample`の場合のみに`println!`を実行するようになっています（11～15行目）。

一方、列挙型のすべての列挙子について処理を記述する場合、`match`が便利です（17～29行目）。なお、`EnumExample::StructTypeExample`からのデータの取り出しの際のパターン（25行目）には`{name: n, .. }`を使いましたが、`..`は「そのほか」の意味で、取り出す必要がないものをこれを使って省略しています（**7.6節**も参照）。

4.8 Option<T>型

Option<T>型の必要性

C言語のポインタ型には、指すべきメモリアドレスがないNULLという値があります。ポインタがNULLであるかをif分岐で確認し、その結果によって処理を変えるというのは、頻繁に書く処理の1つです。C言語のNULLと同様に値がないことを示すものとして、PythonのNone、Javaの`null`などもあります。

よくあるミスとしては、ある変数がNULLになることがあり得るのに、それを忘れてしまってNULLになるかの場合分けをせず、NULLに対して操作を行ってしまい、プログラムが正しく動作しないというものです。読者のみなさんも一度は経験があるのではないでしょうか？

また、C言語でNULLが代入できるのはポインタ型の変数の場合のみです。整数型の場合は値がないことを表現できないため、−9999や、その型で表現できる最大値や最小値を、「欠損値」を表す値と決め、値が自らが決めた欠損値であるかを確認しながら処理を書くということもよく行われています。

いずれの場合も、NULLになったり欠損値になったりする可能性があることが変数の型からだけではわからないため、ほかの人が開発したライブラリを使うときに、そのライブラリの使い方を熟知していないと、NULLチェックや欠損値チェックが抜けてしまうということが起こり得ます。

Rustではこのような「値がない可能性がある型」として`Option<T>`型[注19]というものが用意されています。ScalaにはOption型、HaskellにはMaybe型など、いくつかの言語で同様のものが定義されています。**リスト2.1**の「最初のコード」でも登場しました。

Option<T>型の定義

Option<T>型は列挙型を使って以下のように定義されています。

```
enum Option<T> {
    None,
    Some(T)
}
```

つまり、値がないNoneか、値があるSome(T)のいずれかであるということです。ここで、Tは型パラメータであり、Tに型を指定することで、Option<T>をいろいろな型に対して使うことができます。

ほかの人が作成したコードで、関数やメソッドの返却値の変数の型がOption<T>型になっている場合は、「この値はないことがあるよ」「値がない場合のことを考慮してね」という開発者からのメッセージがこの型に込められているのです。

注19　https://doc.rust-lang.org/std/option/enum.Option.html

Option<T>型の値の生成

Option<T>型の値を作るとき、値がある場合にはSome()で値を包む必要があります。値のセットの典型例は**リスト2.1**でも示したように、値がある場合にはその値をSome()で包んだものを返し、値がない場合はNoneを返すようにします。

```
fn func_ex_div_some(x: i32, y: i32) -> Option<i32> {
    if y == 0 {
         None
    } else {
        Some(x / y)
    }
}
```

次のコードのように、matchを使った構文とも相性が良いです。

```
fn func_ex_div_some(x: i32, y: i32) -> Option<i32> {
    match y {
        0 => None,
        _ => Some(x / y)
    }
}
```

Option<T>型の値の処理

Option<T>型は、型そのものが「値がない場合がある」ということを明言しているので、「値がある場合」「値のない場合」の場合分けを意識した処理が必要になります。処理方法の1つがif letを用いたパターンマッチで、**リスト2.1**でも使いました。

リスト4.7　if letを用いたOption<T>型の処理

```
fn func_ex_print_some<T: std::fmt::Display>(ans: Option<T>) {
    if let Some(x) = ans {
        println!("{}", x)
    } else {
        println!("None")
    }
}
```

これは「ansが、ある値xをSome()で包んだ形になっていれば、xをSome()から取り出し、println!("{}", x)を実行せよ。そうではなくてansがNoneであればprintln!("None")を実行せよ」というコードになっています。

これは、次のようにmatchで書き換えることもできます。

リスト4.8　matchを用いたOption<T>型の処理

```
1 fn func_ex_print_some_match<T: std::fmt::Display>(ans: Option<T>) {
2     match ans {
3         Some(x) => println!("{}", x),
4         None => println!("None")
5     }
6 }
```

解釈はif letの場合と同じです。Rustのmatchではすべての場合を網羅している必要がありますが、Option<T>は列挙型でSome(T)かNoneのいずれかですので、3行目と4行目ですべての場合を網羅しています。

このように、Option<T>を処理する際には「値がある場合」「値がない場合」を場合分けして処理するのが基本ですが、条件分岐をせずにSome()という「包みもの」を外すメソッドがいくつかあります。

unwrap()

Some()という包みを外して中身を取り出します。Noneの場合にはpanicを起こし、プログラムは異常終了します。

リスト4.9　Option型の値に対してunwrap()を使った例

```
fn func_ex_unwrap(x: i32)->Option<i32>{
    if x >= 0 {
        Some(x)
    } else {
        None
    }
}

fn main() {
    let rr1 = func_ex_unwrap(5);
```

```
11     println!("rr1: {}", rr1.unwrap());
12 
13     let rr2 = func_ex_unwrap(-5);
14     println!("rr2: {}", rr2.unwrap());
15 }
```


このプログラムでは、入力が0以上であれば値をSome()で包んだ値を、それ以外の負の値の場合はNoneであるようなOption<i32>型の値を返却する関数func_ex_unwrap()を定義し、mainでその関数の引数に0以上の値、負の値を入力して、その結果をunwrap()しています。実行結果は以下のとおりで、0以上の値である5を入力した場合には5が出力されていますが、負の値である−5を入力した場合にはpanicを起こしてプログラムが終了していることがわかります。

```
rr1: 5
thread 'main' panicked at 'called `Option::unwrap()` on a `None` value', src/main.rs:14:29
```

unwrap()を使うことで、簡単にSome()で包まれた中身の値を取り出すことができて便利ですが、Noneである可能性があるのにunwrap()を使うとpanicを起こして終了してしまいます。

Noneである可能性がある場合には、場合分けを行って処理を分岐させるか、後述のunwrap_or()を使ってNoneである場合の代替の値を与えるなどの考慮が必要になります。逆に、Option<T>型の値ではあるものの、コードのロジックなどからNoneにはなり得ないことがあらかじめわかっているときにはunwrap()を活用すると良いでしょう。

expect()

unwrap()とほぼ同じですが、panicが発生したときのメッセージを引数に指定できます。**リスト4.9**のコードで、14行目のunwrap()をexpect("panic panic!!")に変えると、"thread 'main' panicked"で始まるエラーメッセージが以下のように変わります。

```
thread 'main' panicked at 'panic panic!!', src/main.rs:14:29
```

unwrap_or()

Some()で包まれた値を取り出すのはunwrap()と同じですが、Noneである場合に返す値を引数で指定します。指定する値はOption<T>のTの型である必要があります。

リスト4.9のコードで、14行目のunwrap()をunwrap_or(-1)に変えると、関数func_ex_unwrap()がNoneを返すはずの－5を入力してもpanicにはならず、unwrap_or()の引数に指定した－1が表示されます。

```
rr1: 5
rr2: -1
```

◆　◆　◆

Option<T>型には、is_some()、is_none()というメソッドも用意されており、それぞれSome()で包まれているとき、Noneのときにtrueを返却します。これとunwrap()を使うと、**リスト4.7**は次のように書くこともできます。

リスト4.10　is_some()とunwrap()を用いたOption<T>型の処理の例

```
fn func_ex_print_some<T: std::fmt::Display>(ans: Option<T>) {
    if ans.is_some() {
        println!("{}", ans.unwrap())
    } else {
        println!("None")
    }
}
```

ほかにもOption<T>型を扱うメソッドが用意されています[注20]。

4.9　エラーハンドリングとResult<T, E>型

ここでは、エラーの発生を知らせること、そのエラーの発生を検知して処理を行うこと、すなわちエラーハンドリングについて説明していきます。

注20　https://doc.rust-lang.org/std/option/enum.Option.html

エラーハンドリングのパターン

関数の返却値によるエラーハンドリング（C言語など）

C言語は関数の集まりであり、ある関数内でエラーが発生した場合は、その返却値によってエラーが発生したことを知らせるという方法が一般的です。より詳細なエラーの内容については返却値で表したり、返却値だけで表しきれないときにはグローバル変数[注21]にエラーコードを格納したりすることで、把握できるようになっていることが多いです。

返却値のチェックを行うかどうかはプログラマーの責任であり、関数がエラーの返却値を返していてもそのチェックをする処理を入れていないと、エラーが発生したことを見逃し、プログラムが意図しない動作をすることがあります。

次はファイルを開いて読み出すC言語の簡単なプログラムです。

```
#include <stdio.h>

#define BUFSIZE 1024

int main(){
    FILE *fp;
    char buf[BUFSIZE];
    int read_size;

    fp = fopen("test.txt", "r");
    size_read = fread(buf, 1, BUFSIZE, fp);
    fclose(fp);

    return 0;
}
```

このコードでは、`fopen()`でtest.txtというファイルを開き、対応するファイルポインタを取得、それと`fread()`によって、`buf`にファイルの内容を読み出そうとしています。このコードは、test.txtが存在していれば正しく動作しますが、存在しない場合は、`fread()`でSegmentation faultが発生し、異常終了します。`fopen()`はファイルが存在しないなどの理由でファイルを開くことに失敗した場合には`NULL`を返却します。その`NULL`が`fread()`の読み取り元のファイルポインタとして与えられ、`fread()`によるそのファイ

注21　システムコードや標準ライブラリではerrnoというグローバル変数が使われています。

ルポインタへのアクセスが不正なメモリアクセスになってしまい、Segmentation faultが発生してしまいました。

このようなことを回避するためには、fopen()の返却値によるエラー処理を行う必要があります。そのエラー処理を加えた例が次のコードです。

リスト4.11　C言語のエラーハンドリングの例

```
1  #include <stdio.h>
2  
3  #define BUFSIZE 1024
4  
5  int main(){
6      FILE *fp;
7      char buf[BUFSIZE];
8      int read_size;
9      int ret_val;
10 
11     if ((fp = fopen("test.txt", "r")) != NULL){
12         size_read = fread(buf, 1, BUFSIZE, fp);
13         fclose(fp);
14         printf("read size: %d\n", size_read);
15         ret_val = 0;
16     } else {
17         fprintf(stderr, "Failed to open the file");
18         ret_val = 1;
19     }
20     return ret_val;
21 }
```

fopen()の返却値がNULLではないことを確認し、ファイルから読み出す処理を実行し、main関数が0を返却するようにしています（15行目）。また、返却値がNULLの場合には標準エラー出力にメッセージを出し、main関数が0ではない値である1を返却するようにしています（18行目）。main関数の返却値はこのプログラムを実行した際の終了コード（リターンコード）に一致するので、プログラムの終了コードによってもエラーが発生したことが判別できるようになっています。

このように、関数の返却値によってエラーが発生していることを伝えられるように関数を実装するとともに、その関数を呼び出すときには、その関数の返却値をよく理解し、返却値によるエラー処理を行う必要があります。

例外によるエラーハンドリング（Pythonなど）

Pythonなどでは、エラーが発生したときに「例外」（exception）を発生させることができます。例外が発生すると、そこでプログラムの実行が中止され、例外を捕捉した場合の処理が定義されている場合にはその処理が実行され、プログラムの実行が再開されます。例外を捕捉した場合の処理が定義されていない場合は、プログラムはそのまま異常終了となります。

次のPythonのコードは例外を捕捉して処理するエラーハンドリングを入れた例です。

リスト4.12　Pythonのエラーハンドリングの例

```
import sys

try:
    with open("test.txt") as fp:
        buf = fp.read()
        print("read size: {}".format(len(buf)))
except Exception:
    print("Failed to open or read the file", file=sys.stderr)
    sys.exit(1)
```

例外が発生する可能性があるコードを`try`ブロックに記述し、例外を捕捉した場合の処理を`except`ブロックに書きます。このコード例では、一般的な例外をすべて捕捉するようにしていますが、例外の種類ごとに処理を変えることもできます。

C++、Java、JavaScriptといった言語においても、用いるキーワードが言語によって違いますが考え方は同じです。例外が発生し得る処理を`try`ブロックに置くことはプログラマーの責任であり、例外が発生する可能性があるのに`try`ブロックにコードを書かないと、例外が発生したときにプログラムが意図せず異常終了してしまうことになります。

関数のエラー情報専用の返却値によるエラーハンドリング（Go言語など）

Go言語では、関数が複数の値を返却できる仕組みを使い、関数の返却値の中の1つにエラー情報専用のものを設けるのが一般的です。

次のGo言語のコード例のように、`os.Open()`は2つの値を返却しますが（9行目）、1つがファイルポインタ（相当のもの）である`fp`、もう1つがエラー情報`err`です。`err == nil`が真であれば、エラーは発生していないことになります（10行目）。

リスト4.13　Go言語のエラーハンドリングの例

```
package main

import (
    "fmt"
    "os"
)

func main(){
    fp, err := os.Open("test.txt")
    if err == nil {
        buf := make([]byte, 1024)
        size_read, _ := fp.Read(buf)
        fmt.Fprintf(os.Stderr, "read size: %d\n", size_read)
    } else {
        fmt.Fprintf(os.Stderr, "Failed to open the file\n")
    }
}
```

処理の流れは**リスト4.11**のC言語のコードに似ていますが、関数からのエラー情報専用の返却値によって処理の分岐ができているところが異なります。`os.Open()`からは返却値を必ず2つ受け取らないといけないので、エラー情報専用の返却値が`nil`ではない可能性がある、すなわちこの関数は失敗する可能性がある、ということをプログラマーは認識できます。

Rustにおける Result<T, E> 型によるエラーハンドリング

これまでの話をふまえ、Rustのエラーハンドリングを見ていきます。Rustでは、エラーが発生し得る関数の返却値は`Result<T, E>`という型[注22]にすることができます。

`Result<T, E>`型は、成功した場合は`T`型の値を`Ok()`に包み、エラーが発生した場合はエラーを表す`E`型の値を`Err()`に包んだものです。`Option<T>`型で値があるときには`Some()`で値を包む、というのとよく似ています。

`Result<T, E>`型はすでに**リスト2.1**でも登場しました。このコードでも示しましたが、`Result<T, E>`型の処理は`Option<T>`型の処理と同じように、`match`で正常実行時とエラー発生時を場合分けするのが便利です。

注22　https://doc.rust-lang.org/std/result/enum.Result.html

次のコードのfunc_ex_div_result()は2つの整数の割り算を行う関数ですが、分母が0の場合には割り算が定義できないのでエラーとし、返却値にResult<T, E>型を使っています。

```
1  fn func_ex_div_result(x: i32, y: i32) -> Result<i32, &'static str> {
2      if y == 0 {
3          Err("div by zero")
4      } else {
5          Ok(x / y)
6      }
7  }
8
9  fn func_ex_print_result<T: std::fmt::Display, E: std::fmt::Display>(ans: Result<T, E>) {
10     match ans {
11         Ok(res) => println!("{}", res),
12         Err(str) => println!("{}", str),
13     }
14 }
15
16 fn main() { // メイン関数
17     func_ex_print_result(func_ex_div_result(10, 5));
18     func_ex_print_result(func_ex_div_result(10, 0));
19 }
```

このコード例では、関数func_ex_div_result()の返却値がResult<i32, &'static str>となっており（1行目）、正常に実行できた場合はi32型、失敗した場合は&'static str型の値を返すようになっています。その値のセットは、正常の場合は、

```
Ok(x / y)
```

エラーの場合は、

```
Err("div by zero")
```

のように、それぞれOk()でi32型の値を、Err()で&'static str型の値を包んでいます（3行目、5行目）。

返却値を受け取ったあとの正常実行時と失敗時の場合分けの処理にはmatchを使い、Ok()に包まれているか、Err()に包まれているかというパターンマッチで処理できます（10～13行目）。

このコードではエラーの場合の型が&'static str型でしたが、一般的にはエラーであることを示す型が使われることが多いです。そのためには、起こり得るエラーの種類を網羅した列挙型を定義し、Result<T, E>のE型をその列挙型にします。

次のコードでは、整数同士の割り算をするのは**リスト2.1**と同じですが、分子、分母ともに負の数である場合にはエラーになるようにしてみます[注23]。

リスト4.14　エラーの種類が複数ある場合のResult<T,E>}型の使用例

```
enum DivError {
    DivByZero(i32),  // 0で割り算。i32は分子
    BothNegative(i32, i32), // 分子、分母ともに負の数。2つのi32はそれぞれ分子、分母
}

fn mydiv(x: i32, y: i32) -> Result<i32, DivError> {
    if y == 0 {
        Err(DivError::DivByZero(x))
    } else if x < 0 && y < 0 {
        Err(DivError::BothNegative(x, y))
    } else {
        Ok(x / y)
    }
}

fn print_mydiv(x: i32, y: i32) {
    match mydiv(x, y) {
        Ok(ans) => println!("no error. ans = {}", ans),
        Err(DivError::DivByZero(a)) => {
            println!("{} divided by zero", a)
        }
        Err(DivError::BothNegative(a, b)) => {
            println!(
                "Both numerator {} and denominator {} are negative",
                a, b
            ) // numerator: 分子、denominator: 分母
        }
    }
}
```

注23　この関数の仕様として分子、分母ともに負の数である場合にはエラーとしているだけで、数学的には分子、分母ともに負の数でも問題ありません。

```
30
31 fn main() {
32     print_mydiv(5, 2);
33     print_mydiv(-5, 0);
34     print_mydiv(-5, -2);
35 }
```


列挙型DivErrorを定義し、0による割り算のエラーに対応するDivByZero、分母と分子が両方とも負の数であるエラーに対応するBothNegativeを列挙子とします（1～4行目）。DivByZeroには分子、BothNegativeには分子・分母の値をデータとして持たせるようにし、これらの型だけでどういう計算をしたのかを追跡できるようにしておきます。

関数mydiv()では返却値の型をResult<i32, DivError>としていて（6行目）、エラーの場合には、Err()でDivErrorの列挙子の1つを包んで（8行目、10行目）、正常の場合はx / yの結果をOk()で包んでいます（12行目）。

Result<i32, DivError>型の返却値は、matchを使って正常の場合とDivErrorで定義した2つのエラーの場合分けを行い、それぞれの場合の処理を実装しています（17行目から）。

実行したときの出力結果は次のようになります。

```
no error. ans = 2
-5 divided by zero
Both numerator -5 and denominator -2 are negative
```

Go言語では正常な場合の値に加え、エラー情報を返却値として返していましたが、Rustではエラーになることがあるかもしれないことを表すResult<T, E>型として返却します。そして、Go言語の場合と同様、Result<T, E>型を返す関数は、その返却値の型によってエラーになる場合があることをプログラマーが認識することができます。

クレートthiserrorの利用

thiserror[注24]というクレートを使うと、Result<T, E>型の値をprintln!に渡してエラー

注24 https://crates.io/crates/thiserror

の内容を表示できるようになります[注25]。

まず、このクレートを使うためには、Cargo.tomlのdependenciesに次の内容を追記します。

```
[dependencies]
thiserror = "1.0"
```

リスト4.14のコードの冒頭に、

```
use thiserror::Error;
```

を追記し、DivError型を定義している部分を以下のものに修正します。

```
#[derive(Error, Debug)]
enum DivError{
    #[error("{0} divided by zero")]
    DivByZero(i32),
    #[error("Both numerator {0} and denominator {1} are negative")]
    BothNegative(i32, i32),
}
```

元のものに、いくつかの属性#[]を追記したものになっています。各列挙子の直前行の#[error("...")]は、この列挙子の値をprintln!("{}", ...)で出力したときに表示される文言になります。{0}や{1}は、列挙子のタプル型のデータのインデックスを表しています。

たとえばこの型の定義を使い、

```
println!({}, DivError::BothNegative(-5, -3))
```

のようにすると、

注25　エラーを表す型にDisplayトレイトを実装しています。

```
Both numerator -5 and denominator -3 are negative
```

と出力されるようになります。

このDivError型を使うと、print_mydiv()を次のように書き換えることができます。

リスト4.15 thiserrorクレートを使用したコード例

```
fn print_mydiv(x: i32, y: i32) {
    match mydiv(x, y) {
        Ok(ans) => println!("no error. ans = {}", ans),
        Err(e) => println!("{}", e)
    }
}
```

このようにthiserrorを使うことで、エラーの種類によって処理を分ける必要がなくなり、コードがスッキリします。

Result<T, E>型の処理

Result<T, E>型の値を受け取ったら、正常なのか、エラーなのかを判別する必要があります。その1つの方法が**リスト4.14**で示したmatchを使った場合分けでした。一方、Option<T>型のように、unwrap()などのメソッドも用意されています。Option<T>型の「値があるとき」をResult<T, E>型の「正常の場合」に、「値がないとき」を「エラーの場合」に対応させれば、Option<T>型のときの機能と同じように理解できます。

たとえばunwrap()は、正常の場合はOk()に包まれた値を取り出し、エラーの場合はpanicを起こすものになります。expect()、unwrap_or()も同様です。

また、Result<T, E>型に特有のメソッドとしてerr()があります。err()はResult<T, E>型の値をOption<E>型の値に変換します。err()は、Result<T, E>型の値がOk()で包まれている場合にはNoneを、Err()で包まれている場合にはその包まれた値をSome()に包んで返却します。

Option<T>型のis_some()やis_none()のように、Result<T, E>型にはis_ok()、is_err()メソッドがあり、それぞれOk()に包まれているとき、Err()に包まれているときにtrueを返します。これを使えば、**リスト4.15**は次のように書くこともできます。

リスト4.16　is_ok()、unwrap()、err()を用いたResult<T, E>型の処理の例

```
fn print_mydiv(x: i32, y: i32) {
    let ret = mydiv(x, y);
    if ret.is_ok() {
        println!("no error. ans = {}", ret.unwrap());
    } else {
        println!("{}", ret.err().unwrap());
    }
}
```

エラーの伝搬

ある関数（メソッドを含む）Aの中で別の関数（同）Bを呼び出してBにエラーが発生したとき、その関数Aの処理はエラーが発生したところで中止して関数Aの結果もエラーとしたい、ということはよくあるかと思います。これは、関数Bのエラーを関数Aに伝搬させていることになります。

このようなエラーの伝搬をさせたいときには、Result<T, E>型を返す関数の呼び出しの末尾に?を付けます。関数Aが関数Bを呼び出しているときに、関数Bの呼び出しの末尾に?を付けると、関数Bの結果が正常の場合はunwrap()を適用した状態と同じになります。一方、関数Bの結果がエラーの場合には、関数Aの処理はそこで中止し、関数Bのエラーの値をそのまま関数Aのエラーの値とします。そのため、Result<T, E>のEの型は、関数Aと関数Bで同じである必要があります。

次のコードは?を用いた例です。

```
use thiserror::Error;

#[derive(Error, Debug)]
enum DivError{
    #[error("{0} divided by zero")]
    DivByZero(i32),
    #[error("Both numerator {0} and denominator {1} are negative")]
    BothNegative(i32, i32),
}

fn mydiv(x: i32, y: i32) -> Result<i32, DivError> {
    if y == 0 {
        Err(DivError::DivByZero(x))
    } else if x < 0 && y < 0 {
```

```
15          Err(DivError::BothNegative(x, y))
16      } else {
17          Ok(x / y)
18      }
19  }
20
21  fn repeat_mydiv(ary: &[(i32, i32)]) -> Result<Vec<i32>, DivError>{
22      let mut ret = Vec::new();
23      for aa in ary{
24          let ans = mydiv(aa.0, aa.1)?;
25          ret.push(ans);
26          println!("pushed: {} / {} = {}", aa.0, aa.1, ans);
27      }
28      Ok(ret)
29  }
30
31  fn print_repeat_mydiv(result: Result<Vec<i32>, DivError>){
32      match result {
33          Ok(v) => println!("{:?}", v),
34          Err(e) => println!("{}", e)
35      }
36  }
37
38  fn main(){
39      println!("1st calc");
40      print_repeat_mydiv(repeat_mydiv(&[(2, 1), (9, 3)]));
41      println!();
42
43      println!("2nd calc");
44      print_repeat_mydiv(repeat_mydiv(&[(2, 1), (-6, -3), (5, 2)]));
45      println!();
46
47      println!("3rd calc");
48      print_repeat_mydiv(repeat_mydiv(&[(2, 1), (-6, 0), (6, 3)]));
49      println!();
50  }
```


このコードの主要部分は21行目からの`repeat_mydiv()`で、2つの`i32`型の組`(a, b)`を要素とする配列のスライス`&[(i32, i32)]`を入力とし、そのスライスの要素それぞれに対して`mydiv(a, b)`を計算、その結果の値をベクターに詰めて返却しようとしています。

`mydiv()`が`?`付きで呼び出されており（24行目）、正常の場合にはその結果を`ans`（`i32`型と推論される）に束縛し、`ret`というベクターに`push()`で追加しています（25行目）。

mydiv()が?付きで呼び出されているので、エラーが発生した場合はrepeat_mydiv()の処理をそこで中止し、mydiv()のエラーをrepeat_mydiv()のエラーとして返します。

このコードの実行結果は、次のようになります。

```
1st calc
pushed: 2 / 1 = 2
pushed: 9 / 3 = 3
[2, 3]

2nd calc
pushed: 2 / 1 = 2
Both numerator -6 and denominator -3 are negative

3rd calc
pushed: 2 / 1 = 2
-6 divided by zero
```

最初の計算（1st calc）は2 / 1、9 / 3の計算がエラーなく実行され、それぞれの演算の結果である2と3がベクターとして返却されています。repeat_mydiv()の中での処理の中止が発生しないので、長さが2のスライスに対応してpushedが2回表示されています。

2番目の計算（2nd calc）では、スライスの2つめの(-6) / (-3)の計算で、分子・分母が両方とも負の数であるというエラーになります。そのエラーが返されて対応するメッセージが出力されていますが、pushedは1つだけであり、2つめでエラーが発生してそこで処理を中止していることがわかります。

3番目の計算（3rd calc）も同様で、(-6) / 0の計算で0による割り算でエラーになり、そこで計算が中断されています。

このように関数が関数を呼び出している状態で、呼び出している関数の返却値がResult<T, E>型になっていてエラーになる可能性があるのであれば、?を使って呼び出している関数のエラーとしてエラーを伝搬させることができます。

main関数の中で?を付けて関数・メソッドを呼ぶ

これまでのコードではmain関数の返却値の型を指定していませんでしたが、main関数の返却値の型をResult<T, E>型に指定することで、main関数の中から返却値の型が

Result<T, E>型である関数を?を末尾に付与して呼び出し、呼び出した関数のエラーをmain関数に伝搬させることができます。

次のコードは、main関数の中でmydiv()を?を末尾に付けて呼び出し（2行目）、そのエラーをmain関数に伝搬させる例です。main関数の返却値をResult<(), DivError>型に宣言して（1行目）、エラーがない場合はmain関数からOk()を返却するようにしています（3行目）。


```
1 fn main()->Result<(), DivError>{
2     println!("{}", mydiv(3, 2)?);
3     Ok(())
4 }
```

複数の関数・メソッドを?を付けて呼ぶ

関数を呼ぶ関数と?付きで呼ばれる関数は、両方ともResult<T, E>型を持ち、E型は同じになっている必要がありました。しかし、?付きで呼ばれる関数が複数ある場合、E型が異なることがあり得ます。

次のようなコードを考えてみましょう。

リスト4.17 複数の関数・メソッドを?を付けて呼ぶ例

```
fn main() -> Result<(), Box<dyn std::error::Error>>{
    let f = File::open("./input.txt")?;
    let f = BufReader::new(f);

    for line in f.lines().flatten(){
        let mut v = Vec::new();
        for ee in line.split(' '){
            v.push(ee.parse()?);
        }
        let result = mydiv(v[0], v[1])?;
        println!("{} / {} = {}", v[0], v[1], result);
    }
    Ok(())
}
```

このコードでは./input.txtを開いて1行ずつ読み出し、各行に空白区切りで格納されている2つの数を取り出し、文字列から整数型に変換したうえでmydiv()の引数に入れる処理をしています。このコードの中には?付きで呼び出されている関数が3つあります。

表4.2　リスト4.17で?付きで呼び出されている関数

関数・メソッド	E型
File::open()	std::io::Error
parse()	<i32 as FromStr>::Err
mydiv()	DivError

いずれもE型が異なっています。このような場合、呼ぶ関数mainのE型はBox<dyn std::error::Error>とします。これは、「std::error::Errorトレイトを満たす型」という意味を示すもので、「トレイトオブジェクト」と呼ばれます。トレイトオブジェクトについては**5.7節**で取り上げますが、ここでは深く意味を考えずに1つのイディオムとして理解してください。このようにすることで、複数のエラーの型をまとめて扱うことができます。

4.10　match式とif let

すでに、Option<T>型やResult<T,E>型の値を処理するときの場合分けでmatchを使ってきました。また、**リスト2.1**や**リスト4.6**では、matchの代わりにif letという構文も使いました。

ここでは、matchやif letの使い方をあらためてまとめてみましょう。

match式

matchを使うことで場合分けができますが、単なる値による場合分けだけではなく、パターンによる場合分けができるところが非常に便利です。

次はmatchを用いたコード例です。

```
fn print_num(x: i32){
    println!("input: {}", x);
    let s = match x {
```

```
4          0=> Some("zero"),
5          1 | 2  => Some("small"),
6          3..=9 => Some("large"),
7          _=> None
8      };
9      match s {
10         Some(st)=> {
11             println!("output: {}", st);
12         },
13         None=> {
14             println!("Not supported");
15         }
16     };
17     println!();
18 }
19 
20 fn main(){
21     print_num(0);
22     print_num(1);
23     print_num(5);
24     print_num(10);
25 }
```

パターン=>その場合の処理という記法で、各場合の処理を記述します。3行目からのmatchはxの値により、以下のように場合分けされています。

- **0**　xが0に等しければSome("zero")を返却
- **1 | 2**　xが1か2に等しければSome("small")を返却
- **3..=9**　xが3以上9以下の整数に等しければSome("medium)を返却
- **_**　上記以外であればNoneを返却

matchは値を返す式であり、3行目のmatchからはOption(&'static str)の値が返され、変数sに束縛しています。

matchはすべての場合を網羅している必要があり、7行目の_（そのほかの場合）がないとコンパイルエラーになります。ロジック上はすべての場合を網羅していても、コンパイラが網羅していると判断できない場合にはコンパイルエラーとなってしまうので、_の場合をダミーとして入れる必要がある場合があります。

sのパターンによって場合分けしているのが9行目からのmatchです。ここでの「パターン」とは、sが、何らかの値がSome()で包まれたものなのか、Noneであるかのパターンを指しています。そして、Some(st)のように値が包まれたパターンにマッチした場合は値をstに束縛します。**リスト2.1**の「最初のコード」でも同じような用途でmatchを利用しました。

実行結果は次のようになります。

```
input: 0
output: zero

input: 1
output: small

input: 5
output: large

input: 10
Not supported
```

matchは、**リスト4.6**のように列挙型の値の場合分けにも用いることができますし、**第7章**で紹介するような関数型プログラミングでも使うことができます。

if let

matchは、取り得るパターンをすべて列挙しながら処理を記述する用途には便利なのですが、場合によっては、matchによるパターンマッチの一部の場合だけを取り上げて処理したい場合もあります。このようなときはif letが便利です。**リスト2.1**の「最初のコード」では、次のような使い方をしていました。

```
fn func_ex_print_some<T: std::fmt::Display>(ans: Option<T>) {
    if let Some(x) = ans {
        println!("{}", x)
    } else {
        println!("None")
    }
}
```

2行目は「ansがSome(x)のパターンと一致すれば」と解釈できます。一般に、if letは、

```
if let パターン = パターン一致するか検査するもの
```

という形で使われます。ここで、==ではなく=であることに注意しましょう。

matchと違い、すべての場合を網羅する必要はありません。次のコードは、関数odd_or_even()で引数が偶数、奇数それぞれの場合にOddEven::Even、OddEven::Oddを返却し（8行目、10行目）、print_only_even()ではodd_or_even()がOddEven::Evenを返してきたときだけ、出力をするようにしています（15～17行目）。

```
1  enum OddEven {
2      Odd, // 奇数
3      Even // 偶数
4  }
5  
6  fn odd_or_even(x: i32) -> OddEven{
7      if x % 2 == 0 {
8          OddEven::Even
9      } else {
10         OddEven::Odd
11     }
12 }
13 
14 fn print_only_even(x: i32){
15     if let OddEven::Even = odd_or_even(x) {
16         println!("{} is Even", x);
17     }
18 }
19 
20 fn main() {
21     print_only_even(1);
22     print_only_even(2);
23     print_only_even(3);
24     print_only_even(4);
25 }
```

このコードの実行結果は次のようになります。確かに、偶数の場合だけ、出力されているのがわかります。

```
2 is Even
4 is Even
```

このように`if let`は`match`と同じように、パターンマッチによる分岐に使うことができ、一部の場合だけを取り出すこともできます。

4.11 そのほかの便利な型

Rustにおいては無数の型を扱いますが、その中から、これまでに紹介してこなかった便利な型のいくつかについて取り上げます。

HashMap<K, V>

`HashMap<K, V>`はキーに対してバリューを対応させる型[注26]で、Pythonの辞書型に対応します。Pythonでは、以下のように辞書型オブジェクトの作成、キー・バリューのペアのセット、キーからバリューの取り出しができます。

```
capitals = {}
capticals["Japan"] = "Tokyo"
capitals["UK"] = "London"
capitals["US"] = "Washington D.C."

targets = ["Japan", "US", "France"]

for tg in targets:
    if tg in capitals:
        print("The capital of {} is {}.".format(
            tf, capitals["Japan"]
        ))
    else:
        print(The capital of {} is not found.".format(tg))
```

出力結果は以下のとおりになります。

注26　https://doc.rust-lang.org/std/collections/struct.HashMap.html

```
The capital of Japan is Tokyo
The capital of US is Washington D.C.
The capital of France is not found
```

Rustでの同等のコードは次のようになります。


```
use std::collections::HashMap;
fn main(){
    let mut capitals = HashMap::new();

    capitals.insert(
        "Japan",
        "Tokyo"
    );
    capitals.insert(
        "UK",
        "London"
    );
    capitals.insert(
        "US",
        "Washington D.C."
    );

    let targets = vec!["Japan", "US", "France"];
    for tg in targets {
        match capitals.get(tg){
            Some(s) => println!("The capital of {} is {}", tg, s),
            None => println!("The capital of {} is not found", tg)
        }
    }
}
```

空のHashMap型の値をミュータブルな変数として束縛し、それにinsert()メソッドを用いて、キー、バリューを挿入していきます。

そして、キーからバリューを取得するときにはget()メソッドを使います。返却値がOption型であるので、キーに対応するバリューがある場合とない場合の場合分けをmatchで行っています。

Pythonのコードだと、そのキーが存在するかのチェックにif tg in capitalsという確認を入れていますが、このチェックを入れ忘れてしまうこともあるでしょう。Rustでは、

Option型を使うことで、キーに対するバリューがない場合のことを否応なく考慮させられることになり、必要な場合分けが漏れたことによるバグの回避につながります。

JSONを扱うserdeのValue型

JSONは、APIの入力、レスポンスなどにもよく使われ、JSONを扱うコードを書く機会は多いのではないかと思います。

Rustでは、JSONなどのデータをシリアライズ（文字列化やバイナリ化）したり、デシリアライズ（シリアライズされたデータから元のデータを取り出す）したりするクレートとして、serdeがよく使われます[注27]。その中のJSON向けのライブラリserde_jsonでは、以下の列挙型で定義されるValue型が主要な役割を果たします。

```
enum Value {
    Null,
    Bool(bool),
    Number(Number),
    String(String),
    Array(Vec<Value>),
    Object(Map<String, Value>),
}
```

確かに、JSONの構成要素である、論理値、数、文字列、配列、オブジェクト、NULLを網羅しています。そして、Array(Vec<Value>)やObject(Map<String, Value>)のように自分自身（Value）をデータとする再帰的な構造になっており、配列やオブジェクトの一要素としてJSONをネストさせて配置できるように定義されています。

この列挙型を扱うメソッドがいろいろ用意されているのですが、json!というマクロを使うとたいていのことはできてしまいます。

クレートserde_jsonを使うためには、Cargo.tomlに次の内容を追記します。

```
[dependencies]
serde_json = "1.0"
```

注27　https://serde.rs/

次のコードはJSONの文字列からValue型の変数を作って要素にアクセスしたり、個別の要素を指定しながらValue型の値を作成したりして、それをJSONに文字列化（シリアライズ）しています。

```
use serde_json::json;

fn main() {
    // JSONの文字列をValue型として読み込む
    let hanako = json!({
        "name": "hanako",
        "age": 8,
        "favorites": {
            "food": ["apple", "melon"]
        }
    });

    // Value型の中身を見てみる
    println!("hanako debug: {:?}", hanako);

    // Value型は[]を使ってアクセスできる
    // hanako["name"]もValue型
    // ただし、文字列はダブルクォーテーションマーク付きで返される
    println!("hanako[\"name\"]: {}", hanako["name"]);
    // 文字列のダブルクォーテーションマークなしで参照するためには&str型に変換
    println!("hanako[\"name\"].as_str().unwrap(): {}", hanako["name"].as_str().unwrap());

    // 個々の要素を指定して、JSONを作ることもできる
    let mut taro = json!({});
    taro["name"] = json!("taro");
    taro["age"] = json!(10);
    taro["favorites"] = json!({"food": ["cake"]});

    // 2つのValue型の値から、Value型を生成
    let mut members = json!({});
    members["members"] = json!([taro, hanako]);

    // Value型をJSONの文字列にシリアライズ
    println!("JSON: {}", members.to_string());
}
```

出力結果は次のようになります。

```
hanako debug: Object({"age": Number(8), "favorites": Object({"food": Array([String("apple"),
String("melon")])}), "name": String("hanako")})
hanako["name"]: "hanako"
hanako["name"].as_str().unwrap(): hanako
JSON: {"members":[{"age":10,"favorites":{"food":["cake"]},"name":"taro"},{"age":8,"favorites
":{"food":["apple","melon"]},"name":"hanako"}]}
```

1行目の出力（コードの14行目に対応）から、hanakoがValue型としてどのように保持されているのかがわかります。列挙子にあったObject、Array、Stringが使われています。

2行目（コードの19行目に対応）について、Value::Stringはダブルクォーテーションマークが付与された形で、String型として保持されています。ダブルクォーテーションマークを除去した形で参照したい場合は、コードの21行目のようにas_str()メソッドで&str型に変換します。そうすれば、出力の3行目のようにダブルクォーテーションマークを除去した形で取得できます。ただし、as_str()メソッドが返却するのはOption<&str>型ですので、Option型の値の処理が必要です。ここでは、hanako["name"]にはString型の値が入っており、as_str()の結果がNoneになることはないという確信があることから、unwrap()を使ってSome()を外していますが、格納されている値がString型の値ではない場合にはas_str()の結果はNoneになってしまい、unwrap()の結果、panicを起こしてしまうことに注意してください。

出力4行目（コードの24～34行目に対応）のように個々の要素に値をセットしてJSONを作ることもできます。

このように、クレートserde_jsonを使うことで、列挙型として定義されているValue型を用いて、JSONの読み込み、JSONへの書き出しが簡単にできます。

4.12 メモリへの値の配置

生ポインタ

本節の本題に入る前に、Rustの「生ポインタ」(raw pointer)[注28]の説明をします。

「生ポインタ」はリファレンスと同様、メモリ上の値を直接参照するのではなく、別の値（メモリアドレス）を通じて参照するものですが、これまでに見てきたリファレンスと

注28　https://doc.rust-lang.org/std/primitive.pointer.html

決定的に異なるのは、所有権管理の範疇にないことです。C言語における「ポインタ」とほぼ同じものと考えて良いでしょう。ですので、生ポインタを通じた操作を行うとRustのメモリ安全を保証する「所有権」を無視することになります。指し示している値がないNULLポインタができたり、プログラマーが関知しないところでの生ポインタを通じた値の変更ができてしまったりします。そのため、生ポインタを通じた操作は「安全ではない」(unsafe)とされており、その操作をunsafe{ }で囲んで、プログラマーが「安全ではない」ということを認識していることをコンパイラに伝えないとエラーになります。

Rustにおいては稀であるものの、リファレンスではなく生ポインタを使う場面があります。

1つはメモリの動的確保、解放をする場合です。このあとで説明するように、Vec<T>型やBox<T>型(後述)は、メモリの動的確保をしていますが、その実装では生ポインタを使っています。しかし、生ポインタをプログラマーからはうまく隠しているので、これらの型を利用するプログラマーが生ポインタを使わなければいけない場面はほぼないと思います。

もう1つはC言語で書かれたライブラリをRustから使う場合で、「所有権」という考え方がないC言語に合わせるために、生ポインタが必要になります(**第9章**参照)。

「生ポインタ」には型Tの値を指し示す*const Tと*mut Tがあります。生ポインタを通じて指し示す値を変更できないものが*const Tで、変更できるものが*mut Tです。いずれの型の変数もリファレンス型の値を束縛できますが、*mut Tを使う場合は指し示す値とそのリファレンスはミュータブルに宣言する必要があります。

```
fn main() {
    let x = 1;
    let x_ptr: *const i32 = &x;

    println!("*x_ptr = {}", unsafe{*x_ptr});

    let mut y = 2;
    let y_ptr = &mut y as *mut i32;

    unsafe{
        *y_ptr = *x_ptr + 1;
    }
    println!("*y_ptr = {}", unsafe{*y_ptr});
    println!("y = {}", y);
}
```

このコードでは、3行目で`*const i32`型の生ポインタを作っています。生ポインタの場合は`let`の型アノテーションを省略せずに書くか（省略すると`&i32`型と推論されます）、8行目のように`as`を使って通常のリファレンス型からキャスト（型の変換）をする必要があります。

生ポインタのデリファレンスはリファレンスと同様に`*`演算子でできますが、生ポインタに対して`*`を使うことがunsafeな操作とされており、`*x_ptr`を`unsafe{ }`で囲んでいます（5行目）。

7行目からは`*mut i32`を使った例になっています。指し示す元の変数、リファレンスともに`mut`を付けており、どれかが抜けるとコンパイルエラーになります。

`*y_ptr`は`*mut i32`型であるので、これを通じた値の変更ができ、実際に11行目で変更しています。このコードの実行結果は次のとおりであり、元の値`y`も変更されているのがわかります。

```
*x_ptr = 1
*y_ptr = 2
y = 2
```

メモリの領域

メモリは「テキスト領域」「静的領域」「スタック領域」「ヒープ領域」の4つの領域に大きく分けられます。

テキスト領域　機械語に翻訳されたプログラムがロードされる領域
静的領域　グローバル変数や静的変数に束縛された値を格納する領域
スタック領域　関数のローカル変数に束縛された値（コンパイル時にサイズが決まるもの）が置かれる領域
ヒープ領域　プログラムの実行中に動的に確保されてデータが置かれる領域

関数の中で`let`で変数に束縛する値は「スタック領域」に置かれるのが基本です。

Vec型のデータはどこに置かれるか？

スタック領域に置かれる値はコンパイル時にサイズが決まっている必要があります。では、プログラムの実行中に長さを変化させることができるVec<T>型では、メモリのどこにデータを配置しているのでしょうか？

構造体Vec<T>の定義の本質は、次のようになっています[注29]。


```
struct Vec<T> {
    buf: *const T,
    len: usize,
}
```

Vec<T>は生ポインタとサイズを保持した構造体になっています。この生ポインタは、ヒープ領域に動的に確保（C言語のmalloc()による操作に相当）されたメモリ領域の先頭アドレスを指し示すものになっています。つまり、ポインタとサイズという小さなデータがスタック領域に置かれ、本体のデータが置かれているのは動的に確保されたヒープ領域です。要素が追加され、確保していた領域では足りないようなことが起きれば、プログラマーからは見えない裏側でヒープ領域内での再確保と、再確保した領域への既存のデータのコピー（C言語のrealloc()による操作に相当）が生ポインタを通じて行われています。

Vec<T>型の値を作るためにvec!というマクロを使いましたが、このマクロはVec<T>型の構造体を作って返却してくれるもので、マクロを使うことで生ポインタを隠し、プログラマーが生ポインタを意識しなくても良いようになっています。

そして、Vec<T>型の値を所有する変数のライフタイムが終われば、スタック上の生ポインタ、サイズ、そしてその生ポインタが指し示すヒープ領域のメモリが解放されます。C言語のように自ら解放しなくても良いのが「所有権」を使っている大きなメリットです。

Vec<T>型の値のメモリ配置の概念図が**図4.1**です。スライスはヒープ領域に置かれたデータへの先頭ポインタとサイズから構成されています。

注29　正確な定義はhttps://doc.rust-lang.org/std/vec/struct.Vec.htmlを参照。

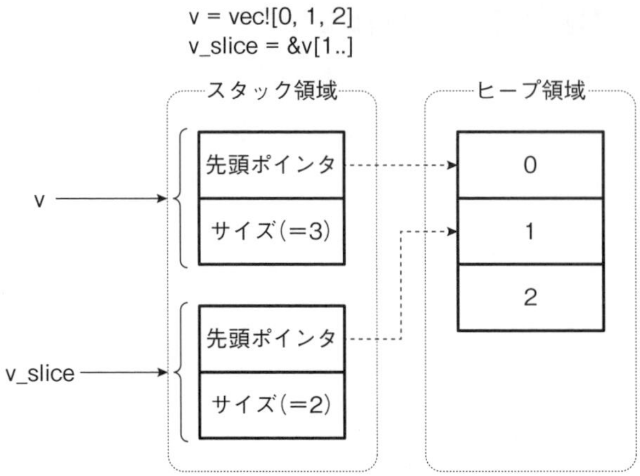

図4.1　Vec<T>型とそのスライスのメモリ配置の概念図

なお、配列[T; N]型の値はスタック領域に配置され、そのスライスの中のポインタはそのスタック領域を指し示しています(**図4.2**)。

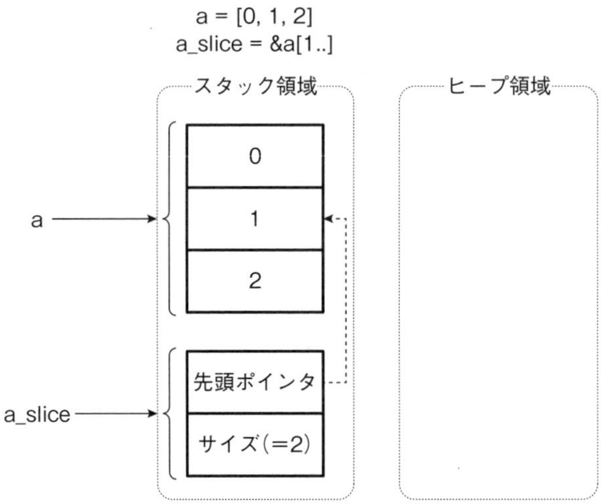

図4.2　[T; N]型とそのスライスのメモリ配置の概念図

Box<T>型

通常のletによる束縛では、値はスタック領域に置かれます。そして、Vec<T>型のように型の処理の中でヒープ領域に動的にメモリを確保する型があります。それでは、プログラマーがあえてヒープ領域にデータを配置したいときはどうすれば良いでしょうか?

生ポインタを使わないとできないのでしょうか？

そのような用途のために、生ポインタを使わずにヒープ領域にデータを配置できるBox<T>型[注30]があります。やはり、Box<T>型の内部の実装には生ポインタが使われ、ヒープ領域に動的に確保されたメモリ領域を指し示しています（**図4.3**）。

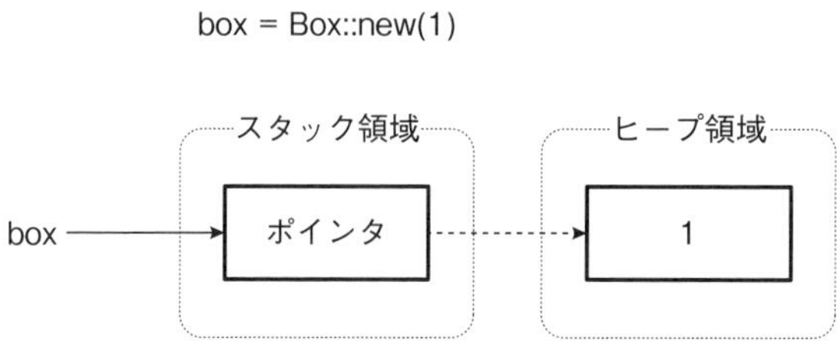

図4.3 Box<T>型とそのスライスのメモリ配置の概念図

次のコードはBox<T>型を使ってヒープ領域にデータを配置する例です。

```
1 fn main() {
2     let boxed = Box::new(1);
3     let val = *boxed;
4 
5     println!("val = {}", val);
6 }
```

2行目は、i32型の1という値をヒープ領域に配置し、その値へのポインタと関連データをスタック領域に配置、そのスタック領域の値をboxedに束縛しています。その値を取り出したいときには、デリファレンス（**5.10節**の「Derefトレイト」を参照）と同様、*演算子を用います（3行目）。

実行結果は、

```
val = 1
```

のようになり、意図どおり、値を取り出せているのがわかります。

Box<T>型の値を所有する変数のライフタイムが終われば、確保されたヒープ領域は解

注30 https://doc.rust-lang.org/std/boxed/struct.Box.html

放されます。

このように、Box<T>型を使ってT型の値をヒープ領域に配置することを「ボックス化」と言うことがあります。

すでに述べたように、スタック領域に置くデータのサイズはコンパイル時に決まっている必要がありました。逆に言えば、データのサイズがコンパイル時に決まらないデータについては、そのデータをボックス化してヒープ領域に配置し、ポインタだけをスタック領域に置くようにすれば、スタック領域に置くデータのサイズはコンパイル時に決まります。

ボックス化が必要な代表的なケースが、構造体や列挙型が再帰的に定義されている場合です。

```
use crate::RecursiveEnum::{Val, Null};

#[derive(Debug)]
enum RecursiveEnum {
    Val(RecursiveEnum),
    Null
}

fn main() {
    let x = Val(Val(Null));
    println!("{:?}", x)
}
```

RecursiveEnum型という列挙型をVal(RecursiveEnum)のように再帰的に使っています。コンパイラは、RecursiveEnumの再帰がどこで止まるのかが判断できないので、この型を作るのに必要なサイズを算出できません。実際にこのコードをコンパイルしてみると、以下のようなエラーメッセージが出て（一部抜粋）、コンパイルに失敗します。

```
error[E0072]: recursive type `RecursiveEnum` has infinite size
 --> src/main.rs:4:1
  |
4 | enum RecursiveEnum {
  | ^^^^^^^^^^^^^^^^^^ recursive type has infinite size
5 |     Val(RecursiveEnum),
  |         ------------- recursive without indirection
  |
help: insert some indirection (e.g., a `Box`, `Rc`, or `&`) to make `RecursiveEnum`
```

```
representable
  |
5 |     Val(Box<RecursiveEnum>),
  |         ^^^^           ^
```

"recursive type `RecursiveEnum` has infinite size"（再帰的な型RecursiveEnumはサイズが無限である）というメッセージが出ており、コンパイラがスタック領域に配置するのに必要なサイズを算出できていないことがわかります。

次のように修正すれば、コンパイルエラーを回避できます。

```
use crate::RecursiveEnum::{Val, Null};

#[derive(Debug)]
enum RecursiveEnum {
    Val(Box<RecursiveEnum>),
    Null
}

fn main() {
    let x = Val(Box::new(Val(Box::new(Null))));
    println!("{:?}", x)
}
```

RecursiveEnumの列挙子Valのデータを RecursiveEnum型の値そのものから、ボックス化したものに変更しています。ボックス化することで、スタック領域に確保するのに必要なのは、ヒープ領域に配置されるボックス化された値の生ポインタだけになり、スタック領域に確保すべきサイズがコンパイル時に決定されます。

4.11節の「JSONを扱うserdeのValue型」項で紹介したValue型も再帰的な定義になっていました。以下に再掲します。

```
enum Value {
    Null,
    Bool(bool),
    Number(Number),
    String(String),
    Array(Vec<Value>),
    Object(Map<String, Value>),
}
```

Vec<T>型、Map<K,V>型を通じた再帰的定義になっていて、これらはBox<T>型と同様、ヒープ領域に配置されたVec<T>型、Map<K,V>型のメモリ領域を指し示す生ポインタを列挙子のデータとして保持しているだけですので、コンパイル時にスタック領域に配置するデータ量は決めることができています。

Box<T>型を用いるもう1つの場合が、コンパイルのときには型が決まらない場合で、すでに**リスト4.17**でも使っています。このコードでは、Result<T, E>のEの型がコンパイル時に決まらないため、ボックス化することでコンパイル時に必要なスタック領域のサイズが決まるようにしています。

constとstatic

メモリ領域への値の配置の話が出たところで、const、staticについて説明しておきましょう。次のコードは、constやstaticを使用した例です。

```
const BUFSIZE: usize = 1024;
static OFFSET: usize = 15;

fn add_static(){
    const INCREMENT: usize = 2;
    static mut ADD: usize = 1;

    unsafe{
        ADD += INCREMENT;
        println!("add = {}", ADD);
    }
}

fn main() {
    let offset_ref = &OFFSET;

    println!("bufsize = {}", BUFSIZE);
    println!("offset = {}", offset_ref);

    add_static();
    add_static();
    add_static();
}
```

実行結果は次のようになります。

```
bufsize = 1024
offset = 15
add = 3
add = 5
add = 7
```


constは定数として宣言することを示しますが、値のメモリ上への配置はせず、C言語による#defineマクロと同じように、コンパイル前にコード上でその定数値に置き換えられます。メモリ上への配置はされないので、&を使ったリファレンスは作ることができません。コンパイル時に値が決まっていて、値が決まっていることで計算が可能であるものについてはコンパイル時に計算がされますし、実行時にメモリを参照することがないので、繰り返しその値を使うのであれば、メモリ上に置いた値を参照するよりも高速に動作する可能性があります。

staticは静的変数として変数を宣言することを示しており、メモリの静的領域に配置されます。プログラム実行中は最初から最後までメモリ上に存在し、リファレンスのライフタイムパラメータはそのことを示す'staticになります。constと異なるのは、staticで宣言された変数の値はメモリ上に配置されるので、&によってリファレンスを作って所有権を借用できる点です。

なお、静的変数をミュータブルな変数として値を束縛することはできますが、静的変数を更新する操作はunsafeとなります。また、6行目のADDの宣言は、静的領域に値を最初にセットする際の初期値であり、関数add_static()が呼ばれるたびに、値がセットされるわけではないことに注意が必要です。実行結果の出力を見ても、add_static()が呼ばれるたびにADDが1を束縛しているわけではないことがわかります。この点は、C言語のstatic変数と同じです。

なお、const、staticともにグローバルにも関数ローカルにも宣言ができます。また、型推論は働かないので、型アノテーションが必須です。また、これらの変数はすべて大文字で書くことが推奨されています。

4.13 Rc<T>型・RefCell<T>型・Weak<T>型

Rustではリファレンスを使うことで、同じ値を別の変数で参照できました。このとき、リファレンスは所有権を持たず、また、ミュータブルなリファレンスである場合には、その値を参照できるリファレンスは1つに限定されます。これらのルールによってメモリ安全性を確保していましたが、場合によってはこれらのルールが制約になってしまうこともあります。

本節では、Rustの所有権やリファレンスのルールをふまえながら、これらの制約をうまく回避するための方法を紹介します。

関数内の自動変数は関数の外では使えない

まず、次のようなC言語のコードを考えます。

リスト4.18　関数内の共通の値を2つの構造体にセットするC言語のコード（コンパイルはできるが正しく動作しない）

```
#include <stdio.h>

struct DataA{
    int *number_a;
};

struct DataB{
    int *number_b;
};

void setdata(struct DataA *data_a, struct DataB *data_b, int value){
    int number = value + 10;
    data_a->number_a = &number;
    data_b->number_b = &number;
}

int main(){
    struct DataA data_a_1;
    struct DataB data_b_1;
    struct DataA data_a_2;
    struct DataB data_b_2;

    setdata(&data_a_1, &data_b_1, 1);
    setdata(&data_a_2, &data_b_2, 2);
    printf("to be 11, 11: %d, %d\n",
```

```
26         *data_a_1.number_a,
27         *data_b_1.number_b);
28     printf("to be 12, 12: %d, %d\n",
29         *data_a_2.number_a,
30         *data_b_2.number_b);
31     return 0;
32 }
```


このコードでは、関数setdata()の中で得られた値（引数valueで入力された値に10を加えたもの）を2つの構造体DataA、DataBで共有するため、値のポインタをそれぞれの構造体のフィールドにセットしています。そして、main関数の23行目でdata_a_1とdata_b_1に、24行目でdata_a_2とdata_b_2のフィールドにセットしています。

25～27行目、28～30行目でそれらの値を標準出力に出力しますが、コンパイルして実行したときの出力として、次のものが期待されるでしょう。

```
to be 11, 11: 11, 11
to be 12, 12: 12, 12
```

しかし、筆者の環境で実行すると、次のように期待される値とは異なる値が出力されてしまっています。

```
to be 11, 11: 12, 12
to be 12, 12: 1831825056, 1831825056
```

このコードの問題点は、関数setdata()のローカル変数numberのメモリアドレス（ポインタ）&numberを構造体にセットし、関数の外で使おうとしていることです。numberはスタック領域に配置され、setdata()内だけのスコープであり、setdata()の実行が終了するとそのメモリは解放されます（**図4.4**、**4.5**）。

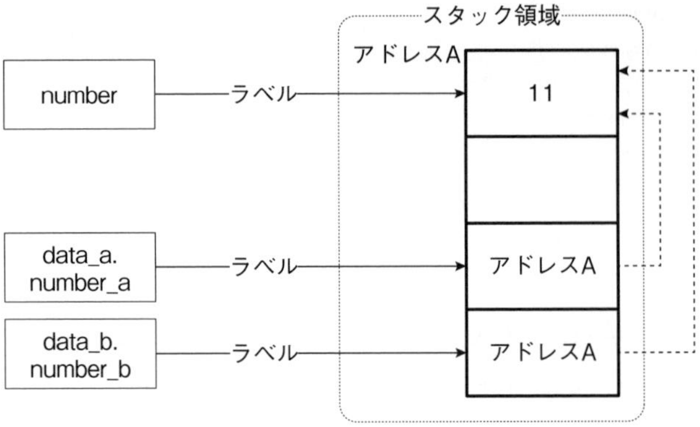

図4.4 リスト4.18の関数setdata()の実行中のメモリ配置の模式図

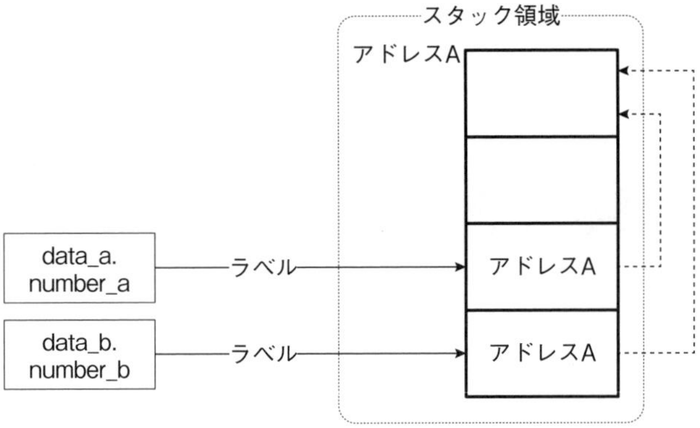

図4.5 リスト4.18の関数setdata()の実行終了時のメモリ配置の模式図

そのため、そのポインタが指すメモリを`printf()`で参照しようとするときにはすでに別のデータが格納されてしまっており、意図しない結果になってしまいます。

このコードに対応するRustのコードはたとえば次のようになるでしょう。

リスト4.19 関数内の共通の値を2つの構造体にセットするRustのコード（コンパイルできない）

```
struct DataA<'a> {
    number_a: Option<&'a i32>,
}

struct DataB<'a> {
    number_b: Option<&'a i32>,
}

```

```
9  fn setdata(data_a: &mut DataA, data_b: &mut DataB, value: i32) {
10     let number = Box::new(value + 10);
11     data_a.number_a = Some(&number);
12     data_b.number_b = Some(&number);
13 }
14
15 fn main() {
16     let mut data_a_1 = DataA { number_a: None };
17     let mut data_b_1 = DataB { number_b: None };
18     let mut data_a_2 = DataA { number_a: None };
19     let mut data_b_2 = DataB { number_b: None };
20
21     setdata(&mut data_a_1, &mut data_b_1, 1);
22     setdata(&mut data_a_2, &mut data_b_2, 2);
23     println!(
24         "to be 11, 11: {}, {}",
25         data_a_1.number_a.unwrap(),
26         data_b_1.number_b.unwrap()
27     );
28     println!(
29         "to b3 12, 12: {}, {}",
30         data_a_2.number_a.unwrap(),
31         data_b_2.number_b.unwrap()
32     );
33 }
```


C言語のポインタの代わりにリファレンスを使うようにしています。なお、Rustでは、初期化されていない値の参照を作ろうとするとコンパイルエラーになるので、構造体のフィールドはOption<&'a i32>型で定義し、16～19行目でDataA型、DataB型の変数を導入するときに、そのフィールドをNoneで初期化しています。

このコードはコンパイルできず、次のようなエラーが出力されます。

```
rror[E0597]: `number` does not live long enough
  --> src/main.rs:11:28
   |
9  | fn setdata(data_a: &mut DataA, data_b: &mut DataB, value: i32){
   |            ------ has type `&mut DataA<'1>`
10 |     let number = value + 10;
11 |     data_a.number_a = Some(&number);
   |     -----------------------^^^^^^^-
   |     |                      |
   |     |                      borrowed value does not live long enough
```

```
   |     assignment requires that `number` is borrowed for `'1`
12 |     data_b.number_b = Some(&number);
13 | }
   | - `number` dropped here while still borrowed
```

関数の実行終了とともに破棄されるローカル変数のリファレンスを関数の外で使おうとしているので、"borrowed value does not live long enough"（借用された値が十分に長く生存していない）というエラーが出ています。これは、**リスト3.10**と同様です。

このように、C言語ではコンパイル時にはこのようなエラーの検出ができないのに対し、Rustでは所有権のルールによってコンパイル時にエラーになるところに安心感があります。

C言語で関数の外で値を共有するにはヒープ領域に配置する

リスト4.18のコードを意図どおり動作させるためには、関数`setdata()`の中で引数`value`で入力された値に10を加えたものを、`malloc()`によって動的に確保したヒープ領域に格納するように修正します[注31]。

リスト4.20　関数内の共通の値を2つの構造体にセットするC言語のコード（正しく動作する）

```c
#include <stdio.h>
#include <stdlib.h>

struct DataA{
    int* number_a;
};

struct DataB{
    int* number_b;
};

void setdata(struct DataA *data_a, struct DataB *data_b, int value){
    int* number_ptr = (int *)malloc(sizeof(int));
    *number_ptr = value + 10;
    data_a->number_a = number_ptr;
    data_b->number_b = number_ptr;
}

int main(){
    struct DataA data_a_1;
```

注31　`malloc()`のエラー処理は省略しています。

```
21     struct DataB data_b_1;
22     struct DataA data_a_2;
23     struct DataB data_b_2;
24 
25     setdata(&data_a_1, &data_b_1, 1);
26     setdata(&data_a_2, &data_b_2, 2);
27     printf("to be 11, 11: %d, %d\n",
28         *data_a_1.number_a,
29         *data_b_1.number_b);
30     printf("to be 12, 12: %d, %d\n",
31         *data_a_2.number_a,
32         *data_b_2.number_b);
33     free(data_a_1.number_a);
34     free(data_a_2.number_a);
35     return 0;
36 }
```

このコードをコンパイルして実行すると、期待どおりの出力が得られます。

```
to be 11, 11: 11, 11
to be 12, 12: 12, 12
```

number_ptrは自動変数でスタック領域に配置されているので、この関数の実行の終了とともにそのメモリ領域は解放され、number_ptrに束縛されていた値（メモリアドレス）は失われますが、15行目と16行目でその値をコピーしたdata_aのnumber_aフィールドやdata_bのnumber_bフィールドに保持されています（**図4.6**、**4.7**）。

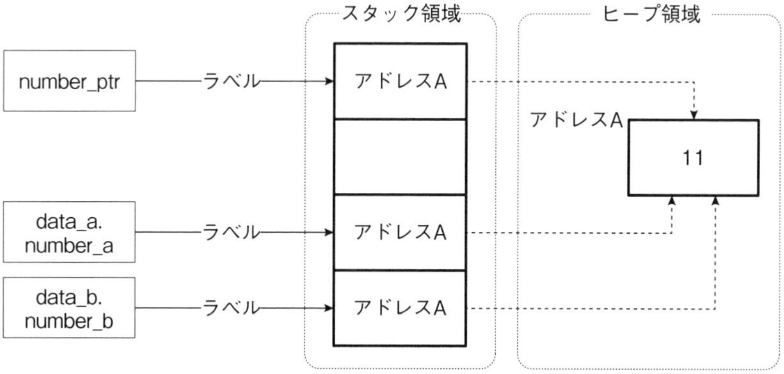

図4.6　リスト4.20の関数setdata()の実行中のメモリ配置の模式図

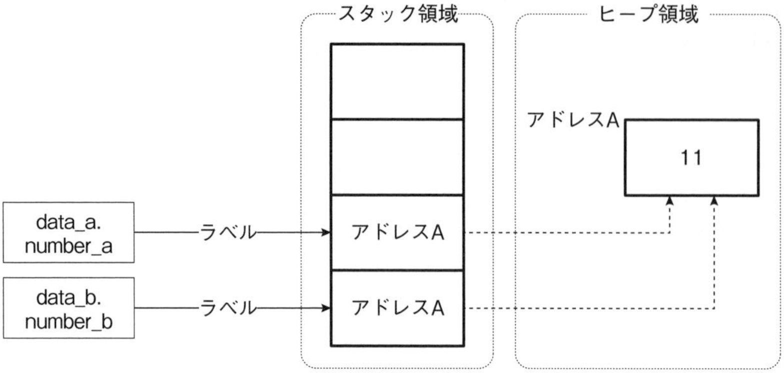

図4.7　リスト4.20の関数setdata()の実行終了時のメモリ配置の模式図

そして、ヒープ領域に確保したメモリ領域はmalloc()を呼び出した関数の実行が終了しても破棄されずに残ります。そのため、関数の実行が終わっても、data_aやdata_bのフィールドに保持されたメモリアドレスを通じて、そのヒープ領域のメモリにアクセスすることができます。

なお、ヒープ領域に確保されたメモリ領域はどこかでfree()で解放しないとメモリリークが発生するので、main関数の33～34行目でfree()を呼んでいます。ここで33～34行目を次のようにしてはいけないことに注意が必要です。

```
free(data_a_1.number_a);
free(data_b_1.number_b);
free(data_a_2.number_a);
free(data_b_2.number_b);
```

data_a_1.number_aとdata_b_1.number_bは同じメモリアドレスを指しているので、両方に対してfree()を適用すると、同じメモリアドレスに対して二重にfree()を適用してしまっていることになります。実際に、このコードでコンパイルして実行すると、free()を実行するところで、筆者の環境では次のようなエラーが出ました。

```
to be 11, 11: 11, 11
to b3 12, 12: 12, 12
a.out(80598,0x105077d40) malloc: *** error for object 0x11de06930: pointer being freed was not
allocated
```

```
a.out(80598,0x105077d40) malloc: *** set a breakpoint in malloc_error_break to debug
zsh: abort      ./a.out
```

このように、正しくfree()を入れるためには、そのメモリ領域がどのように使われて参照されているかを熟知しておく必要があります。これが、C言語のプログラマーを苦しめるメモリ管理の難しさの1つです。

Rc<T>型

4.12節で説明したBox<T>型を使うことで、ヒープ領域に値を配置できます。C言語でmalloc()を使って共通で参照する値をヒープ領域に配置したように（**リスト4.20**）、Rustでも同じように共通で参照する値をBox<T>型を使ってヒープ領域に配置すれば、この問題は解決するでしょうか？　残念ながら答えはNoです。

Box<T>型を使うと、**リスト4.19**のsetdata()は次のように書けます。

```
fn setdata(data_a: &mut DataA, data_b: &mut DataB, value: i32){
    let number = Box::new(value + 10);
    data_a.number_a = Some(&number);
    data_b.number_b = Some(&number);
}
```

しかし、コンパイルは依然としてできません。エラーメッセージもほぼ同じ「借用された値が十分に長く生存していない」という内容です。numberという変数の値はこの関数の実行が終了すれば破棄され、そのリファレンスを関数外で使うことができないためです。これを回避するためには返却する値に所有権を持たせれば良いわけですが、1つの値（共通に持たせたい値）に対して2つの変数が所有権を持つことはできません。

所有権のルールを守りつつも、1つの値に対して2つの変数が所有権を持てるように見せかけるために使うのがRc<T>型[注32]で、「リファレンスカウントポインタ」(rc：reference-counted）と呼ばれるものです。

たとえば、

注32　https://doc.rust-lang.org/std/rc/struct.Rc.html

```
let x = std::rc::Rc::new(1);
```

とすると、1という値をヒープ領域に配置し、それを指し示すポインタと関連データをスタック領域に置いてこのスタック領域の値を変数xに束縛します。ここまでは**4.12節**で取り上げたBox<T>型と同じです。Box<T>型と異なるのは、clone()メソッドを呼んだときの挙動です。

Box<T>型の場合には、clone()が呼ばれれば、ヒープ領域に配置されたデータのコピーを新しく別のヒープ領域に作り、スタック領域にはコピーしたヒープ領域へのポインタとそのサイズ（サイズは元と同じ）を格納した新しい値を作成します（**図4.8**）。一方、Rc<T>型の場合には、スタック領域に新しいデータが作られるのはBox<T>型と同じですが、スタック領域に作られた新しいRc<T>型の値の中にあるデータへのポインタがヒープ領域の元のデータを指し示します。つまり、clone()を実行しても、ヒープ領域にあるデータのコピーはされず、複数のRc<T>型の変数で共有されることになります（**図4.9**）。

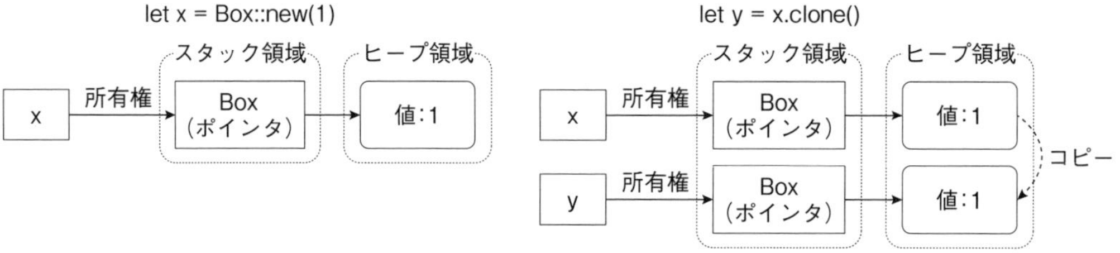

図4.8 Box<T>型のメモリ配置、およびclone()を呼び出したときの挙動

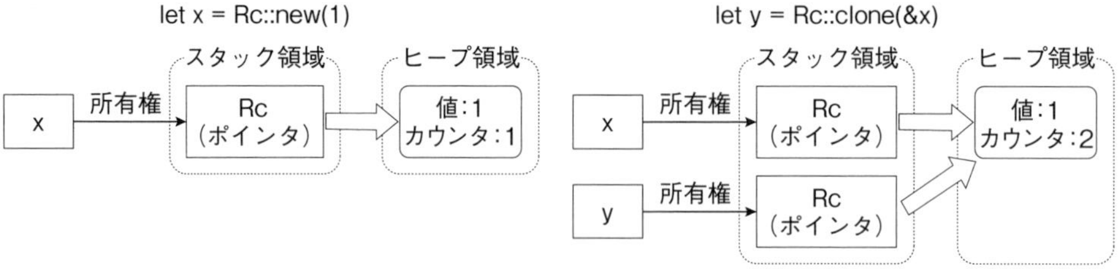

図4.9 Rc<T>型のメモリ配置、およびclone()を呼び出したときの挙動

そんなことができてしまったら、「値が束縛されている変数のスコープが終わったらヒープ領域のデータも含めて削除する」という、Rustでのメモリ管理で非常に重要な挙動はど

うなるのか、疑問に思われる方もおられるかもしれません。

実は、Rc<T>型では、参照された数のカウンタを持っていて、clone()が呼ばれて同じヒープ領域を指し示すRc<T>型の値を束縛している変数が1つ増えたら、そのカウンタを1つ増加させます。そして、そのRc<T>型の値を束縛している変数のスコープが終わったら、そのカウンタを1つ減少させ、スタック領域にあるRc<T>型の値（ヒープ領域を指し示すポインタと関連データ）をメモリから破棄します。最終的にカウンタがゼロになったときに、ヒープ領域のデータを解放します。

これは、Pythonなどにおける変数のガベージコレクションのやり方と同じで、「リファレンスカウント」と呼ばれる方法です。この仕組みによって、1つの変数が1つの値の所有権を持つという原則を保持しつつ、その値の参照先を同じにすることによって、複数の変数が1つの値の所有権を持っているかのように見せかけることができています。

なお、Rc<T>型の値xに対して、clone()メソッドを呼ぶとき、ほかの構造体のメソッドと同じように、

```
let y = x.clone();
```

と書いてもコンパイルはできて意図した動作はしますが、

```
let y = Rc::clone(&x);
```

と書くことが推奨されています[注33]。

一般の型の値に対するclone()の操作は負荷が大きくメモリも消費しますので、可能な限り使用せずに済ませるべきですが、Rc::clone()はリファレンスカウンタを増やすだけですので負荷は非常に低く、頻繁に呼び出しても実行速度に影響するものではありません。このように、負荷の大きいclone()と違うことを明示するために、Rc::clone()を使うように推奨されています。

Rc<T>型の値が指し示すヒープ領域の値を取り出すには、Box<T>型同様、*演算子を用います（**5.10節**の「Derefトレイト」項も参照）。また、Rc<T>型のデータはイミュータブルであり、更新はできません。

注33　https://doc.rust-lang.org/book/ch15-04-rc.html

Rc<T>型の値が指し示す値が構造体などの複合型である場合、その要素の所有権を失うような動作は許容されません。たとえば、次のようなコードを考えます。

リスト4.21　Rc<T>型の中の変数を取り出そうとするコード例（コンパイルできない）

```
1  use std::rc::Rc;
2  
3  struct TestA {
4      data_i32: i32,
5      data_string: String,
6  }
7  
8  fn main() {
9      let x = Rc::new(TestA {
10         data_i32: 1,
11         data_string: String::from("Hello"),
12     });
13     let data_i32 = x.data_i32;
14     let data_string = x.data_string;
15     println!("{}, {}", data_i32, data_string);
16 }
```

構造体TestAにi32型とString型のフィールドがあります。この構造体の値をRc<T>型の値が指し示すようにして（9行目）、各フィールドの値を別の変数に束縛しようとしています（13行目、14行目）。これをコンパイルするとコンパイルに失敗し、次のエラーメッセージが出力されます。

```
error[E0507]: cannot move out of an `Rc`
  --> src/main.rs:11:24
   |
14 |     let _data_string = x.data_string;
   |                        ^^^^^^^^^^^^^
   |                        |
   |                        move occurs because value has type `String`, which does not implement the `Copy` trait
   |                        help: consider borrowing here: `&x.data_string`
```

13行目のi32型の値の束縛についてはエラーが出ていませんが、14行目のString型の値の束縛について、"move occurs because value has type `String`"（値がString型なので所有権の移動が発生した）というエラーメッセージが出ています。これは、Rc<TestA>型の値が指し示すTestA型の値のフィールドdata_stringが持っていた所有権が移動し、失われてしまうことを許容できないことを示しています。

一方、13行目のTestA型のフィールドdata_i32の場合は、その値がi32型でCopyトレイトが実装されているため、コピーによって値の束縛が行われ、所有権を失うことはありません。

このように、Rc<T>型の値が指し示す値の一部が所有権を失うような操作をしないように注意する必要があります。次のmain関数のように、リファレンスを使って所有権の移動が起こらないようにすれば、回避できます。

```
8  fn main() {
9      let x = Rc::new(TestA {
10         data_i32: 1,
11         data_string: String::from("Hello"),
12     });
13     let data_i32 = &x.data_i32;
14     let data_string = &x.data_string;
15     println!("{}, {}", data_i32, data_string);
16 }
```

Rc<T>型を使って共通の値を所有権付きで参照する

Rc<T>型を使って、**リスト4.19**のコードを書き直すと次のようになります。

リスト4.22 関数内の共通の値を2つの構造体にセットするRustのコード（正しく動作する）

```
use std::rc::Rc;

struct DataA {
    number_a: Option<Rc<i32>>,
}

struct DataB {
    number_b: Option<Rc<i32>>,
}

fn setdata(data_a: &mut DataA, data_b: &mut DataB, value: i32) {
    let number = Rc::new(value + 10);
    data_a.number_a = Some(Rc::clone(&number));
```

```
14     data_b.number_b = Some(Rc::clone(&number));
15 }
16 
17 fn main() {
18     let mut data_a_1 = DataA { number_a: None };
19     let mut data_b_1 = DataB { number_b: None };
20     let mut data_a_2 = DataA { number_a: None };
21     let mut data_b_2 = DataB { number_b: None };
22 
23     setdata(&mut data_a_1, &mut data_b_1, 1);
24     setdata(&mut data_a_2, &mut data_b_2, 2);
25     println!(
26         "to be 11, 11: {}, {}",
27         data_a_1.number_a.unwrap(),
28         data_b_1.number_b.unwrap()
29     );
30     println!(
31         "to b3 12, 12: {}, {}",
32         data_a_2.number_a.unwrap(),
33         data_b_2.number_b.unwrap()
34     );
35 }
```

構造体のフィールドの型を、リファレンスではなく、所有権を持つことができるRc<i32>型としているのがポイントです。そして、指し示す値がvalue + 10となるRc<i32>型の値を作成して（12行目）、それに対してRc::clone()を適用したものを構造体のフィールドにセットしています（13行目、14行目）。setdata()のnumberはこの関数の実行が終了するときに破棄されますが、そのRc<i32>型を通じてヒープ領域のvalue + 10の値を参照している変数がdata_a.number_aとdata_b.number_bの2つあるので、この値はヒープ領域から破棄されずに残ります（**図4.10**、**4.11**）。

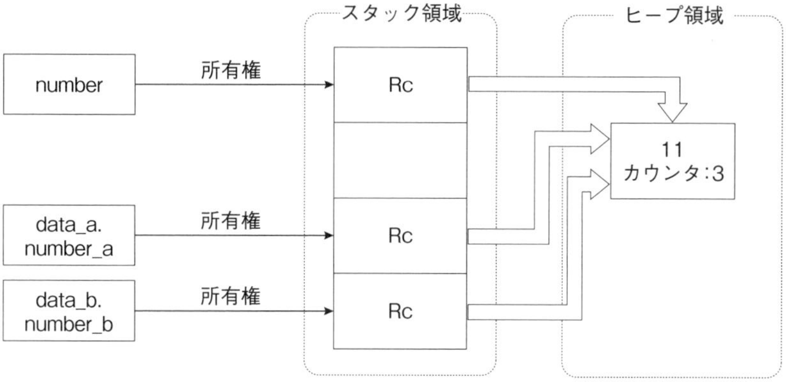

図4.10 リスト4.22の関数setdata()の実行中のメモリ配置の模式図

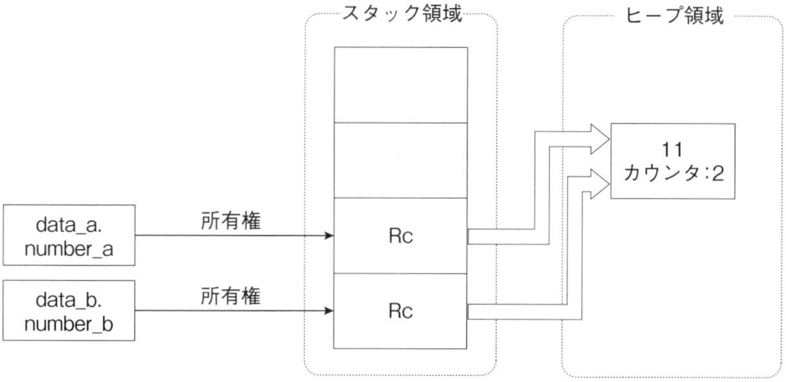

図4.11 リスト4.22の関数setdata()の実行終了時のメモリ配置の模式図

そして、構造体のフィールドの値は所有権を持っているので、ほかの変数のライフタイムに依存することがなくなっています。

なお、Rc<T>型の値は複数のスレッドから共有できず、それをしようとするとコンパイルエラーになります。Rc<T>型をスレッドセーフにし、複数のスレッドから共有できるようにした型がArc<T>型[注34]です。**8.2節**で説明するように、Arc<T>型はスレッド間でデータを共有するときに重要な役割を果たします。

注34 https://doc.rust-lang.org/std/sync/struct.Arc.html

RefCell<T>型

次に、データ同士を関係付けるデータ構造を考えてみます。

各データ（ノード）は、i32型の値（data）とそのノードの子ノード（child）を保持していて、ノードnode1とnode2は、node3を子ノードとしている状況をコードにしてみます。あるノードが複数のノードから子ノードとして参照され得ることから、次のようにRc<T>型を使うのが選択肢の1つです。

リスト4.23　ノードと子ノードを関係付け子ノードをたどるコード（1）

```
use std::rc::Rc;

struct Node {
    data: i32,
    child: Option<Rc<Node>>
}

fn print_link(start_node: Rc<Node>) {
    let mut p = start_node;
    loop {
        println!("{}", p.data);
        if p.child.is_none() {
            break;
        }
        p = Rc::clone(p.child.as_ref().unwrap());
    }
}

fn main() {
    let node3 = Rc::new(Node {
        data: 3,
        child: None,
    });

    let node1 = Rc::new(Node {
        data: 1,
        child: Some(Rc::clone(&node3)),
    });
    let node2 = Rc::new(Node {
        data: 2,
        child: Some(Rc::clone(&node3)),
    });

    println!("link from node1");
```

```
35     print_link(Rc::clone(&node1));
36 
37     println!("link from node2");
38     print_link(Rc::clone(&node2));
39 }
```

Node型のフィールドchildをOption<Rc<Node>>型として、20行目でRc<Node>型のnode3をRc::new()を用いて作っています。同様に、それを子ノードとするnode1、node2を25行目、29行目でそれぞれ作成しています。このコードに現れる各ノードの関係は**図4.12**のようになっています。

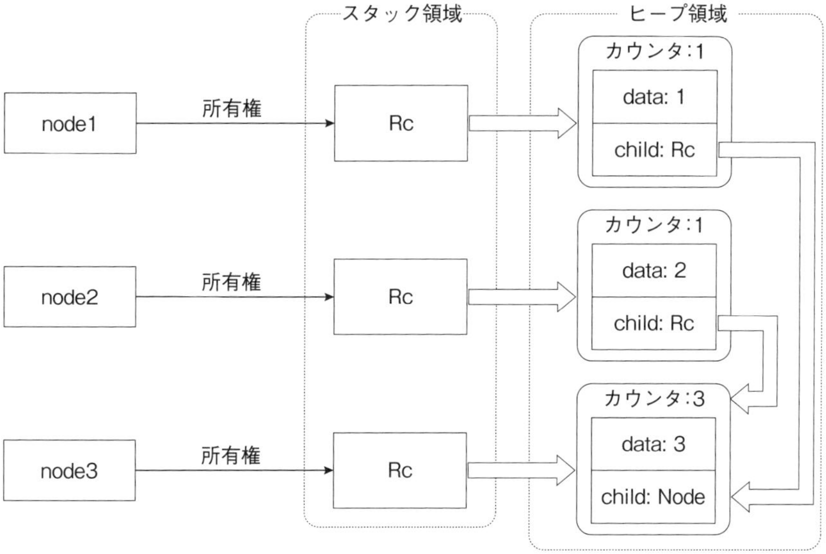

図4.12　リスト4.23の各ノードの関係

関数print_link()はchildを使って次々と子ノードをたどってそれぞれのdataを出力するもので、childがNoneの場合にはもう子ノードがないとして、処理を終了します。なお、ここではOption型がNoneなのかどうかを調べるメソッドis_none()を使っています。

ここで、15行目の、

```
p = Rc::clone(p.child.as_ref().unwrap());
```

について、詳しく見ておきましょう。ナイーブには、

```
p = p.child.unwrap();
```

としたいところですが、このようにするとコンパイルエラーになります。15行目をこのコードにしてコンパイルしたときのエラーメッセージは次のようになります。

```
error[E0507]: cannot move out of an `Rc`
  --> src/main.rs:15:13
   |
15 |         p = p.child.unwrap();
   |             ^^^^^^^
   |             |
   |             move occurs because value has type `Option<Rc<Node>>`, which does not
implement the `Copy` trait
   |             help: consider borrowing the `Option`'s content: `p.child.as_ref()`
```

これは**リスト4.21**をコンパイルしたときと同じエラーメッセージで、`p.child`が持つ所有権が移動して所有権を失う操作になっているためです。これを回避するために、`as_ref()`メソッドを使ってリファレンスにし、所有権の移動が起きないようにします。`as_ref()`メソッドは`&Option<T>`型の値を入力にして`Option<&T>`型に変換するのもので、所有権の消費をしません。

`p.child.as_ref().unwrap()`は`&Rc<Node>`型の値であり、これに`Rc::clone()`を適用して`p`に束縛すれば、`p`は所有権を持った`Rc<Node>`型の変数となり、`loop`のブロックの外に出ても値を参照できます。そして、その`p`を次のループで使うことになります。

リスト4.23の実行結果は次のようになり、意図した出力が得られます。

```
link from node1
1
3
link from node2
2
3
```

リスト4.23のコードでは、node3がnode1とnode2の子ノードになることがわかっているので、node3を先に作成して、node1とnode2を作るときにnode3が子ノードであることをインプットしました。

では、node1とnode2を作ったあとに、node3を子ノードとしてnode1とnode2の情報を更新するようにしてみます。main関数は次のようになるでしょう。


```
19 fn main() {
20     let node1 = Rc::new(Node {
21         data: 1,
22         child: None,
23     });
24     let node2 = Rc::new(Node {
25         data: 2,
26         child: None,
27     });
28     let node3 = Rc::new(Node {
29         data: 3,
30         child: None,
31     });
32 
33     node1.child = Some(Rc::clone(&node3));
34     node2.child = Some(Rc::clone(&node3));
35 
36     println!("link from node1");
37     print_link(Rc::clone(&node1));
38 
39     println!("link from node2");
40     print_link(Rc::clone(&node2));
41 }
```

33～34行目でnode1とnode2の子ノードがnode3であるとインプットしています。しかし、このコードはコンパイルに失敗します。エラーメッセージは次のとおりです。

```
error[E0594]: cannot assign to data in an `Rc`
  --> src/main.rs:33:5
   |
33 |     node1.child = Some(Rc::clone(&node3));
   |     ^^^^^^^^^^^ cannot assign
   |
   = help: trait `DerefMut` is required to modify through a dereference, but it is not
```

```
implemented for `Rc<Node>`

error[E0594]: cannot assign to data in an `Rc`
  --> src/main.rs:34:5
   |
34 |     node2.child = Some(Rc::clone(&node3));
   |     ^^^^^^^^^^^ cannot assign
   |
   = help: trait `DerefMut` is required to modify through a dereference, but it is not
implemented for `Rc<Node>`
```

"cannot assign to data in an `Rc`" (Rcの中のデータに割り当てができない) と言っています。すでに述べたようにRc<T>型のデータはイミュータブルで変更ができません。それにもかかわらず、Rc<T>型のデータを更新しようとしたのでコンパイルエラーになったのです。しかし、ノード間の関係をあとから設定することは頻繁にあることであり、これではRc<T>型をこの用途で使えません。

この制約を回避するにはRefCell<T>型[注35]をRc<T>型と併用します。RefCell<T>型は内部ミュータビリティ (interior mutability) を実現するもので、イミュータブルなレファレンスを一時的にミュータブルなリファレンスにすることができます。

RefCell<T>型をRc<T>型と併用したコードが次のものです。

リスト4.24　ノードと子ノードを関係付け子ノードをたどるコード (2)

```
use std::cell::RefCell;
use std::rc::Rc;

struct Node {
    data: i32,
    child: Option<Rc<RefCell<Node>>>,
}

fn print_link(start_node: Rc<RefCell<Node>>) {
    let mut p = start_node;
    loop {
        println!("{}", p.borrow().data);
        if p.borrow().child.is_none() {
            break;
        }
        let ptmp = Rc::clone(p.borrow().child.as_ref().unwrap());
```

注35　https://doc.rust-lang.org/std/cell/struct.RefCell.html

```
17         p = ptmp;
18     }
19 }
20 
21 fn main() {
22     let node1 = Rc::new(RefCell::new(Node {
23         data: 1,
24         child: None,
25     }));
26     let node2 = Rc::new(RefCell::new(Node {
27         data: 2,
28         child: None,
29     }));
30     let node3 = Rc::new(RefCell::new(Node {
31         data: 3,
32         child: None,
33     }));
34 
35     node1.borrow_mut().child = Some(Rc::clone(&node3));
36     node2.borrow_mut().child = Some(Rc::clone(&node3));
37 
38     println!("link from node1");
39     print_link(Rc::clone(&node1));
40 
41     println!("link from node2");
42     print_link(Rc::clone(&node2));
43 }
```


リスト4.23と比べると、Node型のフィールドchildの型をOption<Rc<Node>>の代わりにOption<Rc<RefCell<Node>>>とし、22行目、26行目、30行目でRc<RefCell<Node>>型のnode1、node2、node3をそれぞれ作成しています。そして、35行目、36行目でborrow_mut()を使い、node1、node2のミュータブルなリファレンスを一時的に得て、それを通じてchildの値を更新しています。borrow_mut()はRefCell<T>型のメソッドであり、childをRc<RefCell<T>>型にしたので使えるようになったメソッドです。

RefCell<T>型へ対応させるための関数print_link()の修正は、**リスト4.23**の15行目の右辺pをp.borrow()に置き換えることでほぼ済みます。ただし、11～18行目のloopブロックで、次回のループの処理のためにpの値を更新する部分だけ、注意が必要です。**リスト4.23**のpをp.borrow()に置き換える形で、**リスト4.24**の16～17行目を、

```
p = Rc::clone(p.borrow().child.as_ref().unwrap());
```

の1行にしてもコンパイルはできません。このようにしてしまうと、次のコンパイルエラーが出ます。

```
error[E0506]: cannot assign to `p` because it is borrowed
    --> src/main.rs:16:9
     |
16   |         p = Rc::clone(p.borrow().child.as_ref().unwrap());
     |         ^              ----------                                    - ... and the borrow might
be used here, when that temporary is dropped and runs the destructor for type `Ref<'_,
Node>`
     |         |              |
     |         |              borrow of `p` occurs here
     |         |              a temporary with access to the borrow is created here ...
     |         assignment to borrowed `p` occurs here
     |
     = note: borrow occurs due to deref coercion to `RefCell<Node>`
```

　このエラーメッセージには、"cannot assign to `p` because it is borrowed"（pは借用されているので値を割り当てることができない）と書かれています。この1行のコードは、次のコードと等価です。

```
let q = p.borrow();
p = Rc::clone(q.child.as_ref().unwrap());
```

　pの借用のスコープの中にいる状態で、pの値を更新しようとしているのでコンパイルエラーになっています。

　一方、**リスト4.24**の16～17行目のように、

```
16         let ptmp = Rc::clone(p.borrow().child.as_ref().unwrap());
17         p = ptmp;
```

と書くと、pの借用のスコープは16行目だけで終わります。ですので、pに束縛したい値を別の一時的な変数ptmpに束縛したうえで、借用のスコープが終わった次の行でpに束

縛すれば、pの借用のスコープの問題を回避できます。

リスト4.24はコンパイルができ、次の意図した出力が得られます。

```
link from node1
1
3
link from node2
2
3
```


なお、RefCell<T>型は複数のスレッド間で共有できません。**8.2節**で説明するように、スレッドの中でArc<T>型の値を更新するときには、RefCell<T>型の代わりにMutex<T>型を用います。

Rc<T>型の循環参照問題

Rc<T>型のようにリファレンスカウンタを用いてメモリの解放を決める方式を用いる場合に問題になるのが、循環参照が生じたときにメモリリークが発生することです。同様にリファレンスカウンタを用いているPythonなどにも同じ問題があります。

循環参照があるとメモリリークが発生してしまうことを確認するために、次のようなコードを考えてみます（このコードには実用性はなく、実行するとメモリリークを繰り返して大量のメモリを消費します）。

リスト4.25　Rc<T>型の循環参照によってメモリリークが発生するコード

```
use std::cell::RefCell;
use std::rc::Rc;

#[allow(dead_code)]
struct Node {
    data: i32,
    child: Option<Rc<RefCell<Node>>>,
}

fn main() {
    loop {
        let node1 = Rc::new(RefCell::new(Node {
            data: 1,
```

```
            child: None,
        }));
        let node2 = Rc::new(RefCell::new(Node {
            data: 2,
            child: None,
        }));

        node1.borrow_mut().child = Some(Rc::clone(&node2));
        node2.borrow_mut().child = Some(Rc::clone(&node1));
    }
}
```

このコードではnode1の子ノードがnode2、node2の子ノードがnode1になっており、ノードの親子関係が循環しています。ノードの作成とノード間を関係付ける処理を無限ループで実行していますが、このコードを実行すると、メモリの使用量が時間とともに増加し、最終的にはシステムをメモリ不足に陥らせてしまいます。

loopのブロックが終わる直前で、node1のRc<T>型が指し示すヒープ領域の値を参照しているのはnode1そのものと`node2.child`で、リファレンスカウンタは「2」。同様にnode2のリファレンスカウンタも「2」です（**図4.13**）。

loopのブロックが1回終わるとnode1、node2は破棄され、node1、node2それぞれのヒープ領域のリファレンスカウンタは1つ減ります。しかし、お互いの参照は残っているので両方のノードのリファレンスカウンタは「1」で、「0」にはなりません（**図4.14**）。

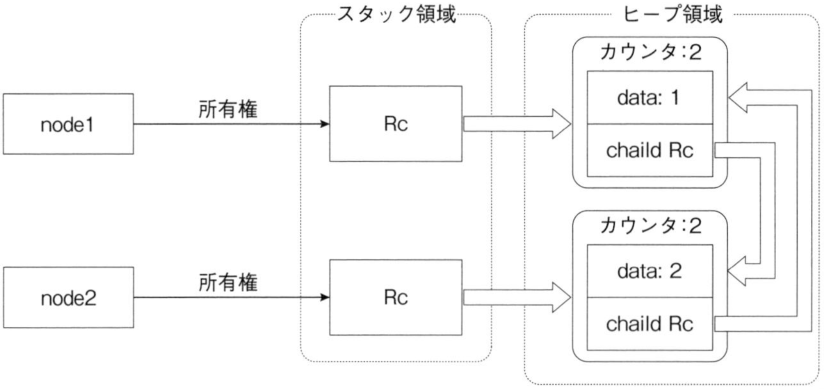

図4.13　リスト4.25の各ループブロックの実行中のメモリ配置の模式図

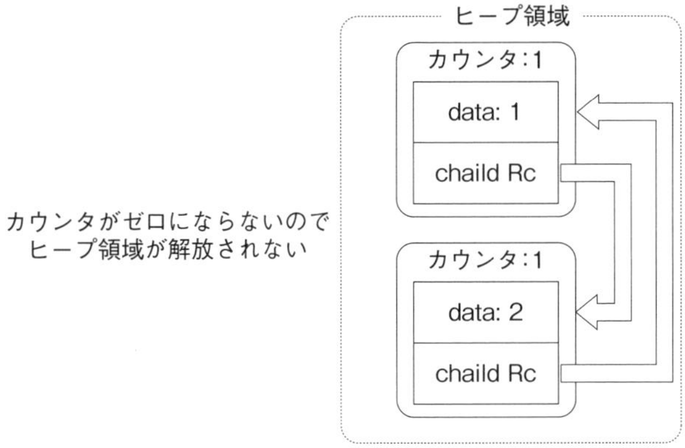

図4.14 リスト4.25の各ループブロックの実行終了時のメモリ配置の模式図

そのため、ヒープ領域のメモリは解放されることなく、次のループが実行され、同じことが繰り返されます。このようにして、使われないメモリ領域が解放されずにメモリリークが発生してしまいます。

Weak<T>型によるノード間の弱結合

Rc<T>型の値の間で循環参照が生じる可能性がある場合には、ノード間の関係付けに、Weak<T>型[注36]による「弱結合」を使うことで、循環参照によるメモリリークを回避できます。

次のコードはWeak<T>型を使った例です。

リスト4.26 Rc<T>型の循環参照にWeak<T>を使うことでメモリリークを回避できているコード

```
use std::cell::RefCell;
use std::rc::{Rc, Weak};

#[allow(dead_code)]
struct Node {
    data: i32,
    child: Option<Weak<RefCell<Node>>>,
}

fn main() {
    loop {
```

注36 https://doc.rust-lang.org/std/rc/struct.Weak.html

```
12         let node1 = Rc::new(RefCell::new(Node {
13             data: 1,
14             child: None,
15         }));
16         let node2 = Rc::new(RefCell::new(Node {
17             data: 2,
18             child: None,
19         }));
20 
21         node1.borrow_mut().child = Some(Rc::downgrade(&node2));
22         node2.borrow_mut().child = Some(Rc::downgrade(&node1));
23     }
24 }
```

Node型のchildフィールドの型を、Option<Rc<RefCell<Node>>>に代え、Option<Weak<RefCell<Node>>>型としています（7行目）。

node1とnode2をRc<RefCell<Node>>型の値として作るのは同じですが（12～19行目）、子ノードを設定する部分（21行目、22行目）でRc::clone()の代わりに、Rc::downgrade()を使っています。

Rc::clone()は、引数に指定したRc<T>型の値とそれが指し示すヒープ領域の結合を増やし、リファレンスカウンターを増加させると説明しました。この結合を「強結合」と呼び、このリファレンスカウンターはより正確には「強結合リファレンスカウンター」と呼ばれています。

一方、Rc::downgrade()は、引数に指定したRc<T>型の値とそれが指し示すヒープ領域を結合させることはRc::clone()と同じですが、Rc::downgrade()で増やされる結合は「弱結合」と呼ばれ、「強結合」とは別に扱われます。そして、弱結合が新しくできることにより、強結合リファレンスカウンターとは別の「弱結合リファレンスカウンター」を増加させます。Rc<T>型の値が指し示すヒープ領域の強結合のリファレンスカウンタがゼロになると、弱結合リファレンスカウンターがゼロではなくても、そのヒープ領域が解放されます。

node1のヒープ領域をRc::clone()を使って強結合で参照しているのはnode1そのものだけで、強結合リファレンスカウンタは「1」、Rc::downgrade()を使って弱結合で参照しているのはnode2.childだけで弱結合リファレンスカウンタは「1」、node2も同様です（**図4.15**）。loopのブロックが1回終わるとnode1、node2は破棄され、node1、node2それぞれのヒープ領域の強結合リファレンスカウンタはそれぞれ1つ減ります。その結果、node1、node2の強結合リファレンスカウンタは0になり、両方ともヒープ領域が解放されることになります（**図4.16**）。

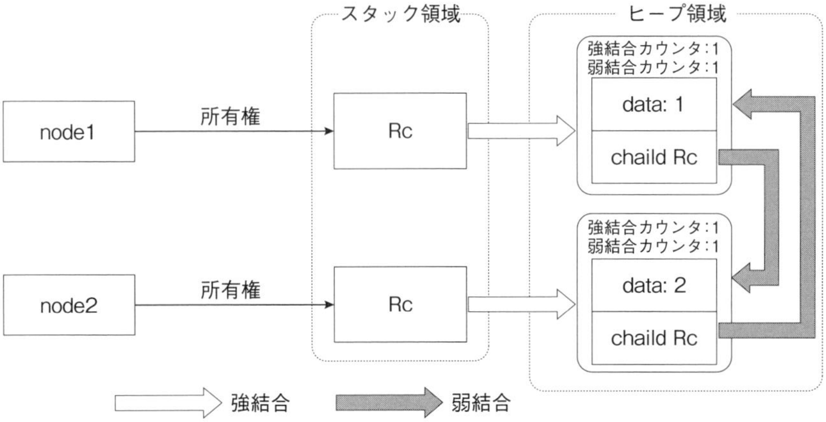

図4.15　リスト4.26の各ループのブロックの実行中のメモリ配置の模式図

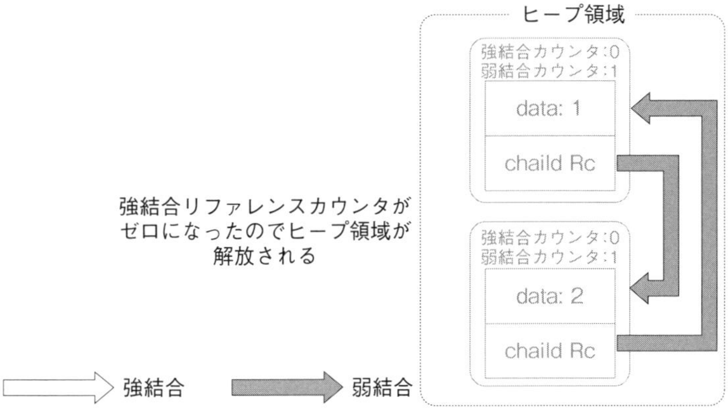

図4.16　リスト4.26の各ループのブロックの実行終了時のメモリ配置の模式図

リスト4.26のコードをコンパイルして実行してもメモリの使用量はほぼ一定であり、**リスト4.25**のようなメモリリークは発生しません。

次のコードは、Weak<T>型を用いたときに子ノードをたどってdataを表示させるコード例です。

```rust
use std::cell::RefCell;
use std::rc::{Rc, Weak};

struct Node {
    data: i32,
    child: Option<Weak<RefCell<Node>>>,
}

fn print_link(start_node: Rc<RefCell<Node>>) {
    let mut p = Rc::clone(&start_node);
    loop {
        println!("{}", p.borrow().data);
        if p.borrow().child.is_none()
            || Weak::upgrade(p.borrow().child.as_ref().unwrap())
                .unwrap()
                .as_ptr()
                == start_node.as_ptr()
        {
            println!("reached the first node");
            break;
        }
        let ptmp = Weak::upgrade(p.borrow().child.as_ref().unwrap()).unwrap();
        p = ptmp;
    }
}

fn main() {
    let node1 = Rc::new(RefCell::new(Node {
        data: 1,
        child: None,
    }));
    let node2 = Rc::new(RefCell::new(Node {
        data: 2,
        child: None,
    }));

    node1.borrow_mut().child = Some(Rc::downgrade(&node2));
    node2.borrow_mut().child = Some(Rc::downgrade(&node1));

    println!("link from node1");
    print_link(Rc::clone(&node1));

    println!("link from node2");
    print_link(Rc::clone(&node2));
}
```

少し複雑になっているのが関数print_link()です。22行目の、

```
let ptmp = Weak::upgrade(p.borrow().child.as_ref().unwrap()).unwrap();
```

について見ていきましょう。**リスト4.24**の16行目の、

```
let ptmp = Rc::clone(p.borrow().child.as_ref().unwrap());
```

と比較すると、次のことに気がつくでしょう。

- Rc::clone()がWeak::upgrade()になっている
- Weak::upgrade()の適用結果に、さらにunwrap()が適用されている

上記のコードでは37行目、38行目でRc::downgrade()をRc<RefCell<Node>>型に適用し、childフィールドにはWeak<RefCell<Node>>型の値を格納しています。その値を取り出すためには、Weak::upgrade()を用いてWeak<RefCell<Node>>型の値をRc<RefCell<Node>>型の値に変換します。Weak::upgrade()は、強結合カウンタがすでに「0」になってヒープ領域が解放されて値が失われている場合も想定して、Option<Rc<RefCell<Node>>>型を返却します。そのOption<Rc<RefCell<Node>>>型のSome()の中身を取り出すのが、追加されたunwrap()になります[注37]。

14～17行目のループの終了条件の部分もほぼ同じように理解できます。ここでは、as_ptr()を使った2つの値を等値比較していますが、これによって2つの値が格納されているメモリアドレスが同じであるかをチェックしています（C言語のポインタの等値比較と同じ）。このコードでは、childがNoneと同じとき、最初のノード（start_node）とchildのノードのメモリアドレスが同一で循環して戻ってきたときにループを終了させるようにしています。

このコードをコンパイルして実行すると、次の期待どおりの結果が得られます。

注37 ヒープ領域が解放されて値が失われている場合が想定される場合には、unwrap()ではなく、matchなどを使ってエラーの場合の処理も記述する必要がありますが、このコードではそれを省略しています。

```
link from node1
1
2
reached the first node
link from node2
2
1
reached the first node
```

ここでは、`Rc<T>`型、`RefCell<T>`型、`Weak<T>`型を紹介しましたが、使用頻度が高いものではないと思います。Rustの所有権のルールによる制約をどうにかして回避する必要が生じたときに思い出してみてください。

第5章

Rustの抽象化プログラミング

Summary

第5章では、Rustにおける抽象化プログラミングで重要な役割を果たす「ジェネリクス」と「トレイト」について解説します。「抽象化」というと、オブジェクト指向言語では「(抽象）クラスの継承」を用いますが、Rustではジェネリクスとトレイトというオブジェクト指向言語とは違うアプローチをします。本章ではジェネリクスとトレイトの役割や使い方、その特徴について説明します。

5.1 Rustにおける抽象化

プログラミングにおいては、「抽象化」ということがよく行われます。抽象化によってコードの再利用性を高めたり、拡張を容易にしたりすることができます。

これまでも見たとおり、Rustでは関数や型に実装されたメソッドの集まりによってプログラムが構成されています。関数・メソッドの定義の際には、入力となる引数の型と返却値の型を指定することが必須でした。もし2つの関数・メソッドが同じような動作をする場合であっても、引数や返却値の型が異なれば中身の処理も異なることから、別の関数・メソッドとして実装する必要があります。しかし、その関数・メソッドを呼ぶときに、引数や返却値の型によってプログラマーがそれらを呼び分けないといけないのはたいへん面倒です。

Rustでは、引数や返却値の型をパラメータ化して、型を具体的に指定しない形で関数・メソッドを定義できます。これにより、引数や返却値の型によってプログラマーが関数を呼び分ける必要性から解放されます。

これは抽象化の1つであり、関数やメソッドの引数や返却値で指定する型を、`i32`型のような具体的な型ではなく「『加算』という動作が実装されている型」のような抽象的なもので指定することで、コードの実装量を少なくできます。

そのために主要な役割を果たすのがジェネリクスとトレイトです。

5.2 ジェネリクス

型やライフタイムパラメータを固定せずにパラメータ化し、構造体や関数・メソッドを定義することをジェネリクス（generics）と呼んでいます。genericには「一般化された」という意味があり、任意の型で使える一般化がされたもの、と解釈できます。すでに本書では、これまでにもジェネリクスをいくつか使ってきました。たとえば、Option<T>型のTが一般的な型を示す型パラメータで、それを<>で囲んで「ジェネリクスパラメータ」として使っています。型パラメータはT、Sなど大文字1文字を使うことが多いです。

ジェネリクスを用いた例として、型パラメータを含む関数は次のように定義できます。

リスト5.1　ジェネリクスを利用した関数の定義の例

```
fn return_input<T>(x: T)->T{
    x
}

fn main(){
    let x1 = return_input(1); // x1はi32型
    let x2 = return_input(String::from("Hello World")); // x2はString型
    let x3 = return_input::<f64>(2.0); // x3はf64型
    println!("x1: {}", x1);
    println!("x2: {}", x2);
    println!("x3: {}", x3);
}
```

このコードで定義したreturn_input()は、引数に指定した値をそのまま返却するものです。型パラメータTを用いたこの定義により、関数return_input()の引数は、いろいろな型を取ることができます。

型パラメータを含む構造体は、次のように定義できます。

リスト5.2　ジェネリクスを利用した構造体の定義の例

```
struct GenEx<T> {
    value: T
}

impl<T> GenEx<T>{
    fn return_value(self)->T{
        self.value
    }
}

fn main(){
```

```
12     let x1 = GenEx{value: 1}; // x1はGenEx<i32>型と推論
13     let x2 = GenEx{value: String::from("Hello")}; // x2はGenEx<String>型と推論
14     let x3 = GenEx::<f64>{value: 3.0}; // 型パラメータを指定することもできる
15     println!("x1: {}", x1.return_value());
16     println!("x2: {}", x2.return_value());
17     println!("x3: {}", x3.return_value());
18 }
```

5行目には複数回`<T>`が現れて混乱しやすいですが、`impl<T>`のTがパラメータであり、そのパラメータが与えられたときの`GenEx<T>`型へのメソッドの実装をする、という解釈になります。

ジェネリクスで重要なことは、型は定義上はパラメータになって一般化されているものの、コンパイル時には具体的に決まることです。**リスト5.2**の例では、GenEx型のインスタンスを作る際にフィールドの値に指定されたリテラルから、または明示的な型の指定から、`GenEx<i32>`型、`GenEx<String>`型、`GenEx<f64>`型といった具体的な型が決まっています。

なお、関数の定義では`return_input<T>`、構造体の定義では`GenEx<T>`と記述していますが、型を指定してこれらを使う場合には、関数名・構造体名とジェネリックパラメータの間に`::`を挟む必要があります（**リスト5.1**の8行目、**リスト5.2**の14行目）。

5.3　ジェネリクスの型に対するトレイトによる制約

これまでの型パラメータTは任意の型に対して使えるものでした。しかし、一般的にはTはあらゆる型が許容されるわけではありません。ここでは、Tが満たすべき条件と、その条件を課す方法について見ていきます。

リスト5.3　長方形と直角三角形の面積を求めるコード

```
struct Rectangle { // 長方形
    width: f64,  // 横
    height: f64  // 縦
}

impl Rectangle {
    fn calc_area(&self) -> f64{  // 面積を求める
        self.width * self.height
```

```
 9         }
10 }
11
12 struct RightTriangle { // 直角三角形
13     width: f64,    // 底辺
14     height: f64    // 高さ
15 }
16
17 impl RightTriangle {
18     fn calc_area(&self)-> f64{  // 面積を求める
19         self.width * self.height * 0.5
20     }
21 }
22
23 fn area(x: &Rectangle)->f64{
24     x.calc_area()
25 }
26
27 fn main() {
28     let rect = Rectangle{width: 1.0, height:2.0};
29     println!("{}", area(&rect));
30 }
```


このコードでは、長方形を表す型Rectangleと直角三角形を表す型RightTriangleを定義し、それぞれの面積を求めるcalc_area()というメソッドを定義しています。

23～25行目の関数area()では、Rectangle型のリファレンスを引数としてcalc_area()を呼んでいます。RightTriangle型でもメソッドcalc_area()が定義されていますので、RightTriangle型に対しても関数area()が使えるように、ジェネリクスを使ってこの関数の定義を次のように修正してみます。

リスト5.4　型に制約がなくコンパイルできない例

```
23 fn area<T>(x: &T)->f64{
24     x.calc_area()
25 }
```

修正したコードをコンパイルすると、次のエラーメッセージとともにコンパイルエラーとなります。

```
error[E0599]: no method named `calc_area` found for reference `&T` in the current scope
  --> src/main.rs:18:7
   |
18 |     x.calc_area()
   |       ^^^^^^^^^ method not found in `&T`
```

"method not found in `&T`"（calc_areaというメソッドが&T型にはない）という趣旨のメッセージが出ています。確かに、calc_area()というメソッドが関数area()では呼ばれていますが、すべての型がcalc_area()というメソッドを持っているわけではありません。型パラメータTは任意の型で良いわけではなく、メソッドcalc_area()が実装されている型に制限する必要があります。

トレイトの定義と実装

「メソッドcalc_area()が実装されている型」という制限を型に課すために、「面積を求める」という動作に関連するメソッドを列挙したものを考え、Tをその列挙されたメソッドを実装している型に制限します。

ある動作に関連するメソッドを列挙したものを「トレイト」と呼んでいます。類似のものにJavaやGo言語の「インターフェース」、Haskellの「型クラス」があります。

ある型TがトレイトAで列挙されたメソッドをすべて実装しているとき、「型TはトレイトAを満たす」と言われます。また、型TがトレイトAを満たすように、トレイトAが要求するメソッドを型Tに対して実装することを「型Tに対してトレイトAを実装する」と言うことがあります。

次のように「面積を求める」という動作に必要なメソッドを列挙して、CalcAreaトレイトを定義します。

リスト5.5　トレイトの定義例

```
trait CalcArea {
    fn calc_area(&self)->f64;
}
```

この定義では、ある型がCalcAreaトレイトを満たすために実装すべき型としてcalc_area()が示されています。もちろん、複数のメソッドを列挙することもできます。

メソッドのシグネチャを含めて列挙することから各メソッドの入力（引数）と出力（返却値）の型は決まっていますが、その中身の実装については何も言及していません。

そして、トレイトを満たすために型にメソッドを実装するときには、

```
impl トレイト名 for 型名 {....}
```

のブロック内にメソッドの実装を記述します。トレイトとメソッドを実装したコード例が次のものです。

リスト5.6 トレイトの実装例

```
1  trait CalcArea {
2      fn calc_area(&self)->f64;
3  }
4  
5  struct Rectangle { //長方形
6      width: f64,  // 横
7      height: f64  // 縦
8  }
9  
10 impl CalcArea for Rectangle {
11     fn calc_area(&self) -> f64{  // 面積を求める
12         self.width * self.height
13     }
14 }
15 
16 struct RightTriangle { // 直角三角形
17     width: f64,   // 底辺
18     height: f64   // 高さ
19 }
20 
21 impl CalcArea for RightTriangle {
22     fn calc_area(&self)-> f64{  // 面積を求める
23         self.width * self.height * 0.5
24     }
25 }
```

1～3行目でCalcAreaトレイトを定義し、このトレイトを満たす型にはcalc_area()が実装されている、ということを宣言します。

10～14行目でRectangle型に対するcalc_area()を実装していますが、**リスト5.3**のコードの6～10行目と比べると、最初の行が、

```
impl Rectangle
```

から、

```
impl CalcArea for Rectangle
```

に変わっているだけなのがわかります。RightTriangle型についても同様の修正を加えています。

トレイトによる型パラメータへの制約（トレイト境界）

これまでに定義・実装したトレイトを使って、**リスト5.4**のコードを修正します。

リスト5.7　トレイト境界の使用例（リスト5.6の続き）

```
27 fn area<T: CalcArea>(x: &T)->f64{
28     x.calc_area()
29 }
```

ここで、27行目のT: CalcAreaは「CalcAreaトレイトを実装している型T」という意味で、型Tに条件を課しています。このように、型パラメータに加える「トレイトを満たしている」という条件のことを「トレイト境界」と呼びます。

型パラメータにおいて、型TがトレイトAを満たしていることを示すため、<T>の代わりに、

```
<T: A>
```

と書きます。満たすべきトレイトが複数ある場合（たとえばA、B、C）は、

```
<T: A + B + C>
```

のように書きます。または、トレイト境界の記述にwhereというキーワードを用いて、**リスト5.7**のarea()の定義を次のように書くこともできます。

```
fn area<T>(x: &T)->f64
    where T: CalcArea
{
    x.calc_area()
}
```


main関数を次のように作成します。

リスト5.8　リスト5.6とリスト5.7のmain関数

```
fn main() {
    let rect = Rectangle{width: 1.0, height:2.0};
    println!("rect area={}", area(&rect));

    let tria = RightTriangle{width: 1.0, height:2.0};
    println!("tria area={}", area(&tria));
}
```

リスト5.6、**リスト5.7**、**リスト5.8**の一連のコードをコンパイルして実行すると、次の出力結果が得られます。

```
rect area=2
tria area=1
```

このように、トレイトによってジェネリクスの型パラメータに制約を加えていますが、逆に言えば、トレイトを満たしている型であればどの型でもこの関数を使える、ということになります。

上の例では、関数area()には「面積を計算する」という動作だけを与え、その具体的実装についてはなんら触れていません。つまり、「面積を計算する」という動作だけに着目した抽象化が行われています。そのような抽象化をしてもプログラムが実行できるのは、トレイト境界によって、その型が「面積を計算する」という動作に関連したメソッドが実装された型であるということが保証されているからです。

トレイトによる動作の追加実装と型の分類

長方形、直角三角形に加え、線分を表すLineという型を定義します。また、「長さを計算する」という動作に対応するCalcLengthトレイトを定義し、それぞれの型でcalc_length()を実装します。

なお、Line型は面積が計算できないのでcalc_area()の実装はしておらず、Line型はCalcAreaトレイトを満たしていません。

次のコードでは関数area()と同じようにlength()を定義しており、引数の型に対してCalcLengthのトレイト境界を課しています。

リスト5.9　CalcLengthトレイトの実装とトレイト境界への利用

```
trait CalcLength {
    fn calc_length(&self)->f64;
}

struct Line{  //  線分
    length: f64 // 長さ
}

impl CalcLength for Line {
    fn calc_length(&self)->f64{
        self.length
    }
}

impl CalcLength for Rectangle {
    fn calc_length(&self)->f64{
        (self.width + self.height) * 2.0
    }
}

impl CalcLength for RightTriangle {
    fn calc_length(&self)->f64{
        self.width + self.height + (self.width.powi(2) + self.height.powi(2)).sqrt()
    }
}

```

```
fn length<T: CalcLength>(x: &T)->f64{
    x.calc_length()
}
```

このように、新しい動作に対応するトレイトを導入してそれに対する実装をするときに、既存の部分を修正せずに単なる追加で対応できます。

これらのコードを用いるmain関数を次のように作成して、実行してみます。

リスト5.10 リスト5.6、リスト5.7、リスト5.9のmain関数

```
61 fn main() {
62     let rect = Rectangle{width: 1.0, height:2.0};
63     println!("rect area={}", area(&rect));
64     println!("rect length={}", length(&rect));
65
66     let tria = RightTriangle{width: 1.0, height:2.0};
67     println!("tria area={}", area(&tria));
68     println!("tria length={}", length(&tria));
69
70     let line = Line{length: 5.0};
71     println!("line length={}", length(&line));
72     // println!("line area={}", area(&line));
73 }
```

このコードは正常にコンパイルできて実行できますが、72行目のコメントアウトを外すとコンパイルエラーになります。

```
error[E0277]: the trait bound `Line: CalcArea` is not satisfied
  --> src/main.rs:72:35
   |
27 | fn area<T: CalcArea>(x: &T)->f64{
   |            -------- required by this bound in `area`
...
72 |     println!("line area={}", area(&line));
   |                                   ^^^^^ the trait `CalcArea` is not implemented for
`Line`
```

Line型にはCalcAreaトレイトで列挙されているメソッドが実装されていないのに、area()の引数として渡されている、という内容のエラーで、まさにそのとおりになって

います。

ここで登場した型Rectangle、RightTriangle、LineとトレイトCalcArea、CalcLengthの関係は次の表のとおりになります。○は型がトレイトを満たしていることを示します。

表5.1

	CalcArea	CalcLength
Rectangle	○	○
RightTriangle	○	○
Line	×	○

この表から、Rectangle型とRightTriangle型は「CalcAreaトレイトを実装している型」として、同様に、Rectangle型、RightTriangle型、Line型は「CalcLengthトレイトを実装している型」として、グループ化できることがわかります。そして、個別の型ではなく「トレイトを実装している型」というグループ単位で関数の引数の型に指定することで、複数の型で利用できる関数やメソッドを作ることができます。まさに、具体的な型を指定せずに抽象化しています。

メソッドのデフォルト実装

リスト5.5ではトレイトで実装すべきメソッドのシグネチャだけをトレイトの定義の中に記述しましたが、ここに実装を含めて書くこともできます。トレイトの定義の中でメソッドの実装も記述した場合はそれがデフォルトの実装とされます。もしも個々の型に対するトレイトのメソッド実装の際にそのメソッドの実装が書かれていなければ、そのデフォルトの内容で実装されていることとされます。メソッドの定義が書かれている場合は、デフォルトの実装が上書きされます。

トレイトのデフォルト実装や、それを上書きした例が次のコードです。

```
trait PrintHello {
    fn print_hello(&self) {  // シグネチャだけでなく実装も記述
        println!("Hello!!");
    }
}

struct Test1;
```

```
8  struct Test2;
9  
10 impl PrintHello for Test1{} // print_helloもデフォルトの内容で実装
11 
12 impl PrintHello for Test2{
13     fn print_hello(&self){ // デフォルトの実装を上書き
14         println!("Hello, world")
15     }
16 }
17 
18 fn main(){
19     let test1 = Test1;
20     test1.print_hello(); // "Hello!"
21 
22     let test2 = Test2;
23     test2.print_hello(); // "Hello, world"
24 }
```


2行目からのトレイトのメソッドの宣言では、実装の定義も併せて記述しており、これがデフォルトのprint_hello()の実装になります。

10行目でTest1型に対するPrintHelloトレイトの実装を定義していますが、print_hello()というメソッドについての定義がここにないので、2～4行目のprint_hello()の実装がされているものとみなされます。実際に20行目でprint_hello()を使っており、コメントに書いた実行結果から、2～4行目で定義したprint_hello()が実行されているのがわかります。

12行目からのTest2型に対するPrintHelloトレイトの実装では、print_hello()の実装を定義しており、デフォルトの実装を上書きしています。そのため、23行目で実行したprint_hello()では、この上書きしたprint_hello()が実行されています。

ある型がトレイトを満たすためには、トレイトで宣言されたすべてのメソッドがその型に実装される必要がありますが、デフォルトの実装があるメソッドはすでに実装済みになります。デフォルトの実装がなく、新しく実装した型がトレイトを満たすために必ず実装しなければいけないメソッドのことを、トレイトのドキュメントでは"Required methods"（実装が要求されるメソッド）と呼んでいます。その実装は、多くの場合、トレイトを実装しようとする型に依存します。

一方、デフォルトの実装があるメソッドは、"Provided methods"（提供されているメソッド）と呼ばれていて、たいていは型に依存せずに使える機能が実装されています。ですので、個々の型の実装の中でデフォルトの実装を上書きで定義する必要がある場面はほとんどなく、そのまま使うことができます。ただし、型の性質を活かしてもっと効率の良い実装ができる場合は、上書きの実装がされることがあります。

C++の型テンプレートとの比較

型パラメータを用いるRustの手法はC++の型テンプレートに似ていると思われた方もおられるかもしれません。C++で型テンプレートを使うと、たとえば次のようなコードを書くことができます。

```
#include <iostream>
using namespace std;

template <typename T>
T myadd(T a, T b){
    return a + b;
}

int main(){
    cout << myadd(1, 2) << endl; // 3
    cout << myadd("abc", "def") << endl; // エラー
}
```

一般的な型Tの間で加算をする関数Tを定義し、整数と文字列に対して使っています。このコードはc++でのコンパイルに失敗し、次のエラーメッセージが出ます。

```
main.cpp:6:14: error: invalid operands to binary expression ('const char *' and 'const char
*')
    return a + b;
           ~ ^ ~
main.cpp:11:13: note: in instantiation of function template specialization 'add<const char
*>' requested here
    cout << myadd("abc", "def") << endl;
            ^
1 error generated.
```

このメッセージは「const char *型の値の間の+演算子は不適当」と言っています。"abc"と"def"の+による演算ができない、というわけです。

同様のコードをRustでナイーブに書くと、次のようになるでしょう。

```
fn myadd<T>(a: T, b: T) -> T {
    a + b
}

fn main() {
    println!("{}", myadd(1, 2));
    println!("{}", myadd("abc", "def"));
}
```


このコードをコンパイルすると次のようなエラーになります。

```
error[E0369]: cannot add `T` to `T`
 --> src/main.rs:2:7
  |
2 |     a + b
  |     - ^ - T
  |     |
  |     T
  |
help: consider restricting type parameter `T`
  |
1 | fn myadd<T: std::ops::Add<Output = T>>(a: T, b: T) -> T {
  |           ^^^^^^^^^^^^^^^^^^^^^^^^^^^
```

C++の場合と異なるのは、関数の呼び出しではなく、関数の定義でエラーになっていることです。そして、エラーメッセージの中で「T型で+の演算をするためにはstd::ops::Add<Output = T>トレイトが実装されていることが必要」ということを示しています[注1]。つまり、このトレイトをTのトレイト境界に加えなければなりません。このように、Rustではエラーメッセージの中で修正方法の提案までしてくれるのがたいへん便利です。

これをふまえ、関数myadd()を次のように修正します。

注1 Add<Output=T>のOutputは関連型と呼ばれるもので、**5.5節**で取り上げます。

```
fn myadd<T: std::ops::Add<Output = T>>(a: T, b: T) -> T {
    a + b
}
```

この修正のうえでコンパイルをすると、今度は次のようなエラーが出ます。

```
error[E0277]: cannot add `&str` to `&str`
 --> src/main.rs:7:20
  |
1 | fn myadd<T: std::ops::Add<Output = T>>(a: T, b: T) -> T {
  |             ------------------------- required by this bound in `myadd`
...
7 |     println!("{}", myadd("abc", "def"));
  |                    ^^^^^ no implementation for `&str + &str`
  |
  = help: the trait `Add` is not implemented for `&str`
```

今度はC++と同様、myadd()を&str型に対して使うところでエラーになっており、「&strにはAddトレイトが実装されていない」ためのエラーになっています。つまり、&str型に対して「加算」の動作が実装されていない、ということです。

C++の型テンプレートとRustの型パラメータを比べてみると、C++では一般の型Tに対する制約をかけることができないので、その関数を呼び出すところでエラーになってしまいます。関数のシグネチャからだけでは「myadd()は文字列に対しては使えない」ということはわからないので、その関数に関する情報が別途必要になります。一方、Rustの場合は、一般の型Tに対して「Tが指定のトレイトを実装していること」というトレイト境界を課すことで使える型について制約を加えることができます。そして、その情報は関数シグネチャに現れるので、その関数を使おうとするプログラマーは、T型がどのような型であるべきかを関数シグネチャから把握できます。

5.4　既存のトレイトの新しい型への実装

Rustには非常に多くのトレイトが作られており、自分で定義した新しい型にそのトレイトを実装することにより、既存の型で実現していた動作を新しい型に対しても実現させることができます。

以下では、2次元空間（平面座標）上の点を表す構造体Point2dを定義し、その新しい型に対して「加算」「大小比較」という動作を実装してみます。

まずはPoint2d型を次のように定義します。

```
struct Point2d {
    x: f64,
    y: f64,
}
```

このPoint2d型に対し、加算と大小関係を次のように定義することにします。

加算　$a_1 = (x_1, y_1), a_2 = (x_2, y_2)$とするとき、$a_1$と$a_2$の加算$a_1 + a_2$を、

$$a_1 + a_2 = (x_1 + x_2, y_1 + y_2)$$

と定義する

大小関係　a_1とa_2の大小関係を、それぞれの原点からの距離の大小関係、すなわち、

$$d_1 = {x_1}^2 + {y_1}^2$$

と

$$d_2 = {x_2}^2 + {y_2}^2$$

の大小関係と定義する

各種整数型や浮動小数点型は、「加算」という動作に対応するAddというトレイトを実装しています。`a + b`という演算は、`a.add(b)`を`+`演算子を使って表示したものです。

このトレイトがどんなメソッドの実装を要求するのか、どんな関連型を指定する必要があるかについては、Rustの公式ドキュメントのAddの解説を見ましょう。Addトレイトの解説ページ[注2]冒頭の画面キャプチャが**図5.1**です。

注2　https://doc.rust-lang.org/stable/std/ops/trait.Add.html

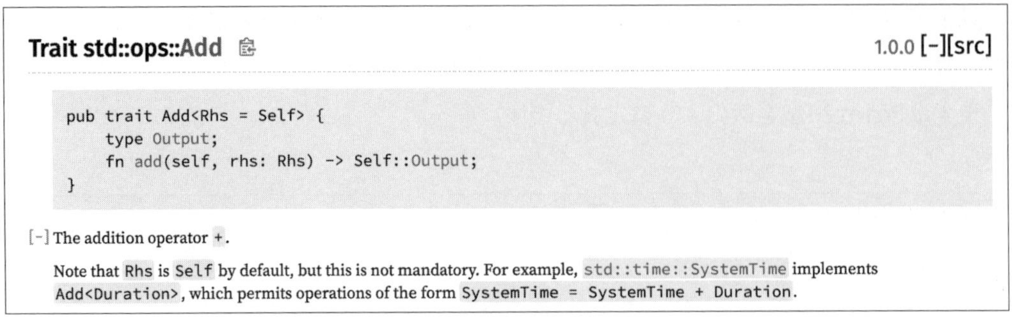

Trait std::ops::Add 1.0.0 [-][src]

```
pub trait Add<Rhs = Self> {
    type Output;
    fn add(self, rhs: Rhs) -> Self::Output;
}
```

[-] The addition operator `+`.

Note that `Rhs` is `Self` by default, but this is not mandatory. For example, `std::time::SystemTime` implements `Add<Duration>`, which permits operations of the form `SystemTime = SystemTime + Duration`.

図5.1　Addトレイトの解説ページ冒頭の画面

この情報から、Addトレイトについて以下のことがわかります。

- Outputという関連型（**5.5節**を参照）を持つこと
- add()というメソッドを実装する必要があること

Point2d型に対しても、これを満たすようにAddトレイトを実装すれば良いことになります。

次に大小比較ですが、EqおよびOrd、またはPartialEqおよびPartialOrdというトレイトを実装した型は、自分の型の値同士で大小比較が可能になります。EqまたはPartialEqは、「自分がほかの同じ型の値と等しいかどうかを判定する」という動作に対応するトレイト、OrdまたはPartialOrdは、「自分がほかの同じ型の値よりも大きいか、小さいか、等しいかを判定する」という動作に対応するトレイトです。

また、EqおよびOrdは比較が必ずできる（失敗しない）型に対して、PartialEqおよびPartialOrdは比較ができない場合がある型に対して実装します。i32型などの整数型には、前者の"Partial"なしのトレイトが実装されているのに対し、f64、f32などの浮動小数点型には後者の"Partial"付きのトレイトが実装されています。浮動小数点型の場合にはNaN（Not A Number）との比較ができないため、"Partial"付きになっています。

Point2d型はf64型を成分にしており、大小比較はf64型の比較に帰着することから、Point2d型には"Partial"付きのPartialEqおよびPartialOrdを実装することにします。

公式ドキュメントのPartialEqトレイトの解説ページ[注3]冒頭の画面キャプチャが**図5.2**

注3　https://doc.rust-lang.org/stable/std/cmp/trait.PartialEq.html

です。

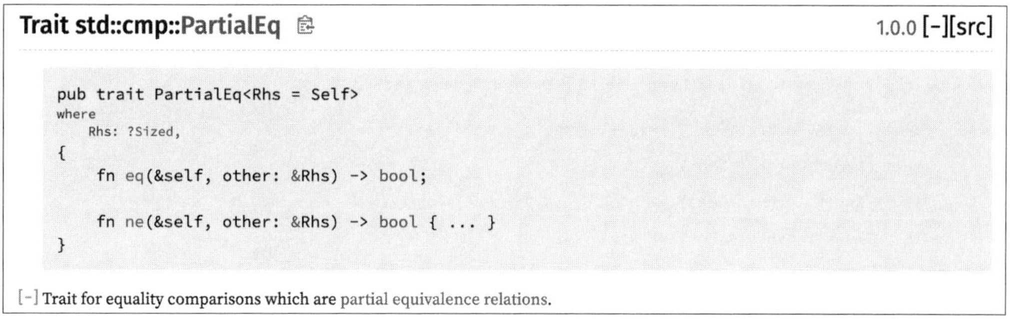
Trait std::cmp::PartialEq 1.0.0 [-][src]

```
pub trait PartialEq<Rhs = Self>
where
    Rhs: ?Sized,
{
    fn eq(&self, other: &Rhs) -> bool;

    fn ne(&self, other: &Rhs) -> bool { ... }
}
```

[-] Trait for equality comparisons which are partial equivalence relations.

図5.2 PartialEqトレイトの解説ページ冒頭の画面

これを見ると、selfとotherが等しいか否かを判定し、論理型で返却するeq()というメソッドの実装が要求されています。

また、メソッドne()の実装も要求されていますが、シグネチャのあとに{ ... }と書かれており、これはデフォルト実装が存在することを示しています。eq()の実装ができれば、その否定を返却するようにne()メソッドは作ることができます。実際にデフォルトの実装はそのようになっています。

ですので、eq()というメソッドをPoint2d型に対して実装すれば、Point2d型はPartialEqトレイトを実装していることになります。

eq()メソッドの実装にあたっては、2つのPoint2d型の値に対し、原点からの距離（f64型）をそれぞれ計算すれば、PatialEqトレイトを実装しているf64型のeq()メソッドを使い、2つの原点からの距離が等しいか否かの結果を得ることができます。

次にPartialOrdトレイトです。同様に公式ドキュメントのPartialOrdトレイトの解説ページ[注4]冒頭の画面キャプチャ（**図5.3**）を見ます。

注4 https://doc.rust-lang.org/stable/std/cmp/trait.PartialOrd.html

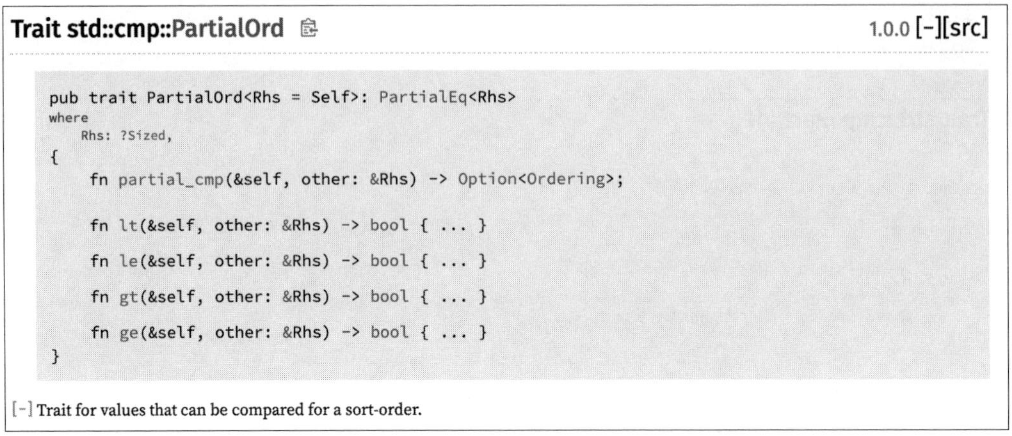

Trait std::cmp::PartialOrd 1.0.0 [-][src]

```
pub trait PartialOrd<Rhs = Self>: PartialEq<Rhs>
where
    Rhs: ?Sized,
{
    fn partial_cmp(&self, other: &Rhs) -> Option<Ordering>;

    fn lt(&self, other: &Rhs) -> bool { ... }

    fn le(&self, other: &Rhs) -> bool { ... }

    fn gt(&self, other: &Rhs) -> bool { ... }

    fn ge(&self, other: &Rhs) -> bool { ... }
}
```

[-] Trait for values that can be compared for a sort-order.

図5.3　PartialOrdトレイトの解説ページ冒頭の画面

メソッドを見る前に、**図5.3**の最初の行を見ます。

```
pub trait PartialOrd<Rhs = Self>: PartialEq<Rhs>
```

PartialOrdの定義に、**:**で区切ったあとにPartialEqが出てきています。このPartialOrdとPartialEqの関係を「PartialOrdはPartialEqのサブトレイトである」と言ったり、「PartialEqはPartialOrdのスーパートレイトである」と言ったりします。型がトレイトを満たすようにするメソッドを実装する立場からは、「ある型がPartialOrdトレイトを満たすためには、そのスーパートレイトであるPartialEqも満たす必要がある」ということを意味しています。既存のトレイトを利用する立場からは「PartialOrdトレイトが実装されている型は、そのスーパートレイトであるPartialEqトレイトも実装している。ある型のトレイト境界にPartialOrdを入れれば、その型がPartialOrdに加えてPartialEqも実装している」ということを意味します。

それゆえ、PartialOrdトレイトを満たすようにするために、PartialEqを実装する必要があったのです。

そのうえで、PartialOrdトレイトを満たすために自ら実装すべきメソッドはpartial_cmp()のみです。解説ページにあるそのほかのメソッドはデフォルト実装があるので、自らの実装は不要です。

partial_cmp()は、比較対象と同じ型である値のリファレンスを引数に取り、

Option<Ordering>を返却するメソッドになっています。Orderingは列挙型で、すでに**4.7節**で取り上げたとおり、Less（より小さい）、Equal（等しい）、Greater（より大きい）のいずれかの値をとる型です。eq()同様に、f64型はPartialOrdトレイトを実装しており、メソッドpartial_cmp()が使えますので、それぞれの原点からの距離を計算して、f64型である原点からの距離に対してpartial_cmp()を実行し、返却値としてOption<Ordering>型の値を得ることができます。

これらをふまえ、Point2d型を定義したうえで、その型にAdd、PartialEq、PartialOrdの各トレイトを実装したコードが**リスト5.11**です。

リスト5.11 Point2d型を定義し、その型に「加算」と「大小比較」の動作に対応するトレイトを実装した例

```
use std::cmp::Ordering;
use std::cmp::PartialEq;
use std::ops::Add;

#[derive(Debug, Clone, Copy)]
// 2次元空間上の点を表す構造体
struct Point2d {
    x: f64,
    y: f64,
}

impl Point2d {
    fn distance_sq(&self) -> f64 { // 原点からの距離の2乗を計算
        self.x.powi(2) + self.y.powi(2)
    }
}

impl Add for Point2d {
    type Output = Self;

    fn add(self, rhs: Self) -> <Self as Add>::Output {
        // 成分ごとに加えて、新しいインスタンスを返す
        Self {
            x: self.x + rhs.x,
            y: self.y + rhs.y,
        }
    }
}

impl PartialEq for Point2d {
    fn eq(&self, other: &Self) -> bool {
```

```rust
        // distance_eqの大小を、Point2dの大小とする
        let dist_self_sq = self.distance_sq();
        let dist_other_sq = other.distance_sq();
        dist_self_sq.eq(&dist_other_sq)
    }
}

impl PartialOrd for Point2d {
    fn partial_cmp(&self, other: &Self) -> Option<Ordering> {
        // distance_eqの大小を、Point2dの大小とする
        let dist_self_sq = self.distance_sq();
        let dist_other_sq = other.distance_sq();

        // f64型に帰着すれば、既存のf64に対するpartial_cmpが使える
        dist_self_sq.partial_cmp(&dist_other_sq)
    }
}

fn main() {
    let x = Point2d { x: 3.0, y: 4.0 };
    let y = Point2d { x: 6.0, y: 8.0 };
    let z = Point2d { x: 4.0, y: 3.0 };

    // Point2dに対しても+が使える
    println!("x + y  : {:?}", x + y);

    // Point2dに対しても<、=、>で大小比較ができる
    println!("x > y? : {}", x > y);

    // 成分が異なっても原点からの距離が等しければ、等しいとみなされる
    println!("x == z? : {}", x == z);
}
```

実行結果は、次のようになります。

```
x + y  : Point2d { x: 9.0, y: 12.0 }
x > y? : false
x == z? : true
```

このように、「加算」や「大小比較」という動作に対応するトレイトをPoint2d型という自分で定義した型に実装することで、Point2d型の値に対しても整数や浮動小数点の値と同じように加算や大小比較ができるようになりました。

5.5 トレイトの関連型

トレイトの関連型の必要性

トレイトの定義においても、型パラメータをジェネリックパラメータとすることができます。ただし、型パラメータをジェネリックパラメータとするとき、トレイトを実装する型とトレイトの定義に含まれる型パラメータの依存性を定義できないことに注意が必要です。

たとえば、整数の絶対値を計算するIAbsトレイトを定義し、そのメソッドiabs()は符号付き整数を入力として同じサイズの符号なし整数を返却するものとします。そして、そのトレイトを既存のi32型などに実装することにします。ここで「符号付き整数」と「符号なし整数」の2つの型が現れ、「同じサイズ」ということから「符号付き整数」の型が決まれば「符号なし整数」の型は一意に決まります。たとえば、「符号付き整数」がi32型の場合には、「符号なし整数」はu32型になります。

この機能を2つの型パラメータを使って、次のように実装することは可能ではあります。

```
trait IAbs<T, S>{
    fn iabs(self) -> S;
}

impl IAbs<i32, u32> for i32 {
    fn iabs(self)-> u32{
        if self >= 0 {
            self as u32
        } else {
            -self as u32
        }
    }

}

fn main(){
    println!("{}", 1.iabs());
    println!("{}", (-1).iabs());
}
```

しかし、本体の型Tから従属的に決まる型Sをジェネリックパラメータで指定するのは不自然です。たとえば、Tがi32のときに、Sをf64にするような意図しない実装を禁止できません。

　このように、独立な型パラメータと従属する型パラメータをトレイトに組み込むには、関連型（associated type）を用います。

　関連型を使って次のコードのように、i32型に対するIAbsトレイトの実装ができます。

```
1  trait IAbs{
2      type Output;
3      fn iabs(self)-><Self as IAbs>::Output;
4  }
5
6  impl IAbs for i32{
7      type Output = u32;
8      fn iabs(self)-><Self as IAbs>::Output{
9          if self >= 0 {
10             self as <Self as IAbs>::Output
11         } else {
12             (-self) as <Self as IAbs>::Output
13         }
14     }
15 }
```

　なお、xの絶対値$|x|$は、

$$|x| = \begin{cases} x\ (x \geqq 0) \\ -x\ (x < 0) \end{cases}$$

で定義されるものであり、この定義に基づいた実装をしています。

　返却値（出力）の型は、本体の型に従属して決まるので、それを関連型Outputとして設定することを、typeのキーワードを付けてトレイトの定義に入れています（2行目）。

　i32型に対するIAbsのメソッドの実装では、type Output = u32として関連型を設定しています（7行目）。関連型があるトレイトは、関連型を指定することでトレイトが定まるので、トレイトを表記する際には関連型も併せて示す必要があります。関連型Outputがu32型であるIAbsトレイトは、IAbs<Output=u32>と表記し、トレイト境界などで用います。

関連型は<Self as IAbs>::Outputのように、

<型 as トレイト>::関連型

という書式で参照でき、これはトレイトを実装した型の関連型を表します。<Self as IAbs>::Outputは、自分自身の型Selfに実装されているIAbsトレイトの関連型Outputを指しています。

トレイトのデフォルト実装の活用

さて、IAbsトレイトをほかの整数型であるi8、i16、i64型に実装するときには、i32型に対して作成した実装をそれぞれについて作ることになります。関連型Outputが異なるだけで、どの型もほぼ同じ見た目のコードを複数回繰り返して書くことになります。

Rustではマクロを使ってこのような繰り返しの実装に対応できますが、ここでは、トレイトのデフォルト実装をして、それを使う型にしましょう。

コードの見た目がどの型でも同じだからと言って、i32型のiabs()の実装を、そのままトレイトのiabs()のデフォルト実装にしてもコンパイルはできません。コンパイルできるように修正したものが次のものになります。

```
use std::ops::Neg;
use std::convert::TryFrom;
use std::convert::TryInto;
use std::fmt::Debug;

trait IAbs {
    type Output;
    fn iabs(self) -> <Self as IAbs>::Output
    where
        Self: Sized + PartialOrd + Neg + From<i8> + TryInto<<Self as IAbs>::Output>,
        <Self as IAbs>::Output: TryFrom<<Self as Neg>::Output>,
        <Self as TryInto<<Self as IAbs>::Output>>::Error: Debug,
        <<Self as IAbs>::Output as TryFrom<<Self as Neg>::Output>>::Error: Debug
    {
        if self >= (0_i8).into() {
            self.try_into().unwrap()
        } else {
            (-self).try_into().unwrap()
```

```
19         }
20     }
21 }
22 
23 impl IAbs for i32 {
24     type Output = u32;
25 }
26 
27 impl IAbs for i8 {
28     type Output = u8;
29 }
30 
31 impl IAbs for i16 {
32     type Output = u16;
33 }
34 
35 impl IAbs for i64 {
36     type Output = u64;
37 }
38 
39 fn main() {
40     println!("{:?}", (-2_i32).iabs());
41     println!("{:?}", (5_i8).iabs());
42     println!("{:?}", (-6_i16).iabs());
43 }
```

各整数型への実装は、関連型Outputをそれぞれ設定するだけですので、非常にシンプルになっています。一方、デフォルトのiabs()メソッドには、トレイト境界をたくさん付ける必要があり、一見複雑です。iabs()のデフォルト実装を読み解いてみましょう。

これまでも説明したように、関数の引数など、スタック領域に配置される値はコンパイル時にサイズが決まっている必要があります。10行目のSizedトレイトは「値のサイズが決まっている」ことに対応するもので、関数の引数になる型はSizedトレイトを実装している必要があります[注5]。ですので、そのメソッドを実装している型（Self型）は、Sizedをトレイト境界に持つ必要があります。

次に、絶対値を計算するために、0との大小比較をする必要があります。大小比較という動作に対応するトレイトがPartialOrdであることは**5.4節**で取り上げました。そのため、PartialOrdをSelfのトレイト境界に加える必要があります。

注5　一部の例外（トレイトオブジェクト（5.7節参照）など）を除き、Sizedトレイトは暗黙に実装されます。ユーザーが定義する構造体なども、フィールドの型がSizedトレイトをすべて実装していれば、自動的にSizedトレイトが実装されます。

また、大小比較をする際に、比較対象の2つの型を合わせておく必要があります。比較対象の1つである「0」を、本体の型に合わせるために(0_i8).into()とし、i8型の「0」をSelf型(そのメソッドを実装していた型)の「0」に変換しています(15行目)。このときに、Self型をi8型から変換するinto()メソッドが使えるように、i8型からの変換という動作に対応するFrom<i8>トレイトをSelfのトレイト境界に加える必要があります。

i8型から、i8型よりも表現ビット数が大きいi16型、i32型、i64型には情報損失なく変換が可能ですので、i16型、i32型、i64型にはFrom<i8>トレイトが実装されていて、このトレイト境界を満たします。

15行目では自ら(self)と0との大小比較によって分岐しますが、0以上の場合(16行目)には、<Self as IAbs>::Output型、すなわちIAbsトレイトに実装されている関連型Output型に自らを変換する必要があります。自らをほかの型Tに変換する動作に対応するトレイトがInto<T>やTryInto<T>です。変換の失敗がない場合にはInto<T>が、失敗する可能性がある場合にはTryInto<T>が実装されていますが、整数型から異なる整数型への変換で実装されているトレイトはTryInto<T>です。ですので、Self型のトレイト境界にTryInto<<Self as IAbs>::Output>を加えています。

自らが0未満の場合(18行目)には「負の数にする」という動作に対応するNegトレイトに実装されたメソッドによって、(−1)倍した値が作られます。そのため、Self型はNegトレイトを実装している必要があります。

さらに、Negトレイトに実装されたメソッドよって、(−1)倍した-selfの型は、<Self as Neg>::Output型になります。この型から、メソッドの返却値である<Self as IAbs>::Outputに変換する必要があります。すなわち、<Self as IAbs>::Output型は、<Self as Neg>::Output型から作るという動作ができる必要があります。この動作に対応するトレイトがTryFrom<<Self as Neg>::Output>であり、<Self as IAbs>::Output型のトレイト境界にTryFrom<<Self as Neg>::Output>を加えています。

<Self as Neg>::Outputのように、Self型が実装しているNagトレイトの関連型Outputを参照していることに注意しましょう。これは、IAbsトレイトで宣言した関連型Outputとは別物です。

メソッドtry_into()の返却値はResult型ですので、Ok()の場合の値を取り出すためにunwrap()を使っています(16、18行目)。unwrap()が正しく動作するためには、Result<T, E>型のE型にはDebugトレイトが実装されている必要があります。selfが0

以上の場合と0未満の場合で、Result型のエラーの場合の型が異なるので、それぞれについて、Debugトレイトを実装しているというトレイト境界を課しています。

これらが10～13行目で指定しているトレイト境界が必要であることの背景となります。トレイト境界をたくさん付けているところは「難しいなぁ」と思ったかもしれませんが、心配無用です。筆者も一発でこのコードを書いたわけではありません。VS Codeにインラインで出力されるエラー情報、コンパイルをしたときのエラー情報、公式ページのそれぞれの型やトレイトの情報を見ながら、必要なトレイト境界を追加し、このコードを作りました。

たとえば、whereによるトレイト境界を付けずにコンパイルすると、次のようなエラーメッセージが出ます。

```
error[E0277]: the size for values of type `Self` cannot be known at compilation time
 --> src/main.rs:8:13
  |
8 |     fn iabs(self) -> <Self as IAbs>::Output
  |             ^^^^ doesn't have a size known at compile-time
  |
help: consider further restricting `Self`
  |
8 |     fn iabs(self) -> <Self as IAbs>::Output where Self: Sized
  |                                             ^^^^^^^^^^^^^^^^^
help: function arguments must have a statically known size, borrowed types always have a
known size
  |
8 |     fn iabs(&self) -> <Self as IAbs>::Output
  |             ^

error[E0369]: binary operation `>=` cannot be applied to type `Self`
  --> src/main.rs:15:17
   |
6  | / trait IAbs {
7  | |     type Output;
8  | |     fn iabs(self) -> <Self as IAbs>::Output
9  | |     //where
...  |
15 | |         if self >= (0_i8).into() {
   | |            ---- ^^ ------------- _
   | |            |
   | |            Self
...  |
```

```
20 | |     }
21 | | }
   | |_- `Self` might need a bound for `std::cmp::PartialOrd`

error[E0600]: cannot apply unary operator `-` to type `Self`
  --> src/main.rs:18:13
   |
18 |             (-self).try_into().unwrap()
   |             ^^^^^^^ cannot apply unary operator `-`

error[E0277]: the trait bound `<Self as IAbs>::Output: From<&Self>` is not satisfied
  --> src/main.rs:16:18
   |
16 |             self.try_into().unwrap()
   |                  ^^^^^^^^ the trait `From<&Self>` is not implemented for `<Self as
IAbs>::Output`
   |
   = note: required because of the requirements on the impl of `Into<<Self as
IAbs>::Output>` for `&Self`
   = note: required because of the requirements on the impl of `TryFrom<&Self>` for `<Self
as IAbs>::Output`
   = note: required because of the requirements on the impl of `TryInto<<Self as
IAbs>::Output>` for `&Self`
help: consider further restricting the associated type
   |
8  |     fn iabs(self) -> <Self as IAbs>::Output where <Self as IAbs>::Output: From<&Self>
   |                                             ^^^^^^^^^^^^^^^^^^^^^^^^^^^^^^^^^^^^^^^^^
```

これを見ると、必要なトレイト境界はほぼわかります。すでに、デフォルト実装にする前に`i32`型に対しては実装できて動作していたので、ターゲットにする整数型にはこれらのトレイトが実装されている、ということは推測できますし、ドキュメントを確認すると、各種整数型にはこれらのトレイトが実装されているのが確認できます。これらの情報をもとにトレイト境界を追加していけば良いわけです。

一発でコンパイルエラーがないコードを書こうと思わず、コンパイラのエラー情報の助けを借りながらコードを書き進めることがRustのコードが書けるようになるコツです。

5.6 クラスによる抽象化との比較

オブジェクト指向言語と呼ばれるC++、Python、Javaなどでは、クラスとその継承によって抽象化が行われます。クラスというのは、データとメソッドからなる「オブジェクト」のインスタンスを作るための「型紙」でした。オブジェクトはそのメソッドで定義された動作を行う主体であり、人やモノに対応するのが一般的です。そして、そのクラスを継承して新しいクラスを作り、継承したクラスと継承元のクラスは「同じグループに属する型」として抽象化できます。

継承を使ったC++のコード例

たとえば、次のようなC++のコードを考えてみます。

```
#include <iostream>
using namespace std;

class Speaker {
    public:
        virtual void say_hello() = 0;
        virtual void say_thankyou() = 0;
};

class EnglishPerson : public Speaker {
    public:
        void say_hello(){
            cout << "Hello" << endl;
            return;
        }

        void say_thankyou(){
            cout << "Thank you" << endl;
            return;
        }
};

class SpanishPerson : public Speaker {
    public:
        void say_hello(){
            cout << "Hola" << endl;
            return;
        }
```

```
29         void say_thankyou(){
30             cout << "Gracias" << endl;
31             return;
32         }
33 };
34 
35 void say_hello_general(Speaker *speaker){
36     speaker->say_hello();
37 }
38 
39 void say_thankyou_general(Speaker *speaker){
40     speaker->say_thankyou();
41 }
42 
43 int main(){
44     EnglishPerson *en = new EnglishPerson();
45     SpanishPerson *sp = new SpanishPerson();
46 
47     say_hello_general(en);
48     say_hello_general(sp);
49 
50     say_thankyou_general(en);
51     say_thankyou_general(sp);
52 
53     return 0;
54 }
```


このコードでは、「話す人」に対応するSpeakerという純粋仮想関数だけからなる抽象クラスを定義し、話す人の動作としてsay_hello()（「こんにちは」を言う）とsay_thankyou()（「ありがとう」を言う）というメソッドを定義しています（4〜8行目）。

「仮想関数」とは継承したクラスで実装を上書き（オーバーライド）できる関数のことで、「純粋仮想関数」とは継承元のクラスでは実装がされておらず、継承したクラスで必ず実装することが必要な仮想関数です。メソッドが純粋仮想関数のみからなるクラスが「抽象クラス」で、抽象クラスではそのクラスにはどのような動作があるかを列挙し、その動作の実装は継承したクラスで行います。

Speakerは抽象クラスであり、これを継承したクラスは、say_hello()、say_thankyou()という動作を持つ（ただし実装は知らない）、ということを示していることになります。

「英語の人」に対応するEnglishPersonと、「スペイン語の人」に対応する

SpanishPersonはSpeakerを継承していて、それぞれの具体的な実装（英語、スペイン語それぞれの「こんにちは」「ありがとう」を表示する）を加えています（10～21行目、23～33行目）。

関数say_hello_general()（35～37行目）やsay_thankyou_general()（39～41行目）は、Speakerのポインタを引数にしており、Speakerを継承しているクラスのインスタンスを引数に指定できます。そのため、EnglishPersonやSpanishPersonのポインタを引数とすることができ、それぞれのクラスのメソッドを呼び出すことができます（47～48行目、50～51行目）。

このコードをコンパイルして実行すると次の出力が得られます。

```
Hello
Hola
Thank you
Gracias
```

mainでの記述どおり、英語、スペイン語それぞれの「こんにちは」「ありがとう」が順番に出力されていることがわかります。

トレイトを活用したRustでの実装

これに対応するRustのコードの一例が次のものです。

リスト5.12　C++のコードに対応するRustのコード

```
trait SayHello{
    fn say_hello(&self);
}

trait SayThankyou{
    fn say_thankyou(&self);
}

struct EnglishPerson;
struct SpanishPerson;

impl SayHello for EnglishPerson {
    fn say_hello(&self){
```

```
14         println!("Hello");
15     }
16 }
17
18 impl SayThankyou for EnglishPerson {
19     fn say_thankyou(&self){
20         println!("Thank you");
21     }
22 }
23
24 impl SayHello for SpanishPerson {
25     fn say_hello(&self){
26         println!("Hola");
27     }
28 }
29
30 impl SayThankyou for SpanishPerson {
31     fn say_thankyou(&self){
32         println!("Gracias");
33     }
34 }
35
36 fn say_hello_general<T: SayHello>(speaker: &T){
37     speaker.say_hello();
38 }
39
40 fn say_thankyou_general<T: SayThankyou>(speaker: &T){
41     speaker.say_thankyou();
42 }
43
44 fn main() {
45     let en = EnglishPerson;
46     let sp = SpanishPerson;
47
48     say_hello_general(&en);
49     say_hello_general(&sp);
50
51     say_thankyou_general(&en);
52     say_thankyou_general(&sp);
53 }
```

トレイトとは、動作を分類し、その動作に関連するメソッドの実装を「要求するメソッド」として列挙したものでした。登場する動作は「『こんにちは』を言う」「『ありがとう』を言う」の2つがあるので、それぞれに対応するSayHelloトレイト（1～3行目）とSayThankyou

トレイト（5〜7行目）を定義し、実装を要求するメソッドをそれぞれ宣言しています（2行目、6行目）。

そして、フィールドを持たない構造体（Unit-Like型）であるEnglishPerson型（9行目）、SpanishPerson型（10行目）それぞれについて、SayHelloトレイト、SayThankyouトレイトを満たすために必要なメソッドを具体的に実装しています（12〜16行目、18〜22行目、24〜28行目、30〜34行目）。

関数say_hello_general()、say_thankyou_general()は、それぞれSayHello、SayThankyouをトレイト境界とする型Tを引数とし、型に応じたsay_hello()、say_thankyou()メソッドを呼び出しています（36〜38行目、40〜42行目）。

話者の言語を追加する際には、C++であれば、Speakerを継承したクラスを追加し、say_hello()、say_thankyou()メソッドを実装します。それに対して、Rustの場合は、その話者に対応した型を追加し、その型がSayHello、SayThankyouの2つのトレイトを満たすようにメソッドを実装します。

新しい動作をC++のコードに追加する

では、あたらしい動作である「走る」を追加するにはどうすれば良いでしょうか？　そのC++によるコード例が次のものです。

```
#include <iostream>
using namespace std;

class Speaker {
    public:
        virtual void say_hello() = 0;
        virtual void say_thankyou() = 0;
};

class Runner {
    public:
        virtual void run() = 0;
};

class Person : public Speaker, public Runner {};

class EnglishPerson : public Person {
    public:
```

```
        void say_hello(){
            cout << "Hello" << endl;
            return;
        }

        void say_thankyou(){
            cout << "Thank you" << endl;
            return;
        }

        void run(){
            cout << "Run" << endl;
        }
};

class SpanishPerson : public Person {
    public:
        void say_hello(){
            cout << "Hola" << endl;
            return;
        }
        void say_thankyou(){
            cout << "Gracias" << endl;
            return;
        }
        void run(){
            cout << "Correr" << endl;
        }
};

void say_hello_general(Speaker *speaker){
    speaker->say_hello();
}

void say_thankyou_general(Speaker *speaker){
    speaker->say_thankyou();
}

void say_thankyou_and_run(Person *person){
    person->say_thankyou();
    person->run();
}

int main(){
    EnglishPerson *en = new EnglishPerson();
    SpanishPerson *sp = new SpanishPerson();
```

```
65
66     say_hello_general(en);
67     say_hello_general(sp);
68
69     say_thankyou_general(en);
70     say_thankyou_general(sp);
71
72     say_thankyou_and_run(en);
73     say_thankyou_and_run(sp);
74     return 0;
75 }
```

C++では、Runnerという新しいクラスを作り（10〜13行目）、SpeakerとともにRunnerも継承したPersonというクラスを作ります（15行目）。複数のクラスを継承する「多重継承」と呼ばれるものです。そして、EnglishPerson、SpanishPersonはPersonを継承しています（17行目、34行目）。

Personを挟まずに、EnglishPerson、SpanishPersonそれぞれがSpeakerとRunnerを多重継承すると、継承した2つのクラスのメソッド（say_hello()、say_thankyou()、run()）を呼ぶことはできます。しかし、say_thankyou_and_run()（57〜60行目）のように、関数の中でSpeaker、Runnerそれぞれで宣言されたメソッドを両方使うためには、引数の型には、SpeakerとRunnerを継承している型を指定する必要があります。そのために、SpeakerとRunnerを継承しているクラスPersonをはさみ、関数say_thankyou_and_run()はPersonのポインタを引数にしています（57行目）。

このコードは多重継承が必要になるなど、実装がかなり複雑になっています。多重継承には、いわゆる菱形継承問題などの問題が知られているため、たとえば、Javaでは多重継承をサポートしていない[注6]など、オブジェクト指向言語のどの言語でも通用する方法ではないのが難点です。多重継承を使わずに対応するためには、継承元の基底クラスを「話す人」「走る人」という形で分けるのをやめ、「人間」などのもっと大きな概念のものに設計変更する必要がありそうです。

新しい動作をRustのコードに追加する

一方、Rustの場合は非常に簡単です。新しい動作に対応するRunトレイトを定義し、

注6　その代わりに、Rustのトレイトに似た「インターフェース」をJavaではサポートしています。

Runトレイトが要求するメソッドを実装します。関数say_thankyou_and_run()は、型パラメータTのトレイト境界にSayThankyouとともにRunを加えれば良いだけです。

リスト5.12のコードに付け加えるのは次のものです。

```
trait Run {
    fn run(&self);
}

impl Run for EnglishPerson {
    fn run(&self){
        println!("Run");
    }
}

impl Run for SpanishPerson {
    fn run(&self){
        println!("Correr");
    }
}

fn say_thankyou_and_run<T: SayThankyou + Run>(person: &T){
    person.say_thankyou();
    person.run();
}
```

mainへは次のものを付け加えます。

```
    say_thankyou_and_run(&en);
    say_thankyou_and_run(&sp);
```

このように、コードの追加だけで対応でき、既存のコードを修正する必要がないので、既存の動作を意図せず変えてしまってバグが生じることを防ぐことができます。

このコードの実行結果は次のようになります。

```
Hello
Hola
Thank you
Gracias
```

```
Thank you
Run
Gracias
Correr
```

◆ ◆ ◆

これまでに見たように、Rustのトレイトは、新しい動作の追加といった拡張が既存部分に影響をほとんど与えずにできるのが大きなメリットであると筆者は感じています。

また、クラスが「モノや人」に対応しており、上の例でみたような「話す人」「走る人」という粒度で定義するのが良いか、「人間」という粒度で定義してしまうのが良いかなど、クラス定義の粒度をどの程度にすべきかを筆者はよく悩みました。しかし、Rustのトレイトは「動作」で分けており、定義の際に粒度に悩むことはあまりありません。その点でも、トレイトが便利なものであると感じています。

5.7　トレイトオブジェクト

トレイトとは、ある動作に関連するメソッドを列挙し、それらのメソッドを実装している型をグループ化するもので、ジェネリクスの型パラメータの制約であるトレイト境界に使うものであることと説明しました。トレイトそのものは「型」ではないのですが、あたかも型のように関数の返却値やベクターの要素の型指定に使おうというのが「トレイトオブジェクト」と呼ばれるものです。

実行時に決まるエラーの型

すでに、**リスト4.17**のエラーの処理のところで、トレイトオブジェクトを使いました。関数（メソッドを含む）は、引数や返却値に`T`のような型パラメータを用いて型を特定せずに定義できますが、コンパイルする際には具体的に`T`がどのような型で使われるかが確定できるのが一般的です。しかし、**リスト4.17**の例では、ある関数がエラーの内容によって、`Result<T, E>`型の`E`型として、`DivError`型や`std::io::Error`型といった違う型を返すようになっています。これらのエラーの型は、`std::error::Error`トレイトを実装しているという共通点はあるものの、実行してみないとどの型のエラーが実際に発生するかがわからないので、コンパイル時には確定できません。このようなときには、「エラーの型が共通で実装している`std::error::Error`トレイトを実装している型」という形で型の指定を行います。これがトレイトオブジェクトで、

```
&dyn std::error::Error
```

または、


```
Box<dyn std::error::Error>
```

の形で型の指定をします。dynは"dynamic"から取られたもので「動的に型が決まること」を示しているキーワードです。エラーの型が違う場合の別のコード例が次のものです。

リスト5.13 エラーの型が異なる場合にトレイトオブジェクトを用いる例

```rust
trait MyError: std::fmt::Debug{}

#[derive(Debug)]
struct MyError1;
impl MyError for MyError1{}

#[derive(Debug)]
struct MyError2;
impl MyError for MyError2{}

#[derive(Debug)]
struct MyError3;
impl MyError for MyError3{}

#[derive(Debug)]
struct MyErrorOther;
impl MyError for MyErrorOther{}

fn div4(x: i32) -> Result<(), Box<dyn MyError>>{
    let res = x % 4;
    match res {
        0 => Ok(()),
        1 => Err(Box::new(MyError1{})),
        2 => Err(Box::new(MyError2{})),
        3 => Err(Box::new(MyError3{})),
        _ => Err(Box::new(MyErrorOther{}))
```

```
27         }
28 }
29 
30 fn main() {
31     println!("{:?}", div4(0));
32     println!("{:?}", div4(1));
33     println!("{:?}", div4(2));
34     println!("{:?}", div4(3));
35 }
```

MyErrorというトレイトを宣言し(1行目)、そのトレイトを満たす型MyError1、MyError2、MyError3、MyErrorOtherを作ります(3～17行目)[注7]。

そして、関数div4()では、4で割ったときの余りが1、2、3のときにそれぞれMyError1型、MyError2型、MyError3型の値をErr()に包んで返却します(19～28行目)。

Result<T, E>のE型は、エラーの種類によってMyError1型、MyError2型、MyError3型、MyErrorOther型になり得るわけですが、これは実行されるまでどの型になるのかわかりません。

このようなときにトレイトオブジェクトを用いて「MyErrorトレイトを実装している型」として型の指定をします。トレイトオブジェクトによって指定される型は、コンパイル時には1つに確定しませんが、取り得る具体的な型の候補をコンパイル時に列挙することは可能であり、候補の型のメソッドがコンパイルされることになります。実行時にコンパイルされた複数の候補の中からどのメソッドを使うのかを検索して決定する必要があり、このようなメソッドの実行は「動的ディスパッチ」と呼ばれています。

一方、トレイトオブジェクトを使わない場合にはコンパイルのときに具体的な型が確定しており、その型に対応したメソッドがコンパイルされ、実行時に使うメソッドも確定しています。実行時にどのメソッドを使うのかを選択する必要がないメソッドの実行は「静的ディスパッチ」と呼ばれています(詳細は**5.9節**)。

異なる型を要素とするVec<T>型

4.4節ですでに説明したように、Vec<T>型の要素は1つの型に固定されている必要がありました。その点は、いろいろな型の値を要素にできるPythonのリストやJavaScriptの

注7　このように何もメソッドを宣言しないトレイトを作ることもできます。

配列とは異なっていました。Rustでもトレイトオブジェクトを使えば、（かなり強い制限はあるものの）異なる型を要素とするVec<T>型を作ることができます。

次のコードを考えます。

```
fn main() {
    let mut v = Vec::<Box<dyn std::fmt::Debug>>::new();
    v.push(Box::new(1_i32));
    v.push(Box::new(2_i32));
    v.push(Box::new(3.0_f64));
    v.push(Box::new(String::from("Hello")));

    println!("{:?}", v);
}
```


このコードでは、Box<dyn std::fmt::Debug>型、すなわちstd::fmt::Debugトレイトを実装している型というトレイトオブジェクトを要素とするベクターvを作成し、いくつかの型の値をベクターvにpush()しています。

vの要素はstd::fmt::Debugトレイトを実装しているという共通点があるので、このトレイトのメソッドが必要となるprintln!("{:?}", ...)による出力が可能です。

コンパイルして実行すると、次の出力が得られます。

```
[1, 2, 3.0, "Hello"]
```

確かに、ベクターに異なる型の要素が入っています。

ここで注意すべきことは、トレイトオブジェクトによって指定された型は、指定したトレイトを実装していることだけしかコンパイラにはわかりませんので、これらの値に対して使えるメソッドは、指定したトレイトのメソッドのみになります。

上のコードでvの最初の要素v[0]からBoxの中身を取り出した*v[0]の値は1_i32ですが、これはdyn std::fmt::Debug型の値であり、i32型の値ではないことに注意が必要です。

5.8　抽象返却値型

関数やメソッドの返却値に「トレイトを満たす型」として、実行時にエラー型が決まる場合にトレイトオブジェクトを使う例を示しました。トレイト境界を課した型パラメータでは、型パラメータに型の名前が現れ、その型が満たす条件をトレイト境界で表していましたが、トレイトオブジェクトを返却値の型に使う場合は型パラメータを使っていません。このように、型の名前を特定せずに指定している型を「匿名型」と言うことがあり、トレイトオブジェクトは匿名型の1つです。

また、関数やメソッドの返却値に指定した匿名型を「抽象返却値型」(abstract return types) と呼ぶことがあります。

型パラメータを使ったジェネリクスは、コンパイル時にその型パラメータが具体的にどの型なのかが決まり、その型に合わせた関数などがコンパイルされることをすでに説明しました。

リスト5.14　引数の型によって型パラメータが決まる

```
1 fn generic_return_type<T: std::fmt::Display>(x: T) -> T{
2     x
3 }
4
5 fn main(){
6     println!("{}", generic_return_type(1));
7     println!("{}", generic_return_type("Hello"));
8 }
```

このコードはコンパイルができ、実行すると次の出力が得られます。

```
1
Hello
```

6行目では関数`generic_return_type()`の引数に`i32`型の値が渡され、1行目のその関数の定義における型パラメータ`T`が`i32`であることが決まります。

同様に、7行目では`&str`型の値が引数に渡され、1行目のその関数の定義における型パラメータ`T`が`&str`になります。

そして、`generic_return_type::<i32>()`と`generic_return_type::<&str>()`がコンパイル時に作成され、呼び出しができるようになります。

トレイトオブジェクトによる抽象返却値型

では、次のようなコードは許容されるでしょうか？

```
fn generic_return_type<T: std::fmt::Display>() -> T {
    1
}

fn main(){
    println!("{}", generic_return_type::<i32>());
}
```

関数の定義に型パラメータを含むものの、引数にはその型パラメータは使われず、返却値のみに使われています。そして、関数の定義の中では`std::fmt::Display`トレイトを満たしている`i32`型という具体的な型の値を返す定義になっています。

このコードをコンパイルすると次のようなエラーメッセージが出てコンパイルに失敗します。

```
error[E0308]: mismatched types
 --> src/main.rs:2:5
  |
1 | fn generic_return_type<T: std::fmt::Display>() -> T {
  |                        - this type parameter      - expected `T` because of return type
2 |     1
  |     ^ expected type parameter `T`, found integer
  |
  = note: expected type parameter `T`
                       found type `{integer}`
```

"expected type parameter `T`, found integer"（返却値はT型の値を期待しているけれど、`integer`になっている）というメッセージが出ています。返却値はT型であるということを宣言したので、T型になり得る具体的な型の値ではなく、返却値はあくまでも一般のT型の値を返すように関数・メソッドを定義する必要があります。

一方、返却値の型にトレイトオブジェクトを使い、トレイトを満たす具体的な型の値をボックス化した次のコードはコンパイル可能です。

```
fn generic_return_type() -> Box<dyn std::fmt::Display> {
    Box::new(1)
}

fn main(){
    println!("{}", generic_return_type());
}
```

返却値の型にトレイトオブジェクトを指定すると、そのトレイトを満たす具体的な型の値を返却値とすることができます。

impl Traitによる抽象返却値型

トレイトオブジェクトは具体的な型がコンパイル時には決まらず実行時に決まる場合に使いますが、「あるトレイトを満たす型」という抽象型を返却値の型に指定しつつ、コンパイル時に具体的な型が1つに定まるときには、impl Trait[注8]と呼ばれる構文を使うことができます。

```
fn generic_return_type() -> impl std::fmt::Display {
    1
}

fn main(){
    println!("{}", generic_return_type());
}
```

返却値の型が`impl std::fmt::Display`となっていますが、これは、「`std::fmt::Display`トレイトを実装している匿名型」を表しており、そのトレイトを実装している型の値であれば、この関数の返却値とすることができます。返却しているのは「1」という`i32`型の値ですが、`i32`型は`std::fmt::Display`トレイトを実装しているので、この関数の返却値とすることができます。そして、コンパイル時に「`std::fmt::Display`

注8　https://rust-lang.github.io/rfcs/1522-conservative-impl-trait.html

トレイトを実装している匿名型」という返却値の型が具体的にi32型と決まります。トレイトオブジェクトのように、実行時に動的に返却値の型が決まるわけではありません。

しかし、generic_return_type()を呼び出している側から見て、あくまでも返却されているのは「std::fmt::Displayトレイトを実装している型」の値であり、i32型の値ではありません。ですので、i32型であれば可能な四則演算などを返却値に対して行うことはできません。この例では、1を返却するのであれば返却値の値をi32型にするというのが実装上自然であり、i32型が持つさまざまなメソッドを呼ぶことができるので便利ですので、このコードに実用性はなく、あくまでも「抽象返却値型」の説明のためのものです。impl Traitを実際に活用するのは**7.5節**で説明する「関数を返却する関数」です。関数には引数、返却値に無数の組み合わせがあるため、それぞれに対して型の定義はせず、関数を返却値にする場合にはそれらを具体的な型ではなく「トレイトを満たす型」として匿名型で指定します。

5

5.9　静的・動的ディスパッチとゼロコスト抽象化

トレイトオブジェクトを用いた型指定の場合には、コンパイルのときに型が決まらず、どの型のメソッドを実行するのかを実行時に検索する必要がありました。これが「動的ディスパッチ」です。動的ディスパッチでは、候補の型の「仮想関数テーブル」(vtableと呼ばれます)を検索して実行するメソッドを選択するため、その検索のためのオーバーヘッドがかかります。

C++における抽象クラスの仮想関数の実行においても、継承関係、オーバーライドの状況からどのクラスのメソッドを実行するのかを仮想関数テーブルから検索しています。すなわち、C++における抽象化の主要な役割を果たす仮想関数の実行は「動的ディスパッチ」になっています。

一方、Rustにおいては、トレイトオブジェクトを用いて型指定をする場合を除けば、コンパイル時に型がすべて決まります。型パラメータTを含むジェネリクスの場合でも、Tがどの型になり得るのかをコードから判断し、それらの具体的な型に対するものが作られることを**リスト5.14**で説明しました。

Rustのジェネリクスとトレイトによって抽象化された記述では、型は「トレイト境界を満たす型」という形で記述され、型にいくつかの候補がある状態になっていますが、コード内でのその使われ方によって「トレイト境界を満たす型」として使われる具体的な型は確定し、型が決まれば実行するべきメソッドも決まることになります。その「具体的な型の確定」をコンパイラが行い、それによって実行すべきメソッドも確定させ、実行時にメソッドの選択の必要がないようにします。つまり、動的ディスパッチにおける「実行時に実行するメソッドを選ぶ」というプロセスがなくなります。これが「静的ディスパッチ」です。

静的ディスパッチでは「実行時に実行するメソッドを選ぶ」というオーバーヘッドがかからないため、一般に動的ディスパッチよりも高速にプログラムを実行することができます。

抽象化はコードの記述量を減らしたり、コードの再利用性を高めたりするための強力な手段ですが、抽象化のトレードオフとして実行時にオーバーヘッドがかかってしまうことがあります。仮想関数テーブルの検索がオーバーヘッドになる動的ディスパッチが代表的な例です。抽象化を実行時のオーバーヘッドなしに実現することは「ゼロコスト抽象化」と呼ばれますが、Rustでは抽象化をしてもほとんどの場面で静的ディスパッチになっており、ゼロコスト抽象化を実現していると言えるでしょう。

5.10　トレイトに関するトピックス

println!

本書でもほとんどのコードで`println!`を使ってきました。`println!`の第1引数はフォーマット指定子ですが、第2引数以降は値なのかリファレンスなのかを意識せずに使ってきました。

たとえば、次のコードのように、`println!`の第2引数以降には値でもリファレンスでもどちらでも使えます。

```
fn main(){
    let x = 1;
    println!("{}", x);
    println!("{}", &x);
}
```

値でもリファレンスでもどちらでも使えるのは、println!("{}", ...)の第2引数以降の値の型が実装すべきstd::fmt::Displayトレイトの実装に、次のようなものがあるからです[注9]。

```
impl<'_, T> Display for &'_ T
where
    T: Display + ?Sized,
```


'_は「匿名ライフタイムパラメータ」と呼ばれるもので、ライフタイムパラメータを適切に推定してくれるものです。この実装は&T型に対するDisplayトレイトの実装であり、TにはDisplay + ?Sizedというトレイト境界がついています。つまり、Displayトレイトを実装している型Tのリファレンス&T型に対するDisplayトレイトの実装になっています。

メソッドはマクロによって定義されていますが、展開をすると次のようになります。

リスト5.15 &T型に対するDisplayトレイトの実装

```
1 impl<T: ?Sized + Display> Display for &T {
2     fn fmt(&self, f: &mut Formatter<'_>) -> Result<(), std::fmt::Error> {
3         Display::fmt(&**self, f)
4     }
5 }
```

fmt()の第1引数の&selfはリファレンス&Tのリファレンスであり、その型は&&T型と書かれます。&&T型の値に対して**でデリファレンスを2回行ってT型の値を取り出し、T型に対するメソッドDisplay::fmt()へリファレンスを渡しています(3行目)。T型にはT: Displayのトレイト境界が課されていたので(1行目)、T型の値**selfに対してDisplay::fmt()を呼び出すことができます。つまり、&T型に対するfmt()の適用を、デリファレンスをしたT型のfmt()の適用に帰着しており、これがprintln!の第2引数以降の型が値でもリファレンスでも動作する仕組みになります。

さらには、こんなこともできたりします。

注9　https://doc.rust-lang.org/std/fmt/trait.Display.html#impl-Display-83

```
fn main(){
    let x = 1;
    println!("{}", &&x);
}
```

このコードでは、println!の第2引数にリファレンスのリファレンスを渡しています。まず、Tを&i32型として、**リスト5.15**の実装で&&i32型のfmt()の呼び出しを、&i32の呼び出しに帰着します。さらに、Tをi32型として、&i32型のfmt()の呼び出しをi32型に帰着するという再帰が行われています。型がリファレンスでなくなれば、**リスト5.15**の実装が適用できなくなるので、再帰が停止します。

&&&&&&&xなどを渡しても**リスト5.15**の実装によって、再帰的にすべての&を外してくれます。

このような実装はDebugトレイトでも同様です。println!には背後にこのような仕組みがあるために、値かリファレンスかを意識せずにprintln!で使うことができるようになっています。

Derefトレイト

これまでも度々使ってきたデリファレンスの演算子*ですが、Derefトレイトを実装した型に対しては*の挙動を変えることができます。

Derefトレイトは次のように定義されています。

```
pub trait Deref {
    type Target: ?Sized;
    fn deref(&self) -> &Self::Target;
}
```

このDerefの定義をふまえ、次のコードを見てみましょう。

リスト5.16　Derefトレイトの利用例

```
use std::ops::Deref;

struct MyData {
    x: i32
```

```
5  }
6
7  impl Deref for MyData {
8      type Target = i32;
9      fn deref(&self) -> &Self::Target {
10         &self.x
11     }
12 }
13
14 fn deref_data(x: &i32) -> i32{
15     *x
16 }
17
18 fn main() {
19     let data = MyData{x: 1}; // MyData型
20     let data_deref1 = data.deref(); // &1: &i32型
21     let data_deref2 = *(data.deref()); // 1: i32型
22     let data_deref3 = *data; // 1: i32型
23     let data_deref4 = deref_data(&data); // 1: i32型
24
25     println!("{}", data_deref1);
26     println!("{}", data_deref2);
27     println!("{}", data_deref3);
28     println!("{}", data_deref4);
29 }
```


xというフィールドを持つ構造体でMyData型を定義し（3～5行目）、MyData型に対してDerefトレイトを実装しています。Derefトレイトのメソッドderef()はself.xのリファレンス&self.xを返却する実装になっています（7～12行目）。

main関数では、MyData型の値dataに対し、20行目でメソッドderef()を呼び出しています。dataのリファレンスをderef()に渡し、&self.xを返却するので、返却されるのは&1になります。これを*演算子でデリファレンスすれば「1」になります（21行目）。ここまではこれまでの話と同じです。

では、22行目のように、MyData型の値に*演算子を作用させたらどうなるでしょうか？実はこれは20行目と同じ意味になります。つまり、*演算子によって、Derefトレイトに実装したメソッドderef()が呼び出されるのです。

実は同様の*演算子が、**4.12節**で取り上げたBox<T>型でも使われていました。そこで説明したように、Boxによってヒープ領域に配置した値を取り出すために*を使いますが、これはリファレンスからその元の値をたどる本来のデリファレンスではなく、Derefトレイトの実装によってヒープ領域の値を取り出すようにしていたのです。

このように、Derefトレイトが実装されている型に対しては、*演算子の本来のデリファレンスの意味と動作が異なることがあります。しかし、BoxやRc（**4.13節**参照）の場合でも、リファレンスやポインタをたどって値を取り出すという意味では本来の*演算子と役割は似ており、*演算子にその役割を担わせるというのは、直感的でわかりやすいかもしれません。

デリファレンス型強制

リスト5.16の23行目を見ると、関数deref_data()を呼んでいます。この関数は&i32型を引数に取り、デリファレンスをしてi32を返却しているものです（14～16行目）。23行目は、&i32型の引数であるべきところに、&MyData型の引数が指定されています。引数の型と引き渡している値の型が違うのに、このプログラムはコンパイルができて正しく動作します（4つの1が出力されます）。

Derefトレイトが実装されている型が関数やメソッドの引数に指定された場合、メソッドderef()を使ってその関数やメソッドが要求する型の引数に変換できるのであれば、それが自動的になされる仕組みがあります。これは「デリファレンス型強制」（Deref coercion）と呼ばれているものです[注10]。この仕組みを使うことで、コードの中の&や*の数を減らせる可能性があります。

実際にBox<T>型を使った例で見てみましょう。

```
fn print_string(s: &str){
    println!("{}", s);
}

fn main() {
    let boxed = Box::new(String::from("Hello"));
    print_string(&*boxed);
    print_string(&boxed);
}
```

注10　https://doc.rust-lang.org/std/ops/trait.Deref.html#more-on-deref-coercion

このコードはコンパイルができ、実行するとHelloを2回出力します。

6行目のboxedはBox<String>型ですが、関数print_string()にBoxの中のString型の値のリファレンスを渡すときには、*演算子で取り出した値*boxedのリファレンスとなるので、7行目のように&*boxedになります。

print_string()は引数に&str型の値を要求しているのに、8行目のように&Box<T>型を指定しているのはおかしいように見えますが、Box<T>型はDerefトレイトを実装しており、メソッドderef()によって&Box<T>型から中身のT型の値を取り出し、&T型に変換できます。

このケースでは、deref()によって、&boxedという&Box<String>型から&str型[注11]に変換できます。変換ができればprint_string()の引数の型と合うようになります。つまり、&Box<String>型の&boxedを&str型の引数に指定しても、デリファレンス型強制によって&str型に変換がされ、関数の処理が正しく行われます。

7行目に比べ、8行目は*を1つ減らせることができ、簡潔になったというわけです。

5.11 トレイトに関する情報源

Rustを使う中で、ある型がどのトレイトを実装しているのか、または、あるトレイトを実装している型はどれか、ということを知りたい場面が多くあります。**第3章**でも紹介しましたが、それらの情報は、Rustの公式ページや各クレートのドキュメントにあります。

たとえば、**第6章**で扱うファイルの入出力にはFileという型を使います。File型のドキュメントのWebページのキャプチャが**図5.4**ですが、File型のような型についてのドキュメントの左のウィンドウには"Trait Imprementations"（実装されているトレイト）、"Auto Trait Imprementations"（自動的に実装されているトレイト）、"Blacket Imprementations"（ジェネリクスで実装されているトレイトでこの型にも有効なもの）という項目があり、ここで実装されているトレイトの一覧を見ることができます。その一覧の中から、File型がReadというトレイトを実装していることがわかります。

注11　&String型と&str型は同等。**4.5節**の「String型」項を参照。

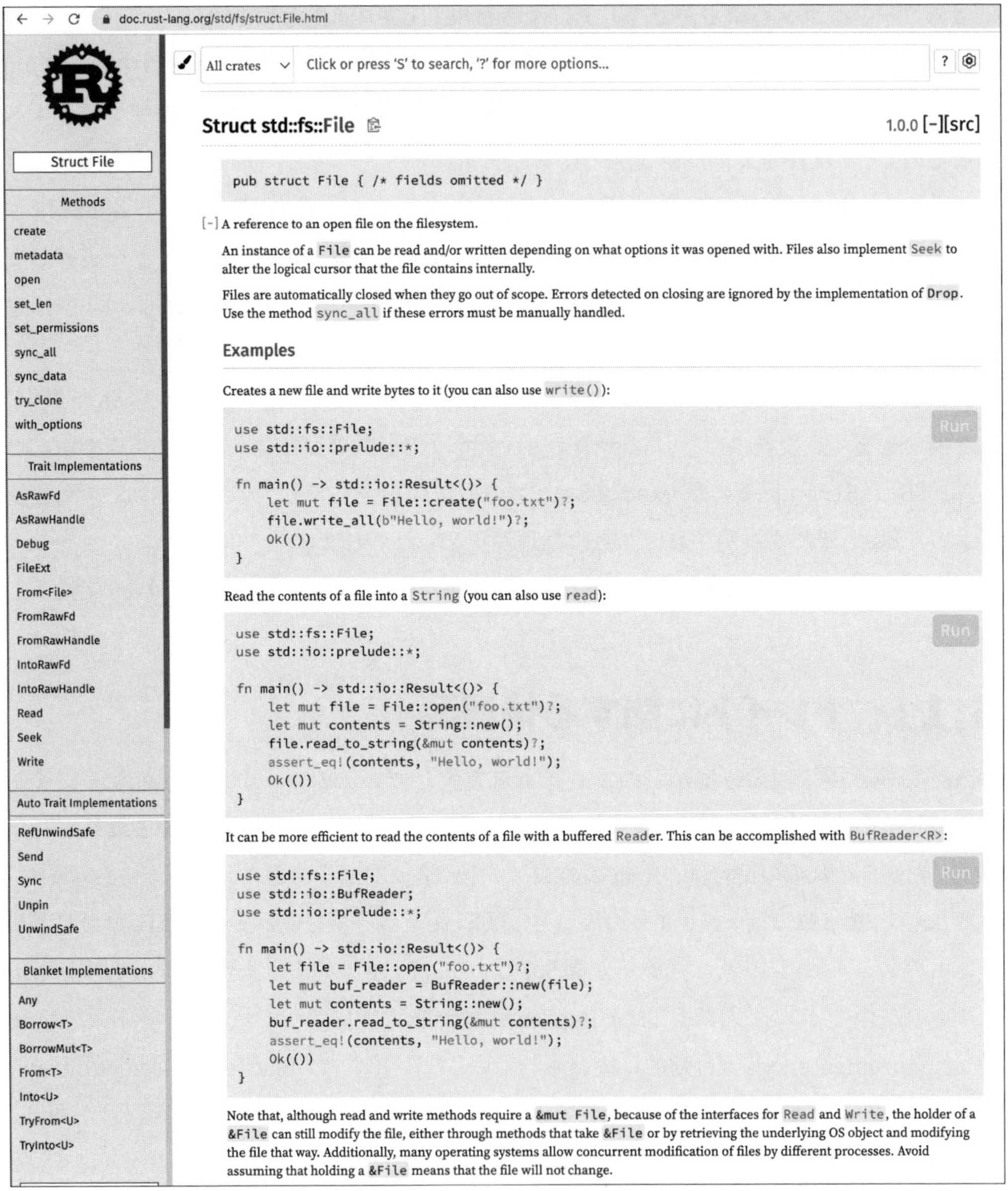

doc.rust-lang.org/std/fs/struct.File.html

Struct File

Methods

create
metadata
open
set_len
set_permissions
sync_all
sync_data
try_clone
with_options

Trait Implementations

AsRawFd
AsRawHandle
Debug
FileExt
From<File>
FromRawFd
FromRawHandle
IntoRawFd
IntoRawHandle
Read
Seek
Write

Auto Trait Implementations

RefUnwindSafe
Send
Sync
Unpin
UnwindSafe

Blanket Implementations

Any
Borrow<T>
BorrowMut<T>
From<T>
Into<U>
TryFrom<U>
TryInto<U>

All crates　Click or press ‘S’ to search, ‘?’ for more options...

Struct std::fs::File　1.0.0 [-][src]

```
pub struct File { /* fields omitted */ }
```

[-] A reference to an open file on the filesystem.

An instance of a File can be read and/or written depending on what options it was opened with. Files also implement Seek to alter the logical cursor that the file contains internally.

Files are automatically closed when they go out of scope. Errors detected on closing are ignored by the implementation of Drop. Use the method sync_all if these errors must be manually handled.

Examples

Creates a new file and write bytes to it (you can also use write()):

```
use std::fs::File;
use std::io::prelude::*;

fn main() -> std::io::Result<()> {
    let mut file = File::create("foo.txt")?;
    file.write_all(b"Hello, world!")?;
    Ok(())
}
```

Read the contents of a file into a String (you can also use read):

```
use std::fs::File;
use std::io::prelude::*;

fn main() -> std::io::Result<()> {
    let mut file = File::open("foo.txt")?;
    let mut contents = String::new();
    file.read_to_string(&mut contents)?;
    assert_eq!(contents, "Hello, world!");
    Ok(())
}
```

It can be more efficient to read the contents of a file with a buffered Reader. This can be accomplished with BufReader<R>:

```
use std::fs::File;
use std::io::BufReader;
use std::io::prelude::*;

fn main() -> std::io::Result<()> {
    let file = File::open("foo.txt")?;
    let mut buf_reader = BufReader::new(file);
    let mut contents = String::new();
    buf_reader.read_to_string(&mut contents)?;
    assert_eq!(contents, "Hello, world!");
    Ok(())
}
```

Note that, although read and write methods require a &mut File, because of the interfaces for Read and Write, the holder of a &File can still modify the file, either through methods that take &File or by retrieving the underlying OS object and modifying the file that way. Additionally, many operating systems allow concurrent modification of files by different processes. Avoid assuming that holding a &File means that the file will not change.

図5.4　File型のWebドキュメント（https://doc.rust-lang.org/std/fs/struct.File.html）

Readトレイトのドキュメントのwebページのキャプチャが**図5.5**ですが、トレイトについてのドキュメントの左のウィンドウに"Implementors"という項目があり、ここをクリックすると右のウィンドウに実装されている型が表示されます。

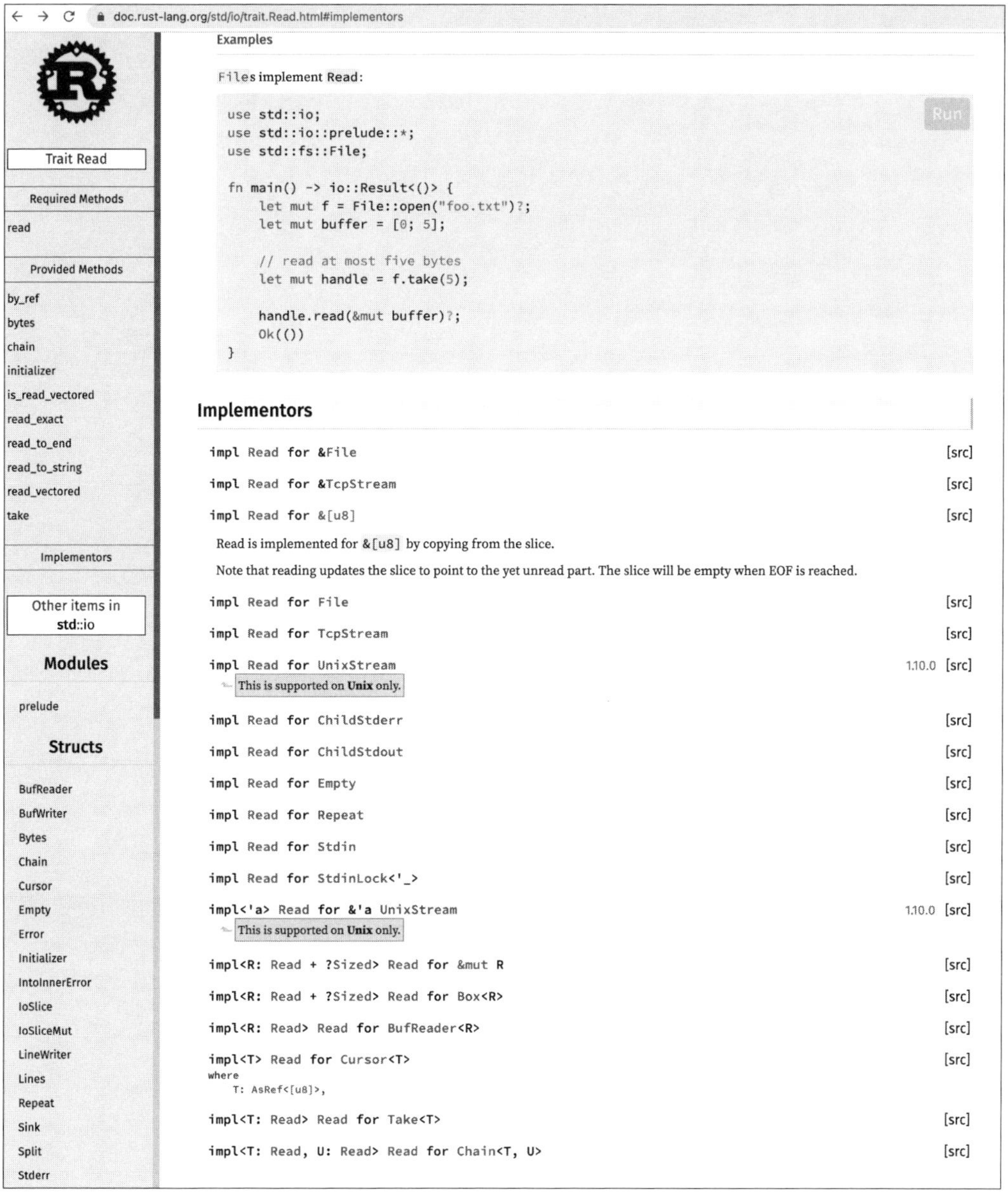

図5.5 ReadトレイトのWebドキュメント（https://doc.rust-lang.org/std/io/trait.Read.html#implementors）

このように、ある型がどのトレイトを実装しているのかを知りたいときはその型のドキュメントを、あるトレイトを実装している型を知りたいときはそのトレイトのドキュメントを参照しましょう。

第6章

ファイルやソケットの入出力

Summary

ファイル、ソケットなどの入出力の実装はプログラム開発のさまざまな場面で登場します。第6章では、まず、代表的なファイル入出力のコード例を紹介し、その後、そのコードをソケットの入出力に再利用します。ジェネリクスとトレイトによる抽象化のおかげで、ファイル、ソケット、メモリ、そのほかの入出力をほぼ同じようなコードとして書くことができます。入出力の解説をしながら、より実用的なコードを作成するために必要な事項も随時説明していきます。

6.1　ファイルの入出力

ファイルの内容を固定長のバッファに繰り返し読み出す

ファイルの内容をメモリ上に読み出す際に、固定長のバッファに読み出すことを繰り返すことは最も基本的な操作です。次のプログラムでは、ファイルの内容を固定長のバッファに繰り返し読み出し、改行コードで区切った結果をベクター型に詰めています。

リスト6.1　ファイルの内容を固定長のバッファに繰り返し読み出して改行コードで区切った結果をベクター型に詰めるコード

```
use std::fs::File;
use std::io::Read;

const BUFSIZE: usize = 1024;

fn main() -> std::io::Result<()> {
    let mut f = File::open("input.txt")?;
    let mut buf = [0_u8; BUFSIZE];

    let mut lines = Vec::new();
    let mut linebuf = String::new();

    loop {
        let read_size = f.read(&mut buf)?;

        if read_size == 0 {
            break;
```

```
18         }
19         for cc in &buf[..read_size] {
20             if *cc == b'\n' {
21                 lines.push(linebuf);
22                 linebuf = String::new();
23             } else {
24                 linebuf.push(*cc as char);
25             }
26         }
27     }
28     println!("{:?}", lines);
29 
30     Ok(())
31 }
```


多くはこれまでに説明してきた事項の応用ですが、いくつか、新しいこともあります。

2行目のuse std::io:Readはstdクレートの中のioモジュールに定義されているReadトレイトをスコープに持ち込むものです。14行目でread()メソッドを使っていますが、このメソッドはReadトレイトのメソッドとしてFile型[注1]に実装されたもので、Readトレイトのread()メソッドを使う場合は、Readトレイトがスコープの中から見えている必要があります。2行目をコメントアウトするとコンパイルはできませんが、エラーメッセージが次のようにuse std::io::Readを入れるように提案してくれるので、難しく考える必要はありません。

```
error[E0599]: no method named `read` found for struct `File` in the current scope
  --> src/main.rs:14:27
   |
14 |         let read_size = f.read(&mut buf)?;
   |                           ^^^^ method not found in `File`
   |
   = help: items from traits can only be used if the trait is in scope
help: the following trait is implemented but not in scope; perhaps add a `use` for it:
   |
1  | use std::io::Read;
   |
```

注1　https://doc.rust-lang.org/std/fs/struct.File.html

6行目のstd::io::Result<()>型[注2]はI/O関連のResult型としてよく使われるもので、次のように定義されています。

```
pub type std::io::Result<T> = Result<T, std::io::Error>;
```

ここで、typeは型の読み替え（エイリアス）を作るのに使えるもので、C言語のtypedefに相当します。Result<T, E>型のEがstd::io::Errorで固定されているのがstd::io::Result<T>型で、main関数では、T型がユニット型()になっています（30行目）。

7行目で、File::open()でファイルを開いて返却されたFile型の値を変数fに束縛しています。これは読み取り専用でファイルを開く操作で、C言語でのfopen(filename, 'r')に対応し、返却されるFile型の値はC言語におけるファイルポインタ（FILE*）が指す値に対応するものです。File::open()の返却値の型はstd::io::Result<File>型であり、File::open()の末尾に?が付いているので、エラーが発生すればここで処理を中断し、main関数はstd::io::Error型の値を返します（**4.9節**参照）。

File型の値は、read()メソッドなどを呼ぶ際に内部のデータが変更されることから、mutを付けて変数に束縛する必要があります。

4行目ではバッファを確保していますが、ここではu8の配列型で用意しています。これはC言語における、

```
#define BUFSIZE 1024
unsigned char buf[BUFSIZE];
```

と同等です。配列型で用意しているので、バッファはスタック領域に確保されますが、大きいバッファが必要な場合にはヒープ領域に確保されるVec<u8>型で用意します。このコードの8行目を、

```
let mut buf = vec![0_u8; BUFSIZE];
```

としてVec<u8>型のバッファを使うようにしても、ほかの部分の修正は必要なく動作します。

注2　https://doc.rust-lang.org/std/io/type.Result.html

13行目のloopは無限ループを表しています。ループ内で終了条件を満たしたときにbreakをしないと、いつまでもプログラムが終わりません。

14行目でファイルからbufに内容を読み出しています。read()は最大でbufのサイズ分だけ読み出し、std::io::Result<usize>型の返却値のOk()から読み出したバイト数を取得しています。読み出したバイト数がゼロの場合はファイルの終わり（EOF）に達したことを示しているので、loopをbreakする処理を16〜18行目に入れてあります。

あとはbufを1文字ずつ調べ、改行コードb'\n'以外の場合は一時的な文字列のバッファlinebufに文字をpush()（24行目）します。改行コードであった場合にはlinebufをVec<String>型であるlinesにpush()（21行目）し、linebufに新たなメモリ領域を割り当てます（22行目）。21行目のlinebufのlinesへのpush()により、linebufの所有権はlinesに移動し、linebufはどのメモリ領域に対しても所有権を持たない状態になりますが、22行目で再度、新しいメモリ領域を割り当てています。こうすることで、文字を1文字ずつpush()して保持してきたlinebufの内容を、メモリのコピーを伴わずに、linesの要素の1つに移行できます。

19行目のforループでは、&buf[..read_size]として、read_sizeまでのスライスの内容で繰り返し処理をしています[注3]。ループインデックスは&u8型であるので、デリファレンスを*を使って*ccとし、改行コード'\n'はu8型と比較できるように、b'\n'のようにbを付け、u8型と解釈されるバイト型リテラルにしています。

このコード例では、ファイルが巨大でも対応できるように、固定長ずつ、バッファに読み出しながら処理をするということをしました。ファイルが大きくなければ、ファイルの内容全体をバッファに読み出して処理をするということも可能です。その場合には、バッファをVec<u8>型にし、次のようにします。

リスト6.2 バッファにVec<u8>型を用いてファイル全体を一括で読み出すコード

```
use std::fs::File;
use std::io::Read;

fn main() -> std::io::Result<()> {
    let mut f = File::open("input.txt")?;

    let mut lines = Vec::new();
```

注3 forループについては7.2節を参照。

```
8      let mut linebuf = String::new();
9
10     let mut buf = Vec::new();
11     let read_size = f.read_to_end(&mut buf)?;
12
13     for cc in &buf[..read_size] {
14         if *cc == b'\n' {
15             lines.push(linebuf);
16             linebuf = String::new();
17         } else {
18             linebuf.push(*cc as char);
19         }
20     }
21     println!("{:?}", lines);
22
23     Ok(())
24 }
```

バッファには可変長のVec型を使い、read()の代わりにread_to_end()を使います（11行目）。ファイルの内容を一括でバッファに取り込むので、loopで順次読み出す処理はありません。

BufReaderを使って1行ずつ読み出す

リスト6.1では、バッファにファイルの内容を読み出しながら、自分で内容を1行ずつに分解するという処理をしました。1行ずつテキストファイルを読み出すというのは頻繁に行う処理ですので、それができるメソッドが用意されています。C言語のfgets()に相当する機能です。

リスト6.3　ファイルを1行ずつ読み出してベクターに詰めるコード

```
use std::io::{self, BufReader, BufRead};
use std::fs::File;

fn main() -> io::Result<()> {
    let f = File::open("input.txt")?;
    let f = BufReader::new(f);

    let mut lines_vec = Vec::new();

    for ll in f.lines() {
```

```
11         lines_vec.push(ll.unwrap());
12     }
13
14     println!("{:?}", lines_vec);
15     Ok(())
16 }
```

このコードでは、std::io::BufRead[注4]トレイトのメソッドlines()を使っています（10行目）。lines()の結果をイテレータにすると[注5]、forループの中でstd::io::Result<String>型の値が繰り返しループインデックスに束縛されるので、それをunwrap()したうえで、lines_vecにpush()しています（11行目）。

6行目ではBufReader::new()を使ってFile型の値をBufReader<File>型[注6]の値に変換しています。File型はstd::io::BufReadトレイトを実装していないので、そのままではstd::io::BufReadのメソッドlines()を使うことができません。しかし、File型のようにReadトレイトを実装している型であれば、BufReader::new()を使ってBufReadトレイトを実装した型に変換できます。そこで、File型の値をBufReader型の値に変換し、BufReadトレイトのメソッドを使えるようにしています。

BufReadトレイトにはread_line()というメソッドもあります。

```
fn read_line(&mut self, buf: &mut String) -> Result<usize>
```

これを使えば10行目からのforループの部分は次のようにも書けます。

```
10 loop {
11     let mut ll = String::new();
12     let read_size = f.read_line(&mut ll)?;
13     if read_size == 0 {
14         break;
15     }
16     lines_vec.push(ll.trim_end().to_owned()); // 改行コードを削除
17 }
```

注4　https://doc.rust-lang.org/std/io/trait.BufRead.html

注5　イテレータについては7.2節を参照。

注6　https://doc.rust-lang.org/std/io/struct.BufReader.html

このとき、read_line()の引数selfはミュータブルなリファレンス&mut selfになっているので、6行目は、

```
let mut f = BufReader::new(f);
```

として、ミュータブルな変数として束縛する必要があります。

read_lines()メソッドを使うよりも、lines()メソッドでイテレータを作り、それを使って繰り返し処理をしたほうがスッキリと書けます。

モジュール化

リスト6.3のコードの、1行ずつ取り出してベクターに詰め込む部分をモジュール化して、ほかのコードからも使えるようにします。次のコードをline_read.rsという名前で作成します。

リスト6.4　リスト6.3の1行ごとに読み出す部分をモジュール化

```
use std::io::{Read, BufRead, BufReader};

pub fn get_lines<T: Read>(f: T) -> Vec<String>{
    let f = BufReader::new(f);
    let mut lines_vec = Vec::new();

    for ll in f.lines() {
        lines_vec.push(ll.unwrap());
    }
    lines_vec
}
```

関数get_lines()は、**リスト6.3**の5～12行目をそのまま取り出し、lines_vecを返却するようにした関数です。モジュールの外からも使えるようにpubを付けて宣言し、引数のT型にはReadをトレイト境界として加えています。この関数は、Readを実装している型であれば、引数fに値を渡すことができますので、File型以外にも使うことができます。**6.2節**で、このモジュールをソケットの入出力で使います。

リスト6.3のコードを、このモジュールを使うように修正すると次のようになります。

リスト6.5 リスト6.3をリスト6.4のモジュールを使って書き換え

```
1 use std::io;
2 use std::fs::File;
3
4 mod line_read;
5
6 fn main() -> io::Result<()> {
7     let f = File::open("input.txt")?;
8
9     let lines_vec = line_read::get_lines(f);
10
11     println!("{:?}", lines_vec);
12     Ok(())
13 }
```


`mod line_read`で先ほど作成した`line_read.rs`をモジュールとして読み出しています（4行目）。そして、`line_read::get_lines(f)`として、モジュールの中の関数を呼び出しています（9行目）。

バイナリファイルを読み出す

バイナリファイルを読み出す例として、Windowsビットマップファイル（BMP）のファイルヘッダ[注7]を読み出すプログラムを書いてみます。

ビットマップファイルのファイルヘッダは**表6.1**で示したフォーマットになっています。

表6.1 Windowsビットマップファイルのファイルヘッダのフォーマット（バイトオーダーはリトルエンディアン）

フィールド名	内容	型
bfType	ファイルタイプ	[u8; 2]*
bfSize	ファイルサイズ（バイト）	u32
bfReserved1	予約領域1	u16
bfReserved2	予約領域2	u16
bfOffBits	先頭から画像データまでのオフセット（バイト）	u32

* [66, 77]（"BM"）で固定

バイナリファイルの読み書きにはbyteorderというクレート[注8]が便利です。このクレー

注7 https://docs.microsoft.com/en-us/windows/win32/api/wingdi/ns-wingdi-bitmapfileheader
注8 https://crates.io/crates/byteorder

トを使うために、Cargo.tomlに以下の内容を追記しておきます。

```
[dependencies]
byteorder = "1"
```

次のコードは、バイナリファイルであるBMPファイルのファイルヘッダを読み出すコードの例です。

リスト6.6　BMPファイルのファイルヘッダを読み出すコード例

```
use std::fs::File;
use std::io::Read;

use std::io::Cursor;
use byteorder::{LittleEndian, ReadBytesExt};

#[allow(non_snake_case)]
#[derive(Debug)]
struct BmpFileHeader {
    bfType: [u8; 2],
    bfSize: u32,
    bfReserved1: u16,
    bfReserved2: u16,
    bfOffBits: u32
}
#[allow(non_snake_case)]
impl BmpFileHeader {
    fn parse_file_header(buf: &[u8]) -> std::io::Result<BmpFileHeader>{
        let mut cur = Cursor::new(buf);
        let mut bfType = [0_u8; 2];
        for cc in &mut bfType {
            *cc = cur.read_u8()?;
        }

        let bfSize= cur.read_u32::<LittleEndian>()?;
        let bfReserved1= cur.read_u16::<LittleEndian>()?;
        let bfReserved2= cur.read_u16::<LittleEndian>()?;
        let bfOffBits= cur.read_u32::<LittleEndian>()?;

        Ok(BmpFileHeader {
            bfType,
            bfSize,
            bfReserved1,
```

```
34              bfReserved2,
35              bfOffBits})
36      }
37  }
38
39  fn main() -> std::io::Result<()> {
40      let mut f = File::open("input.bmp")?;
41      let mut buf_file_header = [0_u8; 14];
42
43      let _ = f.read(&mut buf_file_header)?;
44
45      let file_header = BmpFileHeader::parse_file_header(&buf_file_header)?;
46
47      println!("{:?}", file_header);
48
49      Ok(())
50  }
```


読み出そうとするファイルヘッダの構造（**表6.1**）に合わせた構造体を定義し（9～15行目）、ヘッダを読み出して構造体に値をセットするメソッドをその構造体に実装しています（17～37行目）。

なお、Rustではフィールド名をスネークケースにするのが推奨されていますが、ここではオリジナルのビットマップファイルで定義されているキャメルケースのフィールド名をそのまま使っています。そのため`#[allow(non_snake_case)]`を入れて、スネークケースになっていないことに対するコンパイラの警告を抑制しています（7行目、16行目）。

ファイルを開き、ファイルヘッダの14バイトを読み出そうとする部分は、これまでに行ったテキストファイルの場合とまったく同じで、u8型の14バイトの配列をバッファとして作成し（41行目）、そのバッファに`read()`を使ってファイルのバイト列を読み出します（43行目）。そして、そのバッファを`BmpFileHeader`型のメソッド`parse_file_header()`に渡し、解釈しています（45行目）。

このときに使っているのが`Cursor`型[注9]です。`Cursor`型を使うと、ファイルシステムと同じような感覚でメモリ上のデータの読み書きができます。実際に、`Cursor`型は`File`型と同様に、ReadトレイトやBufReadトレイトを実装しており、`File`型に対してと同じように、ReadトレイトやBufReadトレイトのメソッドを使うことができます。

注9　https://doc.rust-lang.org/std/io/struct.Cursor.html

byteorderが提供するReadBytesExtトレイトは、このあと使うread_u8()、read_u16<T: ByteOrder>()などのメソッドの実装を要求しますが、これらのメソッドにはデフォルトの実装がされており、byteorderクレートの中のコードに書かれている、

```
impl<R: io::Read + ?Sized> ReadBytesExt for R {}
```

により、ReadトレイトとSizedトレイトを実装しているすべての型に対してReadBytesExtトレイトの実装をしています。そのため、Readトレイトを実装しているFile型やCursor型でReadBytesExtトレイトのメソッドが使えるようになります。

ReadBytesExtトレイトのメソッドの1つであるread_u16<T: ByteOrder>()は、メモリの現在のカーソルの位置から16ビット（2バイト）を読み取り、カーソルを16ビット進め、読み取ったバイト列をu16型と解釈して返却するメソッドです。Tの型パラメータにはBigEndianかLittleEndianを指定し、その2バイトをビッグエンディアンで解釈するか、リトルエンディアンで解釈するかを指定します。このようなメソッドがread_i16()、read_u32()、read_f64()など、いろいろな型に解釈できるように用意されています。

リスト6.6では、**表6.1**のフォーマットに沿って、read_u8()をforループの中で2回（21～23行目、bfTypeの2文字）、read_u32<LittleEndian>()（25行目、bfSize）、read_u16<LittleEndian>()を2回（26～27行目、bfReserved1、bfReserved2）、read_u32<LittleEndian>()（28行目、bfOffBits）を1回、連続して実行することで、ファイルヘッダの値を読み出しています。

ファイルの書き込み

ファイルの書き込みをする場合は、読み出しの場合のReadトレイトやBufReadトレイトのメソッドの代わりに、WriteトレイトやBufWriteトレイトのメソッドを使うことで実行できます。

次のコードは、ファイルのコピーを行う例です。

```
use std::fs::File;
use std::io::Read;
use std::io::Write;
```

```
4
5  const BUFSIZE: usize = 1024;
6
7  fn main() -> std::io::Result<()> {
8      let mut fr = File::open("input.txt")?;
9      let mut fw = File::create("output.txt")?;
10
11     let mut buf = [0_u8; BUFSIZE];
12
13     loop {
14         let read_size = fr.read(&mut buf)?;
15
16         if read_size == 0 {
17             break;
18         } else {
19             let _ = fw.write(&buf[..read_size])?;
20         }
21     }
22     Ok(())
23 }
```

このコードは**リスト6.1**と同様に、BUFSIZEごとにファイルを読み出し、読み出したものを別のファイルに書き込むということを、読み出しているファイルの最後に達するまでloopで実行しています。

9行目が書き込み用のFile型の値を作る部分になっており、開く場合のopen()に代え、create()を使っています。

ファイルを開く際のオプションの指定

C言語では、fopen()の第2引数にr、w、aの組み合わせを指定し、読み取り、書き込み、追記の可否を指定します。Rustでファイルの読み書きのモードを指定してファイルを開くときには、std::fs::OpenOption型[注10]の値を使って行います。

たとえば、追記モードでファイルを開いて書き込むときには次のようにします。

```
use std::fs::OpenOptions;

let file = OpenOptions::new()
```

注10 https://doc.rust-lang.org/std/fs/struct.OpenOptions.html

```
            .read(true)
            .write(true)
            .append(true)
            .open("file.txt");
```

readは読み取りの可否、writeは書き込みの可否を論理値型（trueまたはfalse）で指定します。appendをtrueにすることで、追記モードになります。

6.2　ソケットの入出力

ファイルに続き、TCP等で通信をするときに用いるソケットの入出力について解説します。

C言語では、ソケットを扱うときにはファイルと別の関数群を使う必要がありました。Rustでは、ジェネリクスとトレイトによる抽象化のおかげで、ファイルもソケットもほぼ同じように扱えます。

ファイルを扱うときのFile型も、TCPソケットを扱うときのTcpStream型も、「読む」という動作に対応するReadメソッド、「書く」という動作に対応するWriteメソッドを実装しているので、「読む」「書く」という動作をこれらのトレイトのメソッドを用いて、ファイルに対してもTCPソケットに対しても同じコードを書くことができます。

リスト6.4のモジュールをそのまま使い、TCPソケットからの読み出しをしてみます。すでに説明したように、**リスト6.4**のモジュールで定義されている関数get_lines()は、Readトレイトを実装している型であれば引数に渡すことができます。

TCPソケットでは、ファイルのFile型に対応するのがTcpStream型であり、TcpStream型もReadトレイトを実装しているので、このモジュールのget_lines()を使うことができます。

```
use std::io::{self, BufReader};
use std::net::TcpListener;

mod line_read;

fn main() -> io::Result<()> {
    let listener = TcpListener::bind("127.0.0.1:3210")?;
```

```
 8
 9     for stream in listener.incoming() {
10         let lines_vec = line_read::get_lines(stream?);
11         println!("{:?}", lines_vec);
12     }
13     Ok(())
14 }
```

7行目のTcpListener::bind("127.0.0.1:3210")で、localhost（127.0.0.1）の3210番ポートを開いて接続を待ち受けるようにします[注11]。そして、その3210番ポートへの接続と切断がされるたびに、9行目のforループが実行されます。9行目のstreamはstd::io::Result<TcpStream>型ですので、10行目でget_lines()に渡すときに、?を使ってTcpStream型の値を取り出しています。あとはファイルの場合と同様、Readトレイトを実装しているTcpStream型の値を、line_readモジュールの関数get_lines()に渡して処理をしています。

File型のTcpStream型もReadトレイトを実装しているので、「読む」という動作を同じように実装できました。

注11　bind()の引数に指定するホストのIPアドレスを127.0.0.1とすると、自ホストからのみ3210番ポートに接続できます。開発時には127.0.0.1を指定しておくことが多いですが、他ホストから接続できるようにするには、127.0.0.1の代わりに0.0.0.0を指定します。

第7章

Rustの関数型プログラミング向けの機能

Summary

Rustは関数型プログラミング言語の影響を大きく受けています。第7章では、関数型プログラミングによく登場し、関数型プログラミング以外の場面でも便利に使えるイテレータ、高階関数、クロージャ、パターンマッチのRustでの使い方について解説します。

7.1 関数型プログラミングとは?

関数型プログラミングとは、その名のとおり「関数」によってプログラムを組み立てていくプログラミングのパラダイムです。ここで言う「関数」とは数学における関数と同じで、ある値（複数個でも可）に対して1つの値を対応させるもので、同じ値に対しては必ず同じ値を返す「参照透過性」を持っています。

たとえば、数学の関数である、

$$f(x) = 2x$$

は、入力のxに対してそれを2倍した値を返すもので、同じxに対しては必ず同じ値を返します。

それに対し、引数以外のほかの情報によって返す値が変わったり、値を返すだけでなく、ほかの状態を変更するなどの「副作用」を与えたりするものは「関数」ではありません。たとえば、オブジェクト指向言語における「メソッド」は、引数だけでなくオブジェクト内の変数の値によって返却値が変わることがありますし、オブジェクト内の変数を変更することもできるので、「関数」ではありません。

また、関数型プログラミングでは、イミュータブルな変数によってプログラムを組み立てます。これは、ほかからの「副作用」を受け付けないことを担保するものであり、Haskellなどの関数型と呼ばれるプログラミング言語では一度割り当てた変数の値を原則として変更できません。Rustにおいても`let`による値の変数への束縛は、あえて`mut`を付けなければイミュータブルになるというところに、関数型プログラミングの影響が現れていると言えます。

これまでに取り上げたRustのOption<T>型、パターンマッチング、トレイトなども、ScalaやHaskellといった関数型プログラミング言語に類似のものがあり、その点でも関数型プログラミング言語の影響を受けていると考えられます。

副作用がない部品を使ってプログラムを作成することで、値がどこかで変更されたかもしれないと気にすることなく、バグが少ないプログラムを作ることができます。また、関数型プログラミング言語ではプログラムの並列化が容易です。並列化をする際には、並列に動いている処理が同時に同じ変数の値を変更することがないようにロック機構を実装するなどの手間が必要ですが、関数型プログラミングでは値が変数に割り当てられれば変えることができないので、1つの変数が並列に動いている処理それぞれによって変更される、という状況を考える必要がありません。

関数型プログラミングには多くの利点があり、最近はとくに注目を集めています。Rustにおいても、可能な限り標準のイミュータブルな変数を用いることで、関数型プログラミングの長所を持つプログラムを作ることができます。しかし、関数型プログラミングは、ミュータブルな変数を前提としている従来の手続き型プログラミングやオブジェクト指向プログラミングとは発想や用いる手法が大きく異なるところがあります。

この章では、Rustで使える関数型プログラミングの手法をいくつか紹介します。

7.2 イテレータ

プログラミングには、手続き型、オブジェクト指向型、関数型といったパラダイムを問わず、「繰り返し」の操作がよく出てきます。「イテレータ」というのは、値の集まりから値を1つずつ順番に返すもので、繰り返し処理に使われます。

Rustでは、Iteratorトレイト[注1]が実装されている型がイテレータになることができ、next()というメソッドを繰り返し呼ぶことで、値の集まりから順番に値を取り出せます。Iteratorトレイトには70個ものメソッドがありますが、next()を除いてはデフォルトの実装が提供されており、新しい型を定義してトレイトを実装するときに実装が要求されるメソッドは、実質的にnext()だけになっています。

注1　https://doc.rust-lang.org/std/iter/trait.Iterator.html

レンジ

4.4節の「配列」項で紹介したレンジ`start..end`は`Iterator`トレイトを実装しています。`next()`を呼び出してイテレータの動きを確認してみます。

```
1 fn main() {
2     let mut r = 1..3;
3 
4     println!("{:?}", r.next()); // Some(1)
5     println!("{:?}", r.next()); // Some(2)
6     println!("{:?}", r.next()); // None
7 }
```

`next()`は呼んだ値を変更するので、2行目のようにミュータブルな値として束縛する必要があります。また、`next()`は`Option`型を返却します。`1..3`は「1, 2」の列になっており、1回目の`next()`で`Some(1)`が、2回目の`next()`で`Some(2)`が返されます。`next()`を2回呼んでしまうと、イテレータとしてはもう返すものがなくなってしまうので、3回目の`next()`では`None`が返されます。`next()`によって返される`Option`型が`None`であるかを確認することで、イテレータがすべての値を返したかどうかがわかります。

IntoIteratorトレイト

配列型`[T; N]`やベクター型`Vec<T>`には`IntoIterator`トレイト[注2]が実装されており、このトレイトが実装を要求する`into_iter()`メソッドを使うことで、`Iterator`トレイトが実装されている型（`[T; N]`型からは`std::array::IntoIter<T, N>`型、`Vec<T>`型からは`std::vec::IntoIter<T>`型など）の値を作り出せます。`IntoIterator`トレイトを実装していることによって、`[T; N]`型や`Vec<T>`型の1つの値から、複数の独立なイテレータを作り出すことができます。

`IntoIterator`トレイトの定義は次のようになっています[注3]。

```
pub trait IntoIterator {
    type Item;
```

注2　https://doc.rust-lang.org/std/iter/trait.IntoIterator.html

注3　属性`#[...]`は省略しています。

```
3     type IntoIter: Iterator;
4     fn into_iter(self) -> Self::IntoIter;
5 }
```

実装が要求されているメソッドinto_iter()は、自身の関連型IntoIterで指定された型を返却するもので（4行目）、Iteratorトレイトがその関連型のトレイト境界になっています（3行目）。関連型でinto_iter()の返却値の型を指定できるようにしているのは、値とリファレンスのどちらを返すのか、また、返す値がリファレンスであるときにリファレンスを通じて元の値を変更できるかどうかなど、イテレータにいくつかの種類があるからです。

Vec<T>型に対するイテレータ

Vec<T>型やそのリファレンス型には、次の3種類のIntoIteratorトレイトの実装があります（[T; N]型も同様です）。

リスト7.1 Vec型関連のIntoIteratorの実装

```
// ケース1
impl<T, A: Allocator> IntoIterator for Vec<T, A> {
    type Item = T;
    type IntoIter = IntoIter<T, A>;

    fn into_iter(self) -> IntoIter<T, A> {...} // 実装はここでは省略
}

// ケース2
impl<'a, T, A: Allocator> IntoIterator for &'a Vec<T, A> {
    type Item = &'a T;
    type IntoIter = slice::Iter<'a, T>;

    fn into_iter(self) -> slice::Iter<'a, T> {
        self.iter()
    }
}

// ケース3
impl<'a, T, A: Allocator> IntoIterator for &'a mut Vec<T, A> {
    type Item = &'a mut T;
    type IntoIter = slice::IterMut<'a, T>;
```

```

    fn into_iter(self) -> slice::IterMut<'a, T> {
        self.iter_mut()
    }
}
```

実装されている型とinto_iter()の返却値を整理すると次のようになります。

表7.1　IntoIteratorトレイトのVec<T>型への実装の3つのケース

	型	into_iter()の返却値の型	イテレータが返すもの
ケース1	Vec<T, A>	IntoIter<T, A>	値
ケース2	&'a Vec<T, A>	slice::Iter<'a, T>	イミュータブルなリファレンス
ケース3	&'a mut Vec<T, A>	slice::IterMut<'a, T>	ミュータブルなリファレンス

この定義から読み取れるのは、Vec<T, A>型の値の場合、イミュータブルなリファレンスの場合、ミュータブルなリファレンスの場合の3つの定義がされており、どの型に対してinto_iter()でイテレータ（Iteratorトレイトを実装している値）を作るかによって、イテレータが返すものが異なるということです。それを確認するために実験をしてみましょう。

ケース1——Vec<T, A>型の値

ケース1に対応するコードは次のようなものになります。

```
fn main(){
    let vv = vec![1, 2, 3, 4];
    let mut iter = vv.into_iter();

    let x = iter.next().unwrap();
    println!("{}", x);

    let x = iter.next().unwrap();
    println!("{}", x);
}
```

このコードの実行結果は次のようになります。

```
1
2
```

期待どおり、vvの要素が順番に返されているのがわかります。それでは、次のように、vvに対してinto_iter()を呼んだあとに、vvの要素にアクセスしてみます。

リスト7.2 into_iter()によって所有権が移動してしまう例

```
fn main(){
    let vv = vec![1, 2, 3, 4];
    let mut iter = vv.into_iter();

    let x = iter.next().unwrap();
    println!("{}", x);

    let x = iter.next().unwrap();
    println!("{}", x);

    let x = vv[2];
    println!("{}", x);
}
```

しかし、このコードはコンパイルに失敗します。エラーメッセージは次のとおりです。

```
error[E0382]: borrow of moved value: `vv`
   --> src/main.rs:11:13
    |
2   |     let vv = vec![1, 2, 3, 4];
    |         -- move occurs because `vv` has type `Vec<i32>`, which does not implement the
`Copy` trait
3   |     let mut iter = vv.into_iter();
    |                       ----------- `vv` moved due to this method call
...
11  |     let x = vv[2];
    |             ^^ value borrowed here after move
    |
note: this function takes ownership of the receiver `self`, which moves `vv`
```

into_iter()の呼び出しによってvvが持っていた所有権はiterに移動してしまい、何も値を所有していない状態になっているvvを参照しようとしてエラーになりました。

このように、Vec<T>型の値に対してinto_iter()を呼ぶと、所有権が移動してしまい、元の変数にはアクセスできなくなります。

ケース2——イミュータブルなリファレンス

次にケース2に対応するコードを考えます。**リスト7.2**との違いは、into_iter()を、値vvではなくリファレンス&vvに対して呼んでいる点です（3行目）。

```
1  fn main(){
2      let vv = vec![1, 2, 3, 4];
3      let mut iter = (&vv).into_iter();
4
5      let x = iter.next().unwrap();
6      println!("{}", *x);
7
8      let x = iter.next().unwrap();
9      println!("{}", *x);
10
11     let x = vv[2];
12     println!("{}", x);
13 }
```

このコードはコンパイルができ、実行結果は次のようになります。

```
1
2
3
```

このコードでは、vvのリファレンス&vvに対してinto_iter()を呼んでいるので、所有権の移動は起こりません。そのため、3行目でinto_iter()を呼んだあとの11行目でもvv[2]の値にアクセスすることができます。

なお、iter.next().unwrap()で返されるものは値（i32型）ではなくてリファレンス（&i32型）になります。それを明示するため、println!の第2引数ではデリファレンスをした値をあえて渡しています（9行目）[注4]。

注4　**5.10**節の「println!」項で説明したとおり、println!の第2引数以降は値、リファレンスのどちらでも動作します。

ケース3——ミュータブルなリファレンス

最後にケース3に対応する場合です。このケースでは、into_iter()をミュータブルなリファレンス&mut vvに対して呼んでいます。

```
1  fn main(){
2      let mut vv = vec![1, 2, 3, 4];
3      let mut iter = (&mut vv).into_iter();
4  
5      let x = iter.next().unwrap();
6      println!("{}", *x);
7  
8      let x = iter.next().unwrap();
9      println!("{}", *x);
10 
11     *x += 10;  // vv[1] += 10
12     println!("{:?}", vv);
13 }
```

このコードをコンパイルして実行すると、次の出力が得られます。

```
1
2
[1, 12, 3, 4]
```

このケースでは、next().unwrap()によって返されるリファレンスがvvへのミュータブルなリファレンスになっています（3行目）。11行目のように参照先の値*xを更新することで、vvの値も変わっていることがわかります。

iter()とiter_mut()

リスト7.1のIntoIteratorトレイトの実装を再度見てみると、ケース2、ケース3では、メソッドinto_iter()の実装にiter()やiter_mut()というメソッドが呼ばれています。iter()やiter_mut()はトレイトのメソッドではなく、&Vec<T>型や&mut Vec<T>型にそれぞれ実装されているメソッドです（&[T; N]型、&mut [T; N]型にも同様に実装されています）。つまり、IntoIteratorトレイトを実装しているすべての型で使えるメソッドではないことに注意が必要です。

iter()、iter_mut()はあくまでもVec型などの特定の型の内部実装のためのメソッドととらえ、自ら書くコードではiter()やiter_mut()は使わず、IntoIteratorトレイトを実装している型であれば使えるinto_iter()を使うようにするのが良いでしょう。

Rustでのforループ

多くの手続き型言語の繰り返し処理の際に使われるものにforループがありますが、Rustでのforループの構文は次のようになっています。

```
for x in values {
    println!("{}", x);
}
```

ここで、valuesにはレンジ、[T; N]型、Vec<T>型といったIntoIteratorを実装している型の値が入ります。xはループ変数で、valuesから1つずつ取り出したものです。このforループの書き方はPythonのものとよく似ています。

実はこのforループの構文は公式ページの解説[注5]にもあるように、以下のコードと同じです。

リスト7.3　forループの実体

```
{
    let result = match IntoIterator::into_iter(values) {
        mut iter => loop {
            let next;
            match iter.next() {
                Some(val) => next = val,
                None => break,
            };
            let x = next;
            let () = { println!("{}", x); };
        },
    };
    result
}
```

注5　https://doc.rust-lang.org/std/iter/index.html#for-loops-and-intoiterator

つまり、into_iter()メソッドで作成したイテレータiterから、ループでnext()メソッドを使って次々と値を取り出し、next()の返却値がNoneであれば、そのループから飛び出すという構造になっています。

forループの中では、inの後ろに置くvaluesに対してinto_iter()が使われているので、Vec<T>型の要素について繰り返し処理をする場合には、**表7.1**のケース1と2のように所有権の移動に注意する必要があります。

次のコードは、Vec<T>型の値をforに使う場合で、**表7.1**のケース1に対応します。

```
1 fn main(){
2     let vv = vec![0, 1, 2, 3, 4];
3     for ii in vv {
4         println!("{}", ii);
5     }
6     for ii in vv {
7         println!("{}", ii);
8     }
9 }
```

このコードでは1回目のループ（3～5行目）でvvの所有権がイテレータに移動してしまい、vvは何も値を所有していません。そのため、2回目のループ（6～8行目）は「所有権が移動した」としてコンパイルエラーになってしまいます。

所有権をループ変数に移動させないためには、値であるVec<T>型の値ではなく、リファレンスである&Vec<T>型の値をinの後ろに与えます。これは**表7.1**のケース2に対応するものです。

```
fn main(){
    let vv = vec![0, 1, 2, 3, 4];
    for ii in &vv {
        println!("{}", ii);
    }
    for ii in &vv {
        println!("{}", ii);
    }
}
```

このようにすれば、vvの各要素の所有権がイテレータに移動することなく、2回のforループを実行できるようになります。

なお、標準ライブラリでは次のように、Iteratorトレイトを実装している型I（レンジなど）に対し、自分自身を返す形でinto_iter()を実装しています。

```
impl<I: Iterator> IntoIterator for I {
    type Item = I::Item;
    type IntoIter = I;

    fn into_iter(self) -> I {
        self
    }
}
```

forループの実体（**リスト7.3**）の2行目では、inの後ろに指定された値に対してinto_iter()が適用されていますが、Iteratorトレイトを実装している型に対するこのinto_iter()の実装があるおかげで、inの後ろにはレンジのようなIteratorトレイトを実装している型の値でも、Vec<T>型のようにIteratorトレイトは実装されていないがIntoIteratorトレイトは実装されている型の値でも、指定できるようになっています。

collect()

IntoIteratorトレイトのinto_iter()メソッドは、Vec<T>型などの値の列からイテレータを作るものでしたが、逆にイテレータから値の列を作る動作に対応するものにFromIteratorトレイト[注6]があります。

FromIteratorトレイトを実装している型では、イテレータからその型の値を作ることができます。FromIteratorトレイトのメソッドfrom_iter()を使い、Iteratorトレイトを実装している型のメソッドとして、その型の値からVec<T>型などの値を作成して返却するメソッドがcollect()です。イテレータから値を最初から最後まで取り出し、それらを要素とするVec<T>型などの値を作ります。

collect()を用いると、たとえば、次のようなことができます。

注6　https://doc.rust-lang.org/std/iter/trait.FromIterator.html

リスト7.4 collectの使用例

```
1 fn main() {
2     let c = "あいうえお";
3     let c_vec = c.chars().collect::<Vec<char>>();
4     println!("{:?}", c_vec);
5 }
```

chars()というメソッドは、文字列をUTF-8の文字境界で分割したchar型の値を返すイテレータ（= Iteratorトレイトを実装している型の値）を返却します。そのchar型の文字1文字ずつをVec<char>の要素にしています。実行結果は次のようになります。

```
['あ', 'い', 'う', 'え', 'お']
```


これと同等のコードをcollect()を使わずに書いてみると、次のようになります。collect()を使うことでだいぶすっきり書けていることがわかります。

```
fn main() {
    let c = "あいうえお";
    let mut c_vec = Vec::new();
    for cc in c.chars(){
        c_vec.push(cc);
    }
    println!("{:?}", c_vec);
}
```

なお、collect()を適用した結果、FromIteratorトレイトを実装しているどの型の値を作るのかを、何らかの方法で指定する必要があります。**リスト7.4**の3行目ではcollect::<Vec<char>>のように、Vec<char>型の値にすることを指定しています。ただ、Vec型にすることは指定しないとわからないものの、chars()メソッドがchar型を返すことから、char型の値の列であることは推論できます。それをふまえると、3行目を次のようにしてもコンパイル可能です。

```
let c_vec = c.chars().collect::<Vec<_>>();
```

ここでVec<_>としましたが、_はコンパイラに推論することを求めているものです。または、次のように束縛する値に型アノテーションを付けてもコンパイルできます。

```
let c_vec: Vec<_> = c.chars().collect();
```

この情報でも、collect()の結果がVec型になるというのはわかります。

collect()はイテレータとともに頻繁に使われるメソッドの1つです。

7.3　再帰関数

関数型プログラミングでの繰り返し処理に使われるものの1つがイテレータでしたが、「再帰関数」も繰り返し処理によく使われます。再帰関数とは、ある関数の定義に自分自身が使われているものです。

再帰関数の例としてよく取り上げられるのが階乗$n!$の計算です。$n!$は、

$$n! = n(n-1)(n-2)\dots 1, \quad 0! = 1$$

のように定義されます。forループを使ってこの計算をする関数をRustで書けば、次のようなものになるでしょう。

```
fn fact(n: u32) -> u32{
    let mut ans = n;
    for ii in (1..=(n-1)).rev() {
        ans *= ii;
    }
    ans
}
```

これを再帰関数として定義すると次のように書けます。

リスト7.5　階乗を再帰関数で実装する例

```
fn fact(n: u32) -> u32{
    if n == 0 {
        1
    } else {
        n * fact(n - 1)
    }
}
fn main() {
    println!("{}", fact(3));
}
```

これは、$f(n) = n!$の定義を次のような漸化式にし、それに基づいて実装したものです。

$$f(0) = 1, \quad f(n) = n \cdot f(n-1) \qquad (n \geqq 1)$$

たとえば、$f(3) = 3!$であれば、

$$f(3) = 3 \cdot f(2) = 3 \cdot (2 \cdot f(1)) = 3 \cdot (2 \cdot (1 \cdot f(0))) = 3 \cdot (2 \cdot (1 \cdot 1))$$

のように計算されることになります。

再帰関数では、自分自身を使っていない条件分岐がないと再帰が止まらなくなってしまいます。**リスト7.5**の例では、`n == 0`の場合に再帰が停止します。

7.4　関数を引数とする関数

map()

繰り返し処理によくある場面として、値の列が与えられたときに、その列の要素それぞれに対して同じ処理をしたい、ということがよくあります。

Rustで書けば、次のようなコードです。

```
1  fn add_one_to_vec(vv: Vec<i32>) -> Vec<i32>{
2      let mut ret = Vec::new();
3      for ee in vv {
4          ret.push(ee + 1);
5      }
6      ret
7  }
8  fn main() {
9      let vv = vec![0, 1, 2, 3];
10     println!("{:?}", add_one_to_vec(vv));
11 }
```

関数add_one_to_vec()では、vvの各要素に1を加えた値を、retというVec<i32>型の値にpush()して（4行目）、そのretを返すことで（6行目）、各要素に1を加えた新しいVec<i32>型の値を作っています。

実行結果は次のようになり、入力の[0, 1, 2, 3]の各要素に1が加えられた結果が返ってきています。

```
[1, 2, 3, 4]
```

関数型プログラミングでは、このような処理を行うためにmap()がよく使われます。map()は値の列と関数を入力として、値の列のそれぞれの値に関数を適用した結果を要素とする新たな値の列を作るものです。引数や返却値が関数である関数を「高階関数」と呼びますが、map()も高階関数の1つです。

Pythonにおけるmap()とラムダ式

Pythonにもmap()があり、たとえば、以下のように使われます。

リスト7.6　Pythonにおけるmap()の利用例

```
def add_one(x):
    return x + 1

r = list(map(add_one, [0, 1, 2, 3]))
print(r)
```

この実行結果は次のようになり、入力のリスト[0, 1, 2, 3]の各要素にadd_one()を適用した値、すなわち1を加えた値を要素とするリストが作られているのが確認できます。

```
[1, 2, 3, 4]
```

4行目を見るとlist()をmap()の結果に適用しています。map()の結果は「与えられた値の列の各要素に関数を適用したもの」という情報を持っているだけのものに過ぎず、実際に各要素に関数を適用して計算をするのは、その具体的な値が必要になったときになります。これを「遅延評価」と呼んでいます。list()によって関数を適用した結果を求められた時点で、各要素に関数を適用した演算を行っています。この遅延評価は関数型プログラミングによく出てきます。

リスト7.6では、関数を定義したうえで、その関数名をmap()の引数にしていますが、次のように関数の定義をせずに、その場で関数を作ってしまうこともできます。

```
r = list(map(lambda x: x + 1, [0, 1, 2, 3]))
print(r)
```

このコードで、

```
lambda x: x + 1
```

の部分が、**リスト7.6**のadd_oneに対応しています。これは、引数がxでx+1を返却する関数として定義されています。このような名前を付けずに定義する関数を「無名関数」と呼び、Pythonでは「ラムダ式」と呼んでいます。

ラムダ式は変数に束縛することも可能であり、次のようなコードでも同じ挙動をします。

```
add_one = lambda x: x + 1
r = list(map(add_one, [0, 1, 2, 3]))
print(r)
```

Rustにおけるmap()とクロージャ

Rustにおいても Pythonのmap()やラムダ式と同じ仕組みが用意されています。**リスト7.6**に相当するコードをRustで書くと次のようになります。

```
fn add_one(x: i32) -> i32{
    x + 1
}
fn main(){
    let v: Vec<i32> = vec![0, 1, 2, 3].into_iter().map(add_one).collect();
    println!("{:?}", v);
}
```

Vec<i32>型のvec![0, 1, 2, 3]をinto_iter()メソッドを使ってイテレータに変換したもの（Iteratorトレイトを実装）に対し、map()メソッドを適用しています。map()メソッドによって返却されるのはMap型（これもIteratorトレイトを実装）[注7]の値です。Map型はイテレータと関数を格納しているだけですので、その値の作成にはほとんどコストがかかりません。Map型の値に対してcollect()を呼ぶことで、各要素に関数を適用した計算を実際に行う遅延評価になっています。このコードをコンパイルして実行すると、Pythonのコードの**リスト7.6**と同じ結果が得られます。

このコードを無名関数であるRustの「クロージャ」を使って書くと次のようになります。

```
fn main(){
    let v: Vec<i32> = vec![0, 1, 2, 3].into_iter().map(|x| x + 1).collect();
    println!("{:?}", v);
}
```

Pythonのlambda x: x + 1に相当する部分が、

```
|x| x + 1
```

になっています。引数と返却値には型推論が働いており省略できますが、

注7　https://doc.rust-lang.org/std/iter/struct.Map.html

```
|x: i32|->i32 {x + 1}
```

のように引数と返却値の型を明示することもできます。

また、Python同様に、クロージャを変数に束縛できます。次のコードでは、|x| x + 1というクロージャをadd_oneという変数に束縛しています。

```
fn main(){
    let add_one = |x| x + 1;
    let v: Vec<i32> = vec![0, 1, 2, 3].into_iter().map(add_one).collect();
    println!("{:?}", v);
}
```


「クロージャ」という言葉には「閉じ込めたもの」という意味があります。何を閉じ込めているのでしょうか？　実は、クロージャはそれが定義されたときの「環境」、すなわち、そのときに存在するローカル変数などの値を閉じ込めているのです。

次のコードで「閉じ込め」とはどのようなことなのかを確認してみます。

```
1 fn main(){
2     let m = 1;
3     let add_m = |x: i32| x + m ;
4     println!("{}", add_m(1));
5 }
```

これを実行するとadd_mの引数1にmの値1が加えられた2が出力されます。

3行目のクロージャの定義にはmが現れていますが、引数にはありません。このmは、2行目で宣言したmを指しています。つまり、「環境」にあったmを中に閉じ込めているのです。

同様のコードをPythonで書いてみます。加えて、mの値を変更して再度、add_mを呼び出してみます。

```
m = 1
add_m = lambda x: x + m
print(add_m(1))

m = 10
print(add_m(1))
```

実行結果は、

```
2
11
```

となり、可変なmとして環境に閉じ込められ、環境のmが更新されれば、それがadd_mを実行するときに反映されています。

Rustで同様のコードを書くとどうなるでしょうか？

```
fn main(){
    let mut m = 1;
    let add_m = |x: i32| x + m ;
    println!("{}", add_m(1));

    m = 10;
    println!("{}", add_m(1));
}
```

これはコンパイルエラーとなってしまいます（このエラーに派生して表示されている警告メッセージは省略）。

```
error[E0506]: cannot assign to `m` because it is borrowed
 --> src/main.rs:5:5
  |
3 |     let add_m = |x: i32| x + m ;
  |                 --------     - borrow occurs due to use in closure
  |                 |
  |                 borrow of `m` occurs here
4 |
5 |     m = 10;
  |     ^^^^^^ assignment to borrowed `m` occurs here
6 |     println!("{}", add_m(1));
  |                    ----- borrow later used here
```

エラーメッセージには"borrow"という言葉があり、所有権の借用に関連しているのがわかります。このエラーメッセージを読み解くと、環境のmはそのリファレンスをクロージャに渡し、クロージャが所有権を借用していますが、そのリファレンスのスコープが継続する3～6行目の間に、mの値を更新しようとしたことからエラーになっています。つまり、クロージャへ環境の値のリファレンスを渡し、クロージャが所有権を借用することで環境への閉じ込めを実現しているのがわかります。

Pythonのようにmの値を途中で変更したい場合は、letを使ってmとadd_mの変数の再宣言をします。

```
fn main(){
    let m = 1;
    let add_m = |x: i32| x + m ;
    println!("{}", add_m(1));

    let m = 10;
    let add_m = |x: i32| x + m ;
    println!("{}", add_m(1));
}
```

これで、Pythonと同じ出力結果が現れます。

なお、mの再宣言だけをしてadd_mの再宣言をしない次のようなコードの場合、

```
fn main(){
    let m = 1;
    let add_m = |x: i32| x + m ;
    println!("{}", add_m(1));

    let m = 10;
    println!("{}", add_m(1));
}
```

実行結果は、

```
2
2
```

となって、mの変更がadd_mには反映されません。これは、Rustでの変数の再宣言はシャ

ドーイング（**3.5節**参照）であり、最初に宣言した宣言を覆い隠しただけで値を変更したわけではないからです。最初に宣言した変数の値は変化せず、2行目、3行目のmと6行目のmは別物です。実際に、上のコードをコンパイルしたときには、コンパイルはできるものの、「6行目のmは使われていない」という趣旨の次の警告メッセージが表示されます。

```
warning: unused variable: `m`
 --> src/main.rs:6:9
  |
6 |     let m = 10;
  |         ^ help: if this is intentional, prefix it with an underscore: `_m`
  |
  = note: `#[warn(unused_variables)]` on by default
```

filter()、fold()、reduce()

関数型プログラミングでmap()とともによく使うのがfilter()、fold()、reduce()です。次のコードはその内、filter()、fold()を用いた例です。

```
fn main() {
    let v = vec![0, 1, 2, 3];
    let filtered: Vec<i32> = v.into_iter().filter(|&x| x >= 2).collect();
    println!("{:?}", filtered);

    let w = vec![4, 5, 6];
    let sum =  w.into_iter().fold(0, |x, y| x + y);
    println!("{}", sum);
}
```

filter()は、「リファレンスを引数として論理型を返す関数」を引数として「値の列の要素それぞれにこの関数を適用したときにtrueを返却する要素」だけを集めた新しい値の列を返却するものです。map()と同様に遅延評価ですので[注8]、具体的な要素がほしい場合にはcollect()で実際に評価するように指示する必要があります。

fold()は、「初期値と値の列の最初の値を入力にした関数の返却値」を計算し、「その返却値と値の列の次の要素の値」を関数の入力にして返却値を計算する、ということを繰

注8　map()によってMap型の値を返すのと同じように、filter()はイテレータと関数を格納したFilter型（https://doc.rust-lang.org/std/iter/struct.Filter.html）の値を返します。Filter型はIteratorトレイトを実装しています。

り返します。数式で定式化すると、値の列$a_{0,}\, a_1, a_2,\cdots, a_{N-1}$、2つの引数を取る関数$f(x, y)$、初期値$b$を使って、

$$S_{N-1} = b, S_n = f(S_{n-1}, a_n) \qquad (n \geqq 0)$$

という漸化式を作り、S_{N-1}の値を求めるものです。$f(x, y)$は上のコードでは`x + y`に対応しており、

$$S_{N-1} = b + \sum_{k=0}^{N-1} a_k = b + a_0 + a_1 + a_2 \cdots + a_{N-1}$$

を計算しています（**図7.1**）。

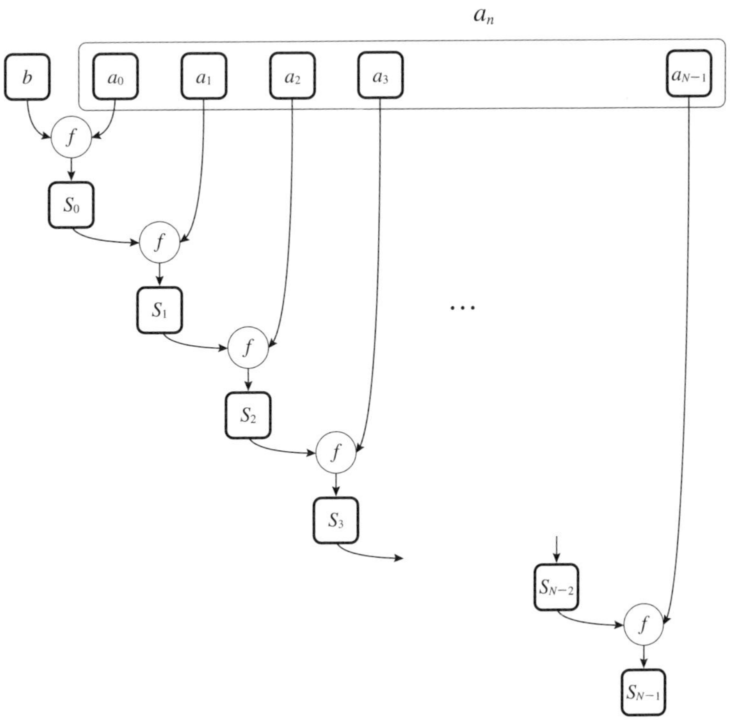

図7.1 fold()の計算のイメージ

reduce()は、fold()の初期値をa_0で与えたもので、

$$S_0 = a_0, S_n = f(S_{n-1}, a_n) \quad (n \geqq 1)$$

のようにしてS_{N-1}の値を求めていくものです。7行目はfold()の代わりにreduce()を使って、

```
let sum =  w.into_iter().reduce(|x, y| x + y).unwrap();
```

と書くこともできます[注9]。

このように、初期値が値の列の最初と同じであればreduce()を使うことができますが、初期値に値の列の最初と異なる値を指定する場合には、より一般化されたfold()を使います。

7.5 関数を返却する関数

関数を引数や返却値とする関数は「高階関数」と呼ばれ、すでにmap()、filter()、fold()などを紹介しました。高階関数は関数型プログラミングでは重要な役割を果たすもので、複数の引数がある関数も高階関数を用いて引数が1つの関数に帰着できます[注10]。これを「カリー化」と呼んでいます。

たとえば、2変数関数$f(x, y)$を考え、$f(a, b)$（a, bは定数）を計算することを考えます。$g(x)=f(x, b)$というxの関数gを返す関数$F(b)$を考えると、

$$f(a, b) = g(a) = (F(b))(a)$$

であり、1変数の関数の組み合わせに帰着できます。$f(x, y) = x + y$として、これをRustのコードで書くと次のようになります。

注9　reduce()はOption型を返却するので、値を取り出すためにunwrap()などが必要になります。
注10　Haskellなどでは、関数の引数は1つだけです。

リスト7.6 関数を返却する関数

```
1 fn func_of_func(b: i32) -> impl Fn(i32)->i32{
2     move |x| x + b
3 }
4
5 fn main() {
6     let add_2 = func_of_func(2);
7     println!("{}", add_2(1));
8     println!("{}", add_2(4));
9 }
```

実行結果は次のとおりです。

```
3
6
```


6行目のadd_2は関数であり、7行目、8行目で引数を指定してadd_2を使っています。このように、クロージャを返却値とする関数を書くことで、関数を返却する関数を作ることができます。

func_of_func()は「i32型を引数にとってi32を返却する関数」を返却値としています。上のコードでは、返却値の型をimpl Fn(i32)->i32とすることで表現しています。これは「Fn(i32)->i32トレイト[注11]を実装している型」という意味で、**5.8節**で説明したimpl Traitによる抽象返却値型です。ここでは、implのあとに関数をFnとして関数シグネチャを書く、と理解しておけば良いでしょう。

このコードの中でもう1つ注意したいのが、2行目のmoveというキーワードです。

すでに述べたように、クロージャは環境を閉じ込めますが、その閉じ込めはクロージャにリファレンスを渡す形で行っています。この例では、bはCopyトレイトが実装されているi32型ですので、関数func_of_func()の中には引数に与えた値のコピーが渡されますが、そのコピーのスコープはfunc_of_func()の中のみです。つまり、func_of_func()の実行が終わってしまえば、bの値はメモリから破棄されてしまいます。

しかし、クロージャはfunc_of_func()から返却されてfunc_of_func()の外で使われますので、クロージャに渡されているbがリファレンスになっていると、func_of_

注11 https://doc.rust-lang.org/std/ops/trait.Fn.html

func()の実行が終わるとそのリファレンスから値が見えなくなってしまい、コンパイルエラーになります。

実際にmoveを付けない状態でコンパイルをしてみると、次のコンパイルエラーを出力してコンパイルが失敗します。

```
error[E0373]: closure may outlive the current function, but it borrows `b`, which is owned
by the current function
 --> src/main.rs:2:5
  |
2 |     |x| x + b
  |     ^^^     - `b` is borrowed here
  |     |
  |     may outlive borrowed value `b`
  |
note: closure is returned here
 --> src/main.rs:1:28
  |
1 | fn func_of_func(b: i32) -> impl Fn(i32)->i32{
  |                            ^^^^^^^^^^^^^^^^^
help: to force the closure to take ownership of `b` (and any other referenced variables),
use the `move` keyword
  |
2 |     move |x| x + b
  |     ^^^^^^^^
```

それに対し、クロージャにmoveを付けると、環境の値の所有権をクロージャに移動させることで閉じ込めを行います。bの値の所有権をクロージャが持つようになったので、クロージャがスコープ外にならない限りbの値は使えることになります。

クロージャは「作成された関数の外で使われる可能性があるもの」とされており、環境の変数の閉じ込めが行われる場合にはmoveを付ける必要があります。

所有権が最初の呼び出しで消費されてしまうクロージャ(FnOnceの利用)

所有権に関連して、次のようなコードを考えます。

```
#[derive(Debug)]
struct Point {
    x: f64,
```

```
4         y: f64
5     }
6
7     fn print_point(p: Point){
8         println!("{:?}", p);
9     }
10
11    fn func_of_func(b: i32, p: Point) -> impl Fn(i32)->i32{
12        move |x| {
13            print_point(p);
14            x + b
15        }
16    }
17
18    fn main() {
19        let p = Point{x: 1.0, y: 2.0};
20        let add_2 = func_of_func(2, p);
21        println!("{}", add_2(1));
22    }
```


リスト7.6のコードと比較するとfunc_of_func()の引数に、Copyトレイトが実装されていない型Pointが追加され（11行目）、クロージャの中でPoint型を引数とする関数print_point()を呼んでいます（13行目）。

このコードはコンパイルに失敗します。エラーメッセージは次のとおりです。

```
error[E0507]: cannot move out of `p`, a captured variable in an `Fn` closure
  --> src/main.rs:13:21
   |
11 | fn func_of_func(b: i32, p: Point) -> impl Fn(i32)->i32{
   |                         - captured outer variable
12 |     move |x| {
13 |         print_point(p);
   |                     ^ move occurs because `p` has type `Point`, which does not
implement the `Copy` trait
```

「クロージャに閉じ込められたクロージャの外の変数」（captured outer variable）であるpを引数として、クロージャの中でprint_point()を呼び出すことで、Copyトレイトが実装されていないpの値の所有権はprint_point()内に移動しますが、print_point()の実行が終わればpのスコープは終わるため、pが所有していた値はメモリから破棄され、その後、クロージャからは見えなくなってしまいます。

つまり、func_of_func()を1回呼び出すとpの値が破棄されてしまい、2回目以降は値が見えずに関数として機能しない、ということになります。エラーメッセージはこのことを示しています。

返却された関数が1回しか使えない、ということを示すためには、func_of_func()の返却値を「1回のみ呼び出せる関数」を表すFnOnce[注12]を用いて、impl FnOnce(i32)->i32と修正します（FnをFnOnceに変える）。

この変更を行ったうえで、add_2()の呼び出しが1回であれば、コンパイルに成功します。ただし、add_2()の呼び出しが2回以上あると、コンパイルエラーとなります。

クロージャに閉じ込められた環境の変数を変更する場合（FnMutの利用）

ここで紹介することは、関数の参照透過性を満たさなくなるので、関数型プログラミングで使うことはありませんが、RustのFnやFnOnceの関連として紹介します。

次のコードでは、func_of_func()の中にミュータブルな変数countがあり、それをクロージャで閉じ込め、クロージャの中でそのミュータブルな値を変更しています（4行目）。

```
1  fn func_of_func(b: i32) -> impl FnMut(i32)->i32{
2      let mut count = 0;
3      move |x| {
4          count += 1;
5          println!("count: {}", count);
6          x + b
7      }
8  }
9  
10 fn main() {
11     let mut add_2 = func_of_func(2);
12     println!("{}", add_2(1));
13     println!("{}", add_2(2));
14 
15     println!();
16 
17     let mut add_3 = func_of_func(3);
18     println!("{}", add_3(1));
19     println!("{}", add_3(2));
20 }
```

注12　https://doc.rust-lang.org/std/ops/trait.FnOnce.html

クロージャに閉じ込められた値がミュータブルであるということを示すために、func_of_func()の返却値を、これまでのimpl Fn(i32)->i32に代えて、impl FnMut(i32)->i32にします（FnをFnMut[注13]に変える）。この関数の返却値を束縛する変数add_2はミュータブルな変数として値を束縛します（11行目）。

func_of_func(2)が返却する関数add_2()には、countが閉じ込められており、初期は「0」になっています。add_2()を呼び出すと、add_2()の中のcount += 1が実行され、countの値が「1」に変更されます。そのため、変数add_2をミュータブルにする必要があります。もう一度add_2()を呼び出せば、前回の呼び出しで「1」になっていたcountが「2」になります。

17行目でfunc_of_func(3)の返却値である関数add_3()は、add_2()とは別のcountを閉じ込めているので、add_2()とは独立に、add_3()が持っているcountの更新が行われます。このことは、次の実行結果から確認できます。


```
count: 1
3
count: 2
4

count: 1
4
count: 2
5
```

7.6 パターンマッチの活用

4.10節ではmatchを使ったパターンマッチを紹介しました。パターンマッチは再帰関数との相性が良く、関数型プログラミングではよく使われます。

次はパターンマッチを用いたコード例です。

```
fn insert(x: i32, xs: &[i32])->Vec<i32>{
    match xs{
        [y, ys @ ..] => {
            if x <= *y {
```

注13 https://doc.rust-lang.org/std/ops/trait.FnMut.html

```
5                 [&[x][..], xs].concat()
6             } else {
7                 [&[*y][..], &insert(x, ys)].concat()
8             }
9         },
10        [] => vec![x],
11    }
12 }
13 fn main(){
14     let v: Vec<i32> = Vec::new();
15     let v = insert(2, &v);
16     println!("{:?}", v);
17
18     let v = insert(1, &v);
19     println!("{:?}", v);
20
21     let v = insert(3, &v);
22     println!("{:?}", v);
23 }
```

このコードの関数insert()は、i32型の整数とVec<i32>型のリファレンスである&[i32]型のスライスを引数に取り、そのスライスの値が小さい順に並び替えられた状態になるようにi32型の値を挿入した、Vec<i32>型のベクターを新しく返すものです。関数型プログラミングに沿った実装ですので、既存の入力値を変更しないようにしています。

Vec<i32>型のリファレンス（&[i32]型）であるxsによってマッチングを行っていますが（2行目）、3行目の[y, ys @ ..]がキーポイントです。これは、スライスのマッチングと呼ばれるもので、ベクターの最初の要素のリファレンスyと残りのベクターのリファレンスysに分けるパターンを適用し、yとysを取り出しています。..は「そのほか」を示し、ys @ ..とすることで、「そのほか」の部分をysとして取り出すことを示しています。

挿入しようとする値xが既存のベクターの最初の要素の値*yよりも小さい場合には、既存のベクターの先頭にxを挿入すれば良いので、xから構成される配列のスライス&[x][..]と既存のベクターxsをconcat()を用いて連結しています（5行目）。

そうではない場合は、既存のベクターの最初の要素*yから構成される配列のスライス&[*y][..]と、残りの部分にxを挿入したベクターの要素を、自分自身であるinsert()を再帰的に用いて取得し、&[*y][..]と連結しています（7行目）。

再帰的に関数を用いている点が関数型プログラミングらしいところです。Haskellや

Scalaのような関数型プログラミングのための機能が充実している言語では、このようなパターンマッチの機能も充実しています。その点でも、Rustは関数型プログラミングの影響を強く受けていると言えます。

このプログラムを実行すると以下の出力を得られます。

```
[2]
[1, 2]
[1, 2, 3]
```

mainの関数では2、1、3の順に挿入していますが、確かに、小さい順になるように新しい値が挿入された結果が得られていることがわかります。

第 8 章

Rustによるスレッド・非同期プログラミング

Summary

プログラムを高速化する代表的な手法の1つとして、複数の処理を同時に実行するスレッド実行、非同期処理がよく使われます。第8章では、スレッドプログラミングと非同期プログラミングを取り上げます。

8.1 スレッドによる並列実行と非同期処理による同時実行

プログラムを高速に実行できるようにする1つの手法に、スレッドを複数起動し、それらのスレッドを異なるCPUコアに割り当てて並列に同時に処理を行う「スレッドによる並列実行」があります。複数のスレッド（CPUコア）を用いることで複数の処理を同時に実行し、実行に必要な時間を短縮できます。ただ、スレッドの数だけCPUコアが必要になることや、スレッドを新しく起動したり終了させたりするオーバーヘッドが大きく、スレッドの起動や終了が頻繁に発生するようなプログラムではスレッド並列にすることでかえって処理時間が長くなることもあることに注意が必要です。CPUコアが豊富にあり、スレッドを起動するコストよりも計算のコストのほうが十分に大きければ、スレッドによる並列処理をさせることで高速に実行できるようになります。

プログラムの高速実行のためのもう1つの方法が、「非同期処理による同時実行」です。本書の今までのコードでは、ある関数を呼んだときにその関数が終わるのを待って次の処理を実行していました。これは関数の「逐次実行（同期実行）」と呼ばれるものです。一方、関数を呼んでもその処理が終わったか否かにかかわらず何らかの値を返却し、次の処理に進めるのが「非同期実行」です。非同期実行を用いることで、たとえば、I/O待ちになっている間にCPUで別の処理を実行し、複数の処理を同時に実行できます。

非同期処理による同時実行では、1つのスレッドで複数の処理を交代で少しずつ行うことによって同時に実行しているように見せかけています。なお、複数のスレッドを起動し、それぞれのスレッド上で、さらに非同期処理による同時実行をすることもできます。非同期実行がどのように行われるかは、非同期処理（非同期タスク）をスレッドに割り当てるランタイムライブラリ（後述）の実装や設定に依存します。

非同期実行はスレッド実行に比べてオーバーヘッドが小さく、CPUコアを多くは必要としないタスクでは高速に動作させることができます。一方、スレッド実行では従来のコードをほぼそのまま使えるのに対し、非同期実行ではライブラリも含め、大きな変更が必要になることがあります。

図8.1は、処理a→I/O→処理bという流れの2組の処理を逐次実行、スレッドによる並列実行、非同期処理による同時実行それぞれで実行した場合の流れを比較したものです。

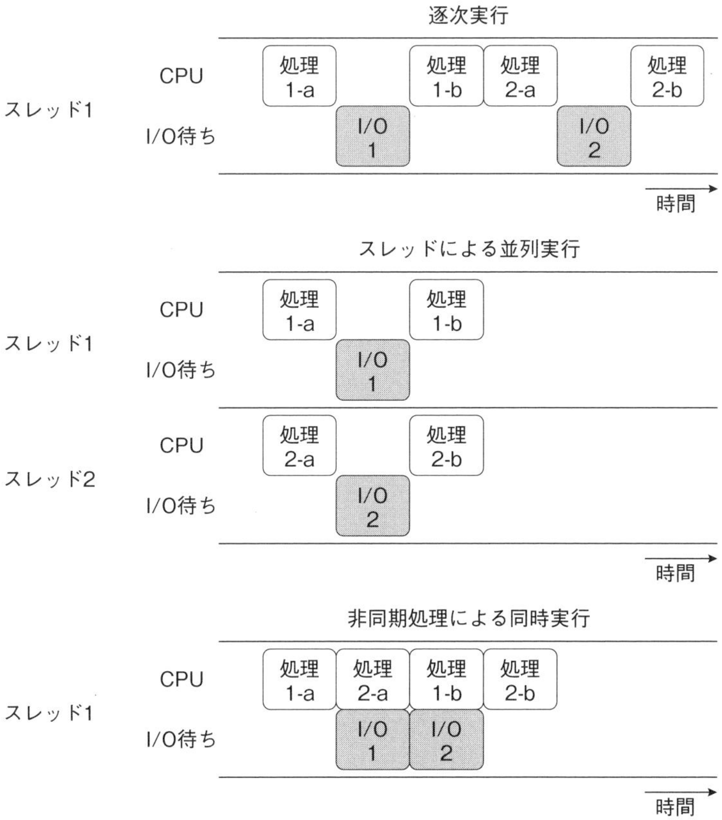

図8.1 逐次実行、スレッドによる並列実行、非同期処理による同時実行の比較（模式図）

逐次実行（上段）では、処理a→I/O→処理bの処理を繰り返し実行するのに対し、スレッドによる並列実行（中段）では、処理a→I/O→処理bの処理を複数のスレッドで同時に実行することで実行時間を短縮できています。

非同期処理による同時実行（下段）では、1番目の処理のI/O（I/O 1）を非同期実行することで、I/O 1の待ち時間の間に2番目の処理a（処理2-a）を実行できます。そして、2番目の処理のI/O（I/O 2）の待ち時間に、1番目の処理b（処理1-b）を実行しています。このように、非同期処理を用いることでCPUの待ち時間に別の処理を行えるようになり、少ないCPU資源で実行時間を短縮することが可能になります。

8.2　スレッドによる並列実行

Rustで、スレッドを起動してそのスレッドで処理を実行させるには、`std::thread:spawn()`という関数を使います。この関数のシグネチャは次のようになっています。

```
pub fn spawn<F, T>(f: F) -> JoinHandle<T>
where
    F: FnOnce() -> T,
    F: Send + 'static,
    T: Send + 'static,
```

引数の`f`は`F`型であり、`F`には`FnOnce() -> T`というトレイト境界が付いています。つまり、「引数がなく、環境の変数の更新をすることがない関数」である必要がありますが（**7.5節**参照）、クロージャをこの条件を満たすものとして使うことができます。

なお、`Send`トレイトについては深追いしませんが、一部の例外を除けば、このトレイトはコンパイラによって自動的に実装されます。クロージャによって関数を作れば、このトレイトを実装した関数ができると考えて差し支えありません。詳しくは公式ドキュメントの解説[注1]をご覧ください。

次のコードでは、`std::thread::spawn()`にクロージャを引数として渡し、スレッドの起動をしています。

注1　https://doc.rust-lang.org/std/marker/trait.Send.html

リスト8.1 spawn()によってスレッドを起動するコード例

```
1  use std::thread::spawn;
2  
3  fn main() {
4      let mut v_threads = Vec::new();
5      for i in 0..10 {
6          let thread = spawn(move || println!("{}", i));
7          v_threads.push(thread);
8      }
9      let _x: Vec<()> = v_threads.into_iter().map(|th| th.join().unwrap()).collect();
10 }
```

このコードの中では、6行目のspawn()がスレッドを作る関数であり、引数にスレッドで処理する内容の関数を指定します。その関数にはクロージャを使っており、spawn()の引数のクロージャに使われている||は、引数がないことを示しています。

spawn()をforループの中で実行することで複数のスレッドを生成しています。この例ではforループが10回実行されることで、10個のスレッドが作成されます。spawn()はあくまでもスレッドを起動するだけであり、スレッドを起動したらすぐに返却値を返し、次の処理が実行できる状態になります。すなわち、spawn()は起動したスレッドの処理が完了したかどうかについて関知しません。

スレッドが終了したかを確認するには、spawn()が返却した値（JoinHandle型）に対し、join()メソッドを実行することで確認できます。join()メソッドはそのスレッドが終わるまで実行を終えず、次の処理をブロックします。9行目で、各スレッドに対してjoin()で終了したことを確認しています。

join()はResult<T, E>型の値を返却し、エラーがない場合のT型の値は、spawn()で引数に指定した関数の返却値をOk()で包んだものになっています。この例では、クロージャはprintln!をするだけで、値を何も明示的に返却していないので、ユニット型の()を返却しています。

9行目はmap()を使って全スレッドに対してjoin()を実行していますが、スレッドを起動したときと同様にforループで実行することもできます。

このコードをコンパイルして実行すると、次の出力が得られます。ただし、この出力は一例であり、実行するたびに0から9の数字が出現する順序は変わります。

```
0
1
3
2
6
5
4
7
8
9
```

リスト8.1の6行目を見るとクロージャの前に`move`というキーワードが置かれています。**7.5節**で説明したように、クロージャが環境の変数を閉じ込める際には、クロージャを返す関数の外でそのクロージャが使われる可能性があることを考慮し、`move`を付けて環境の変数の所有権をクロージャに移動させておく必要があります。

リスト8.1のコード例では、所有権の移動が生じるのはループ変数`i`の値に対してであり、それはコピーセマンティクスが適用される`i32`型の変数であるので、関数の引数にコピーセマンティクスが適用される型の変数を渡した場合と同様、値のコピーが作成されます。よって、片方の値の所有権がクロージャに移動しますので、クロージャのあとで`i`の値を参照できます。

一方、クロージャに閉じ込める値がムーブセマンティクスが適用される型の値で、`for`ループの中で繰り返し使われるものである場合には一工夫が必要です。

次のコードではムーブセマンティクスが適用される`String`型の値（`"Hello"`）がクロージャに閉じ込められ、かつ、`for`ループの中で繰り返し使われています。

```
use std::thread::spawn;

fn main() {
    let mut v_threads = Vec::new();
    let hello = String::from("Hello"); // ムーブセマンティクスが適用される
    for i in 0..10 {
        let thread = spawn(move || println!("{}: {}", i, hello));
        v_threads.push(thread);
    }
    let _x: Vec<()> = v_threads.into_iter().map(|th| th.join().unwrap()).collect();
}
```

このコードはコンパイルに失敗し、次のエラーメッセージが出力されます。

```
   error[E0382]: use of moved value: `hello`
 --> src/main.rs:7:28
  |
5 |     let hello = String::from("Hello");
  |         ----- move occurs because `hello` has type `String`, which does not implement
the `Copy` trait
6 |     for i in 0..10 {
7 |         let thread = spawn(move || println!("{}: {}", i, hello));
  |                            ^^^^^^^                      ----- use occurs due to use in
closure
  |                            |
  |                            value moved into closure here, in previous iteration of loop
```

"value moved into closure here, in previous iteration of loop"（前回の繰り返しループの中のここで値の所有権が移動した）とあるように、1回目のループでhelloの値の所有権はクロージャ内部の変数に移ってhelloは「もぬけの殻」になってしまい、2回目のループでは使えない、というエラーになっています。

このエラーを回避するためにはクロージャに渡す前に自分でclone()を呼び出してコピーを作り、それをクロージャに渡す必要があります。

```
1  use std::thread::spawn;
2  
3  fn main() {
4      let mut v_threads = Vec::new();
5      let hello = String::from("Hello");
6      for i in 0..10 {
7          let hello_cloned = hello.clone();
8          let thread = spawn(move || println!("{}: {}", i, hello_cloned));
9          v_threads.push(thread);
10     }
11     let _x: Vec<()> = v_threads.into_iter().map(|th| th.join().unwrap()).collect();
12 }
```

7行目でhelloのコピーをclone()で作成し、コピーしたものをクロージャに渡しています。helloの元の値の所有権はクロージャに渡していないので、forループの中で繰り返し使うことができています。スレッドを複数起動するときには、スレッド同士が干渉せずに独立にデータを持てるように必要な値をコピーして渡している、と解釈できます。

このように、クロージャを活用してスレッドを実行するプログラムが作成できるようになりました。

スレッドによる並列実行を活用したベクターの要素の和の計算

スレッドによる並列実行を活かす例として、時間がかかる大きな計算をスレッドに分割して計算してみましょう。ここでは、`Vec<usize>`型の要素の和を取る計算を考えます。また、`Vec<usize>`型の要素は`1..=N_MAX`（`N_MAX`は定数）とし、1から`N_MAX`までの和を（公式を用いずに）求めます。正しい計算値は和の公式[注2]を用いて求めることができます。

`Vec<usize>`の要素をスレッド数`N_THREAD`に分割し、分割したグループ内の和をスレッド並列で計算、各スレッドの計算が終わったらその結果を集め、各スレッドでの和の計算結果の合計を取ることで、全体の和を求めるという方法で計算します（**図8.2**）。

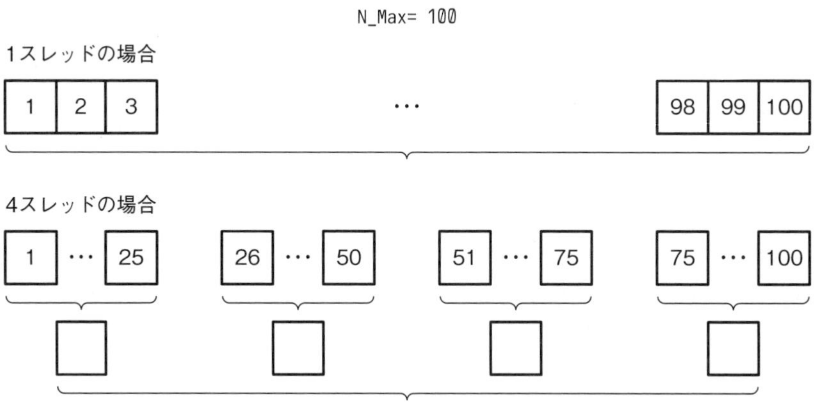

図8.2 スレッドを利用した和の計算。N_MAX=100において、N_THREAD=1の場合（上段）、N_THREAD=4の場合（下段）

なお、コードを簡単にするため、`N_MAX`は`N_THREAD`で割り切れる設定を考えます。

注2 $1+2+\ldots+N=\frac{1}{2}N(N+1)$

リスト8.2 ベクターの要素の和をスレッド並列で計算するコード例

```
1  const N_MAX: usize = 100000000;
2  const N_THREAD: usize = 4;
3
4  const N_ELEM_PER_THRD: usize = N_MAX / N_THREAD;
5  const RESIDUAL: usize = N_MAX % N_THREAD;
6
7  fn main() -> std::thread::Result<()> {
8      if RESIDUAL != 0 {
9          panic!("invalid combination of N_MAX and N_THREAD");
10     }
11
12     let mut thrd = Vec::new();
13     let v = (1..=N_MAX).collect::<Vec<usize>>();
14
15     // 1..=N_MAXをN_THREADに分割して、それぞれの和をスレッドで計算
16     for ii in 0..N_THREAD {
17         let ist = ii * N_ELEM_PER_THRD;
18         let ien = ist + N_ELEM_PER_THRD;
19         let vv = (&v[ist..ien]).to_owned();
20         let th = std::thread::spawn(move || vv.into_iter().sum::<usize>());
21         thrd.push(th);
22     }
23
24     // 各スレッドで計算した値を集めて、その和を取り、全体の和を求める
25     let ans: usize = thrd
26         .into_iter()
27         .map(|r| r.join().unwrap())
28         .sum::<usize>();
29     println!("{}", ans);
30     assert_eq!(ans, N_MAX * (N_MAX + 1) / 2);
31     Ok(())
32 }
```

19行目で、

```
let vv = (&v[ist..ien]).to_owned();
```

としてto_owned()というメソッドを使っています。このメソッドは、所有権を借用しているリファレンスが指し示している値のコピーを作り、そのコピーの所有権を束縛した変数に持たせます。この場合では、Vec<isize>型の一部分（インデックスがist..ien）を

取り出し、それを要素とする新しいVec<usize>型を作ってvvに束縛しています。

この行はほかのプログラミング言語と同じ感覚で、

```
let vv = v[ist..ien];
```

としたくなるところですが、v[ist..ien]のような[T]型は、コンパイル時に必要なメモリサイズが決まらずにエラーになることを**4.4節**の「配列」項で説明しました。次のように[T]型ではなく、スライスである&[T]型にすれば、リファレンスはサイズが決まるので「サイズ不明」のエラーは解消されます。

```
let vv = &v[ist..ien];
```

しかし、今度は以下のエラーになります。

```
error[E0597]: `v` does not live long enough
  --> src/main.rs:19:19
   |
19 |         let vv = &v[ist..ien];
   |                   ^ borrowed value does not live long enough
20 |         let th = std::thread::spawn(move || vv.into_iter().sum::<usize>());
   |                  -------------------------------------------------------- argument
requires that `v` is borrowed for `'static`
...
32 | }
   | - `v` dropped here while still borrowed
```

これはmoveを付けた理由と同じで、std::thread::spawn()の引数に指定されるクロージャにvvも閉じ込められますが、vvはvのリファレンスであり、スレッドが終わらない内にvのスコープが終わってメモリから破棄されてしまう可能性があるため、エラーとなっています。

このエラーを回避するためには、クロージャに閉じ込める値をリファレンスではなく所有権を変数に持たせることができる値にする必要があります。そのためのメソッドがto_owned()です。19行目のto_owned()によって各スレッドごとに専用の値を用意し、値をスレッド間で共有することなく並列実行していることになります。

スレッド間での共有データを参照するには

リスト8.2のコードは動作こそしますが、詳しく解説した19行目では、各スレッドごとに専用の値を用意するために、元のベクター型vの要素をto_owned()を使って別のメモリ領域にコピーしていました。元の値vをスレッド間で共有して各スレッドから直接見ることができれば、メモリコピーをする必要がなくなり、実行時間を短くできる可能性があります。

あるデータをスレッド間で共有するためには、**4.13節**で取り上げたRc<T>型をスレッド間で共有できるようにしたArc<T>型[注3]を使います。"RC"は"Reference-Counted"を表していましたが、"A"は"Atomically"（アトミックな）を示しています。

リスト8.2のコードをArc<T>型を使って書き換えてみましょう。**リスト8.2**の13行目を、

```
13      let v = std::sync::Arc::new((1..=N_MAX).collect::<Vec<usize>>());
```

とし、19行目と20行目を、

```
19          let vv = std::sync::Arc::clone(&v);
20          let th = std::thread::spawn(move || vv[ist..ien].into_iter().sum::<usize>());
```

のように書き換えます。

13行目は、和を計算する値の列を作ってVec<usize>型に格納していますが、これをArc型としています。19行目のstd::sync::Arc::clone()により、ヒープ領域にある計算対象の値の列をコピーすることなく、この値を指し示す別のArc型の値を作り、別の変数に束縛して所有権を持たせています。Arc型のvvの所有権は、20行目のmoveによってspawn()の引数のクロージャに移動しますが、vvが指し示すヒープ領域にあるデータは変わらないので、結果的に、スレッドの中から同じデータを共有していることになります。

このようにArc型を用いることで、スレッド間でデータの共有ができるようになりました。

注3　https://doc.rust-lang.org/std/sync/struct.Arc.html

なお、筆者の環境で、N_THREADが1と4の場合で、cargo build --releaseでArcを使った最終版をコンパイルして実行時間を比較したところ、N_THREAD=4のほうが約半分の時間で計算できました。スレッド並列による高速化の効果が現れています。

スレッド間での共有データに書き込みをするには

これまでに、共有データを複数のスレッドから読み出す方法を紹介しました。次に、共有データに書き込みをするコードを書いてみます。

vec![1, 2, 3, 4, 5]の要素を5つのスレッドから1つずつ、共有データdataにpush()します。ナイーブに書くと次のようになるでしょう。

リスト8.3　共有データをスレッドで更新しようとするコード例。このコードはコンパイルに失敗する

```
use std::sync::Arc;
use std::thread::spawn;

fn main() {
    let data = Arc::new(Vec::new());

    let added = vec![1, 2, 3, 4, 5];

    let mut thrd = Vec::new();
    for aa in added {
        let data = Arc::clone(&data);
        let th = spawn(move || {
            data.push(aa);
        });
        thrd.push(th);
    }

    thrd.into_iter().for_each(|th|{
        let _ = th.join();
    });

    println!("{:?}", *data);
}
```

しかし、このコードはコンパイルできません。コンパイルエラーは次のようになります。

```
error[E0596]: cannot borrow data in an `Arc` as mutable
  --> src/main.rs:13:13
   |
13 |             data.push(aa);
   |             ^^^^ cannot borrow as mutable
   |
   = help: trait `DerefMut` is required to modify through a dereference, but it is not
implemented for `Arc<Vec<i32>>`
```

"cannot borrow data in an `Arc` as mutable"（Arcはミュータブルな値として借用できない）と言っています。**4.13節**で紹介したRc型と同様に、Arc型に格納した値はイミュータブルで、更新はできません。複数のスレッドから更新ができてしまうと、データの競合（同時書き込みによる不正など）が起こることがあるからです。

スレッド間で共有しているデータの内容を更新するときには、ミューテックス（mutex：mutual exclusion）という手法を使い、ロックの取得ができた1つのスレッドのみがそのデータを更新できるようにします。

Rustでミューテックスを使うためにMutex型[注4]が用意されており、次のようにして、ミューテックスによるロックで保護したいデータ（この場合は「1」）をMutex::new()に渡します。

```
let x = Mutex::new(1)
```

そして、次のようにしてロックの取得、およびロックが取得できたデータの更新を行うことができます。

```
let mut x = x.lock().unwrap();
*x += 10;
```

このxのスコープが終われば、取得したロックは自動的に解放されます。Mutex型を使って、**リスト8.3**のコードを修正したのが次のものです。

注4　https://doc.rust-lang.org/std/sync/struct.Mutex.html

リスト8.4　共有データにスレッドから書き込むコード例

```
1  use std::sync::{Arc, Mutex};
2  use std::thread::spawn;
3  
4  fn main() {
5      let data = Arc::new(Mutex::new(Vec::new()));
6  
7      let added = vec![1, 2, 3, 4, 5];
8  
9      let mut thrd = Vec::new();
10     for aa in added {
11         let data = Arc::clone(&data);
12         let th = spawn(move || {
13             let mut data = data.lock().unwrap();
14             data.push(aa);
15         });
16         thrd.push(th);
17     }
18 
19     thrd.into_iter().for_each(|th|{
20         let _ = th.join();
21     });
22 
23     let x  = data.lock().unwrap();
24     println!("{:?}", *x);
25 }
```

リスト8.3から修正されているのは次の点です。

- 共有データをArc::new(Mutex::new(Vec::new()))とし、値を格納するベクターをMutexで保護したものを、スレッド間で共有できるようにArcのデータとしている（5行目）
- 各スレッドで値をpush()する前には、ロックを取得している（13行目）
- 最後のprintln!での出力の際にもロックを取得し、*を使ってMutex型で保護しているデータを取り出している（24行目）

Arc型に加えてMutex型も使うことで、共有データの複数のスレッドからの書き込みもできるようになりました。

ほかの言語では、注意深くコードを書かないとスレッドでの実行が終わっていないのにスレッドで必要なデータがなくなってしまったり、ロックをしなくても共有データの更新ができるためスレッド間の競合が起きたりします。Rustでは、所有権の考え方を守りつつも、同じデータを複数のスレッドから見ることができるようにするArc型という仕組みがあり、かつ、コンパイル段階でスレッドを使うときに起こりがちなバグを防ぐ仕組みができていて、スレッドセーフが確保されています。

メインスレッドとの通信

リスト8.2の例では、spawn()から返却されるJoinHandle型の値に対してjoin()を使うことで、各スレッドの終了を確認しつつ、スレッドで実行されたクロージャの返却値を収集してその和を取ることで、計算対象全体の和を計算していました。

別のアプローチとして、新しく起動されたスレッドからメインスレッドへ通信ができるようにして、各スレッドからメインスレッドにデータを送るようにしてみます。

```
1  use std::sync::mpsc::channel;
2  use std::thread::spawn;
3  
4  fn main() {
5      let data = vec![1, 2, 3, 4, 5];
6      let (tx, rx) = channel();
7  
8      let data_len = data.len();
9  
10     for dd in data {
11         let tx = tx.clone();
12         spawn(move || tx.send(dd));
13     }
14 
15     for _ in 0..data_len {
16         println!("{}", rx.recv().unwrap());
17     }
18 }
```

メインスレッドとの通信のためには、std::sync::mpsc::channel()を使って通信路を作ります（6行目）。channel()は2つの要素からなるタプル型の値を返却しますが、1つめが送信路、2つめが受信路に対応しています。送信路であるtxはclone()によってスレッドごとに用意します（11行目）。起動されたスレッドではtx.send()を使ってデータを送り（12行目）、メインスレッドでは、rx.recv()により、起動したスレッドから送信されたデータを受け取っています（16行目）。

メインスレッドでは`rx.recv()`を起動したスレッドの数（＝データの数）だけ実行することで、起動したスレッドすべてからのデータを受け取っています。これは、**リスト8.2**で`join()`によって起動したスレッドの完了を待っていたのと同じ効果になります。

ソケットの入出力を使ったエコーサーバ

ソケットの入出力を使ったエコーサーバをスレッド並列によって実装してみます。

リスト8.5　スレッドを使ったエコーサーバ

```
use std::error::Error;
use std::net::{TcpListener, TcpStream};
use std::io::{Read, Write};

fn echo_process(stream: &mut TcpStream) -> Result<(), Box<dyn Error>> {
    let mut buf = [0_u8; 1024];
    loop {
        stream.write("input  => ".as_bytes())?;
        let read = stream.read(&mut buf);
        match read {
            Ok(0) => break,
            Ok(n) => {
                stream.write("output => ".as_bytes())?;
                stream.write_all(&buf[..n])?;
            }
            Err(e) => {
                return Err(e.into());
            }
        }
    }
    Ok(())
}

fn main() {
    let args: Vec<String> = std::env::args().collect();
    if args.len() != 2 {
        panic!("port is not specified");
    }
    let port: usize = args[1].parse().expect("Failed to get the port number");
    let addr = format!("localhost:{}", port);
    let listener = TcpListener::bind(addr).unwrap();
    println!("Listening to the port {}", port);

```

```
34     loop {
35         let (mut stream, _) = listener.accept().unwrap();
36         std::thread::spawn(move || {
37             echo_process(&mut stream).unwrap();
38         });
39     }
40 }
```

このコードでは、ポート番号をコマンド引数から与え、localhostのそのポートを開放し、そのポートで接続を受け付けています。接続されると、関数echo_process()でスレッドを起動して実行しています。echo_process()の実装においては、**6.2節**で説明したように、TcpStream型がReadトレイトやWriteトレイトを実装しているため、ファイルの読み書きと同じように、TCPソケットの読み書きをすることができます。

25行目のようにしてコマンド引数を取得できます。args[0]は実行コマンドそのもの、args[1]、args[2]、……が第1引数、第2引数、……になります。また、29行目ではparse()[注5]を用いてString型のargs[1]をusize型に変換しています。この処理は、parse()が成功するかをテストすることでargs[1]が数値の文字列であることを確認するためのものです。parse()はResult型を返却するので、数値への変換に失敗した場合には"Failed tp get the port number"というメッセージを出し、panicを起こします。

cargo runに引数を付けることで、それを実行モジュールにコマンド引数として渡せます。

```
$ cargo run 3211
   Compiling thread_listen v0.1.0 (/Users/tabito/github/rust_book/code/thread_listen)
    Finished dev [unoptimized + debuginfo] target(s) in 0.36s
     Running `target/debug/thread_listen 3211`
Listening to the port 3211
```

"Running `target/debug/thread_listen 3211`"と表示されているように、cargo runにコマンド引数として渡した「3211」が、target/debug/thread_listenという実行モジュールに引数として渡されています。

26～28行目で引数の数のチェックをしているので、引数を指定しない場合（args.len()が「1」の場合）にはpanicを起こします。

注5　https://doc.rust-lang.org/stable/std/primitive.str.html#method.parse

```
$ cargo run
    Finished dev [unoptimized + debuginfo] target(s) in 0.01s
     Running `target/debug/thread_listen`
thread 'main' panicked at 'port is not specified', src/main.rs:25:9
```

また、数値に変換できない文字列を第1引数に渡してもpanicを起こします。

```
$ cargo run test
    Finished dev [unoptimized + debuginfo] target(s) in 0.01s
     Running `target/debug/thread_listen test`
thread 'main' panicked at 'Failed to get the port number: ParseIntError { kind: InvalidDigit
}', src/main.rs:27:39
```

30行目のように`format!`マクロを使うことで、C言語の`sprintf()`やPythonの`format()`のように、書式を指定した文字列を作ることができます。使い方は`println!`と同じですが、`println!`が標準出力に出力するのに対し、`format!`は`String`型の文字列を返却します。

このコードをコンパイルし、引数に3211を指定して実行モジュールを起動したうえで、`telnet`コマンドなどでlocalhostの3211番ポートにつないで文字を入力すると、入力された文字がエコーされるのが確認できます（白塗り部分が入力した文字列を示します）。

```
$ telnet localhost 3211
Trying 127.0.0.1...
Connected to localhost.
Escape character is '^]'.
input  => Hello
output => Hello
input  => World
output => World
input  => ^]
telnet> quit
Connection closed.
$
```

なお、`telnet`を終了させるには、Ctrl +] を押して「quit」と入力します。

8.3　非同期処理による同時実行

次に、非同期処理による同時実行を取り上げます。

Rustにおける非同期プログラミングの詳細なドキュメントとして、"Asynchronous Programming in Rust"[注6]があります。また、本書でも用いた非同期処理のランタイムライブラリを提供するクレートtokio[注7]については、詳細なチュートリアル[注8]やクレートについてのドキュメント[注9]があります。本書では、これらのドキュメントを大いに参考にして執筆しています。

JavaScriptにおける非同期関数

まず、非同期関数が頻繁に活用されるJavaScriptのコードを使い、非同期実行の理解を試みます。

```
let calc_sum = (nmax) => {
    let sum = 0
    for (ii = 0; ii < nmax; ii++){
        sum = sum + ii
    }
    return sum
}

let print_sum = (nmax) => {
    let sum = calc_sum(nmax)
    console.log(sum)
}

let print_sum_hello = (nmax) => {
    print_sum(nmax)
    console.log("Hello")
}

print_sum_hello(10000000)
```

このコードは、`print_sum_hello()`という関数で、1から`nmax`までの和を計算し（`calc_`

注6　https://rust-lang.github.io/async-book/
注7　https://tokio.rs/
注8　https://tokio.rs/tokio/tutorial
注9　https://docs.rs/tokio/1.12.0/tokio/

sum())、その結果を出力して(print_sum())、そのあとにHelloを出力します。

このようにひとつひとつの関数の実行の完了を待って次の処理に進むのが「逐次実行」です。実際にこのコードをNode.js[注10]で実行すると、次のように期待した出力が得られます。

```
49999995000000
Hello
```

それでは、和の計算の部分を非同期化してみます。非同期処理というのは、ある処理の完了を待たずに次の処理に進めるものと説明しました。

リスト8.6 JavaScriptでPromiseを使って非同期処理をする例

```
1  let calc_sum = (nmax) => {
2      return new Promise((resolve) => {
3          let sum = 0
4          for (ii = 0; ii < nmax; ii++){
5              sum = sum + ii
6          }
7          resolve(sum)
8      })
9  }
10
11 let print_sum = (nmax) => {
12     calc_sum(nmax).then((sum) => {
13         console.log(sum)
14     })
15 }
16
17 let print_sum_hello = (nmax) => {
18     print_sum(nmax)
19     console.log("Hello")
20 }
21
22 print_sum_hello(10000000)
```

calc_sum()を非同期化するために、Promiseというオブジェクトを返却するように修正します(2行目)。Promiseは「非同期に未来で実行結果が決まること」を表しているオブジェクトで、次の3つの状態のいずれかになります。

注10 https://nodejs.org/ja/

pending 実行の完了を待っている状態
fulfilled 実行が成功した状態
rejected 実行が失敗した状態

Promiseのコンストラクタには、非同期に実行したい処理を関数として与えます。この関数の引数は、pendingからfulfilledに移行するときに呼ぶ関数と、pendingからrejectedに移行するときに呼ぶ関数(省略可)を受け取るものとして定義します。このコードでは、fulfilledに移行するときに呼ぶ関数をresolveという名前で引数に与えており(2行目)、和の計算後にfulfilledに移行するためにresolve()を呼び出しています(7行目)。resolve()という関数の引数は0個または1個で、この引数に指定された値が、成功した場合のcalc_sum()の返却値になります。このコードでは、和の結果sumを引数に与えています。

calc_sum()はprint_sum()の中で呼び出され(12行目)、then()メソッドで、calc_sum()から返却されるPromiseの状態がfulfilledに移行したときの処理を関数で与えます。この関数の引数はcalc_sum()の返却値であり、このコードでは和の結果sumを引数に指定し、console.log()で出力しています。

関数print_sum_hello()(17行目)では、print_sum()、console.log("Hello")の順で呼び出されます。print_sum()はPromiseのインスタンスを作成する際に指定した関数を起動し、そのPromiseのインスタンスを返却します。関数print_sum()の役割はこのPromiseのインスタンスを返却することですので、その返却が完了すると次の処理であるconsole.log("Hello")に進みます。ただし、Promiseによって起動された関数が完了しているとは限らないことが、逐次実行とは異なるところです。

このコードを実行すると次の結果が得られます。逐次実行の場合と出力順序が逆になっています。

```
Hello
49999995000000
```

print_sum()、さらにそれが呼び出すcalc_sum()によって和の計算が行われますが、この実行完了には少し時間がかかるため、非同期実行をした場合には和を計算しているのと並行してconsole.log("Hello")が実行され、後者のほうが先に出力されました。このように非同期実行であると、コードの記述の順番と処理の完了の順番が異なる場合があることに注意が必要です。

Rustでも、Promiseのように未来に実行結果が得られることを抽象化したもの（Futureトレイト）を使います。

なお、JavaScriptには、Promiseのインスタンスを明示的に作成する代わりに、asyncやawaitというキーワードを用いて記述できます。**リスト8.6**をasyncやawaitを用いて書き換えると次のようになります。

リスト8.7　JavaScriptでasyncやawaitを使って非同期処理をする例

```
1  let calc_sum = async (nmax) => {
2      let sum = 0
3      for (ii = 0; ii < nmax; ii++){
4          sum = sum + ii
5      }
6      return sum
7  }
8
9  let print_sum = async (nmax) => {
10     let sum = await calc_sum(nmax)
11     console.log(sum)
12 }
13
14 let print_sum_hello = async (nmax) => {
15     print_sum(nmax)
16     console.log("Hello")
17 }
```

asyncを関数定義の最初で指定することで（1行目）、その関数の処理と対応したPromiseのインスタンスがその関数から返却されるようになります。そして、Promiseのインスタンスに対してawaitを付けると、Promiseの状態が成功（fulfilled）になるのを待ちます（10行目）。

awaitでPromiseのインスタンスを返却する非同期処理の実行完了を待ち、そのあとに処理を記述することで（10〜11行目）、Promiseのインスタンスに対してthen()メソッドを使うのと同じ機能が実現できます。

Rustでもasyncやawaitというキーワードを使います。

Rustにおける非同期処理

Rustにおいても、JavaScriptと同様に、関数の定義にasyncを付けることで非同期関数を作ることができます。次のコードは非同期関数を定義して使用する例です。

リスト8.8 Rustのasyncを使って関数を非同期化する例（正しく動作しない）

```
async fn sum_func(n: usize) -> usize{
    let ans = (1..=n).into_iter().sum::<usize>();
    println!("{}", ans);
    ans
}
fn main() {
    sum_func(10000000);
    println!("called")
}
```


sum_func()という関数にasyncというキーワードを付与して関数を非同期化します。この関数は1から10,000,000までの和を求め、その結果をprintln!で出力するとともに、返却値として返します。

asyncを付けると、元の関数の返却値の型がTである場合には、impl Future<Output=T>型に自動的に変更されます。impl Future<Output=T>型というのは、関連型OutputがTであるFutureトレイト[注11]を実装している何らかの型を示します。Futureトレイトは「未来に実行を完了させる」という動作に対応するトレイトであり、このトレイトを実装した型はJavaScriptのPromiseとよく似ています。Futureトレイトにはpoll()というメソッドがあり、対応処理が完了していればPoll::Readyを、完了していなければPoll::Pendingを返します。これらの状態はまさにJavaScriptのPromiseのfulfilled、pendingに対応しています。

非同期処理を実行する際には、非同期ランタイムライブラリがpoll()メソッドを定期的に呼んで処理の完了を監視しますが、プログラマーが自分で呼ぶことはほぼありません。

リスト8.8をコンパイルすると、コンパイルはできるものの、次のような警告が出力されます。

注11　https://doc.rust-lang.org/std/future/trait.Future.html

```
warning: unused implementer of `Future` that must be used
 --> src/main.rs:7:5
  |
7 |     sum_func(10000000);
  |     ^^^^^^^^^^^^^^^^^^
  |
  = note: `#[warn(unused_must_use)]` on by default
  = note: futures do nothing unless you `.await` or poll them
```

そして、実行すると次の出力が表示されます。

```
called
```

関数に書かれた処理の実行に数秒はかかるはずのsum_func()を呼び出すと、すぐに値が返却され、次の行に処理が進んでcalledが表示されるのはJavaScriptと同じですが、sum_func()の処理で出力されるはずの計算の結果が出力されません。

Rustでasyncを付けた関数は、呼び出されたときにimpl Future<Output=T>型の値を返すだけで、関数の処理の実行をしません。コンパイル時の警告で"futures do nothing unless you `.await` or poll them"（返却されたfutures（impl Future型の値）は.awaitを実行するか、poll()メソッドを呼ばなければ何もしない）と表示されていたのは、このことを指しています。

非同期関数がimpl Future<Output=T>型の値を返却するのは、JavaScriptでPromiseのインスタンスを返却することと似ていますが、非同期関数を呼び出しただけで裏で非同期タスクの実行がされるJavaScriptとは、この点が決定的に異なることに注意が必要です。

非同期タスクのランタイムによる実行

非同期タスクの実行をするためにはランタイムライブラリ[注12]を使う必要があります。Rust向けの非同期実行のランタイムライブラリはいくつかありますが、tokioと呼ばれるクレートが提供するランタイムライブラリが広く使われています。また、futuresというクレートも使いますので、Cargo.tomlに以下を追記しておきます。

注12　非同期処理のためのランタイムとは、非同期処理を実行するために必要なコンポーネントのことで、ランタイムライブラリはランタイムを提供するライブラリのこと。ランタイムライブラリのことを単にランタイムと呼ぶことも多い。

```
[dependencies]
tokio = { version = "1.12.0", features = ["full"] }
futures = "0.3"
```

このランタイムライブラリを用いると、**リスト8.8**のmainを次のように書くことができます。

```
1  fn main() {
2      let fut = sum_func(10000000);
3  
4      let ls = tokio::task::LocalSet::new();
5      let rt = tokio::runtime::Builder::new_multi_thread()
6          .enable_all()
7          .build()
8          .unwrap();
9      ls.block_on(&rt,fut);
10 }
```


5行目がランタイムのインスタンスを構築しているところで、このコードではマルチスレッド型のランタイムのインスタンスをrtに束縛しています。そして、9行目のls.block_on()が、引数に指定したfut（Futureトレイトを実装している型の値）が表す関数処理を実行し、その実行が終わるまでの間、次の処理に進むのをブロックします。

これを実行することで、次の結果が得られます。

```
50000005000000
```

このように、実際に和の計算が実行されているのがわかります。

次に、非同期関数sum_func(10000000)の計算処理の実行が完了したあとに、sum_func(20000000)の計算処理を実行し、完了させることを考えます（非同期関数の逐次実行）。

同期関数であれば、この2つを順番に実行するように並べるだけですが、非同期関数では関数を呼んだだけでは実際の実行はされません。また、block_on()に渡せるimpl Future型の値は1つだけですので、2つの関数処理の実行を完了させるimpl Future型の値を作る必要があります。

このような場合には、「asyncブロック」を使います。asyncは{}で囲まれたブロックにも付与でき、関数と同様にブロックの返却値を`impl Future`型に変換して返却します。asyncブロックを使えば、2つの関数を順番に実行するという処理を次のように書くことができます（**リスト8.8**のmain関数を書き換え）。

リスト8.9　複数の非同期関数を逐次実行する例

```
1  fn main() {
2      let ls = tokio::task::LocalSet::new();
3      let rt = tokio::runtime::Builder::new_multi_thread()
4          .enable_all()
5          .build()
6          .unwrap();
7      ls.block_on(&rt, async {
8          sum_func(10000000).await;
9          sum_func(20000000).await;
10     });
11 }
```

ここで、8行目、9行目の`.await`は`impl Future`型に作用する演算子です。メソッドではないので、`.await()`のように`()`が末尾に付きません。`.await`は、その`impl Future`型が、値が持つ処理を実行して完了まで待つということを示します。`.await`は`async`が付いた関数やブロックで使うことができます。

すでに説明したように、非同期関数を呼び出しても`Future`トレイトを実装した値が返却されるのみであり、`block_on()`と同様、`.await`はその値に対応する処理の実行を開始するトリガーの1つです。

`Future`トレイトを実装した値が持つ処理を実行して完了させるという点では`block_on()`と`.await`は同じですが、`block_on()`は完了するまでそのスレッドにほかの処理を入れることができないのに対し、`.await`で完了を待っている場合には、そのスレッドにほかの処理を入れることができます。

さて、ランタイムライブラリ関連のコードは数行にわたり、少々長めで覚えにくいです。tokioには便利な属性が用意されており、この属性を用いると**リスト8.9**は次のように簡潔に書くことができます。

```
#[tokio::main]
async fn main() {
```

```
    sum_func(10000000).await;
    sum_func(20000000).await;
}
```

このように、fn mainの前にasyncを付けて、属性#[tokio::main]をその上に入れます。

非同期関数の同時実行

次に非同期関数を同時実行してみます。次のようなコードで解説します。

```
1  async fn print_number(n: usize) -> usize {
2      for ii in 0..2 {
3          tokio::time::sleep(tokio::time::Duration::from_millis(10)).await;
4          println!("{} from {}", ii, n);
5      }
6      n
7  }
8  
9  #[tokio::main]
10 async fn main() {
11     let mut handler_vec = Vec::new();
12     (1..=3).for_each(|ii| {
13         handler_vec.push(tokio::spawn(print_number(ii)));
14     });
15 
16     let ret = futures::future::join_all(handler_vec).await;
17     let retval = ret.into_iter().map(|r| r.unwrap()).collect::<Vec<usize>>();
18     println!("{:?}", retval);
19 }
```

このコードでは、関数print_number()を非同期関数として、10ミリ秒の間隔をおいて2回println!を実行し、返却値に引数で入力されたnを返しています（2～6行目）。

異なるnを引数とした複数の関数を実行し、これらを同時実行させるようにします。同時実行させるためにはtokio::spawn()を使います。tokio::spawn()はblock_on()、.awaitと並び、Futureトレイトを実装した値に対応する非同期タスクを実行するトリガーになるものです。

スレッドの起動にはstd::thread::spawn()を使いましたが、tokio::spawn()の使い方はこれとよく似ています。スレッドを起動するときのstd::thread::spawn()は、引数に「引数がなく環境の変数を変更しないクロージャ(Fnを実装している関数)」を指定しました。一方、tokio::spawn()の引数には「Futureトレイトを実装している値」を指定する必要があり、非同期関数やasyncブロックを指定することになります。

このコードでは、print_number()の引数に1から3を渡して3つの非同期関数をtokio::spawn()で実行し、tokio::spawn()から返却されるJoinHandle型の値をhandler_vecに詰めています(12～14行目)。このとき、現在のスレッドで実行されるか、新しいスレッドが作られてそこで実行されるかはランタイムライブラリの設定によります。

そして16行目のjoin_all()で、handler_vecの要素のJoinHandle型の値を通じてすべての非同期タスクが完了するのを待ちます。このjoin_all()は、Futureトレイトを実装しているJoinAll型の変数を返すだけであり、実際に非同期タスクの完了を待つためには.awaitを付ける必要があります。

join_all()の返却値はVec<Result<T, E>>型で、ベクターの各要素がhandler_vecの各要素に対応しています。各要素のResult<T, E>型のOk()で包まれているほうには、対応する非同期関数の返却値が入っています。これを17行目で取り出して、println!で出力しています。

実行結果は、たとえば次のようになります(from XのXの順番は実行ごとに同じにはなりません)。

```
0 from 2
0 from 3
0 from 1
1 from 1
1 from 2
1 from 3
[1, 2, 3]
```

もし、逐次実行されていれば出力は次のようになるはずです。

```
0 from 1
1 from 1
0 from 2
1 from 2
0 from 3
```

```
1 from 3
[1, 2, 3]
```

しかし実際の出力はこれとは異なっており、print_number(1)、print_number(2)、print_number(3)が逐次実行ではなく、同時に実行されていることがわかります。

なお、完了を待つJoinHandle型の値が2つであれば、tokio::join!というマクロがjoin_all()と同じように使えます。ただし、返却値がタプル型であり、イテレータに変換できず扱いにくいので、tokio::join!が使える場合でもjoin_all()を使ったほうが便利かもしれません。

非同期関数を用いたエコーサーバ

もう1つの例として、スレッド実行のところで取り上げたソケットの入出力を使ったエコーサーバ（**リスト8.5**）の非同期実行版を作ってみます[注13]。

リスト8.10　非同期関数を用いたエコーサーバ

```
use std::io;
use std::error::Error;
use tokio::io::AsyncWriteExt;
use tokio::net::{TcpListener, TcpStream};

async fn echo_process(stream: &mut TcpStream) -> Result<(), Box<dyn Error>> {
    let mut buf = Vec::with_capacity(1024);
    let mut input_prompt = true;
    loop {
        if input_prompt {
            stream.write("input  => ".as_bytes()).await?;
        }
        let read = stream.try_read_buf(&mut buf);
        match read {
            Ok(0) => break,
            Ok(n) => {
                stream.write("output => ".as_bytes()).await?;
                stream.write_all(&buf[..n]).await?;
                input_prompt = true;
            }
            Err(ref e) if e.kind() == io::ErrorKind::WouldBlock => {
```

注13　次のURLにあるコードをベースに修正を加えています。https://docs.rs/tokio/1.12.0/tokio/net/struct.TcpStream.html#method.try_read_buf

```
22                 input_prompt = false;
23                 continue;
24             }
25             Err(e) => {
26                 return Err(e.into());
27             }
28         }
29         buf.clear();
30     }
31     Ok(())
32 }
33
34 #[tokio::main]
35 async fn main() {
36     let args: Vec<String> = std::env::args().collect();
37     if args.len() != 2 {
38         panic!("port is not specified");
39     }
40     let port: usize = args[1].parse().expect("Failed to get the port number");
41     let addr = format!("localhost:{}", port);
42     let listener = TcpListener::bind(addr).await.unwrap();
43     println!("Listening to the port {}", port);
44
45     loop {
46         let (mut stream, _) = listener.accept().await.unwrap();
47         tokio::spawn(async move {
48             echo_process(&mut stream).await.unwrap();
49         });
50     }
51 }
```

このコードは**リスト8.5**と同じように実行できて、見た目には同じ動作をします。

このコードでは、引数で指定したlocalhostのポート番号を開放してTCP接続を待ち、接続がされたら、非同期関数echo_process()をtokio::spawn()によって実行しています。tokio::spawn()の引数のasyncブロックには、moveがついています（47行目）。これは、std::thread::spawn()の引数にクロージャを指定した際にmoveを付けたのと同じように、asyncブロックの中で使われているブロック外の変数の所有権をasyncブロックに移動させるもので、この例ではstreamの所有権をasyncブロックに移動させています。非同期タスクが終わる前にstreamのスコープがあるloopブロックが終わってしまう可能性があるため、所有権を移動させておかないと、loopが終わってしまったら、streamの値がメモリから破棄されてしまい、参照できなくなってしまいます。

TcpListenerやTcpStreamはtokioで用意されている非同期用のものを使っています。非同期用のものは従来のものと仕様が異なっている部分があり、たとえば、tokio::net::TCPStreamはstd::net::TCPStreamのようにReadトレイトが実装されておらず、read()メソッドが使えません。そのため、read()の代わりにtry_read_buf()を使っています（13行目）[注14]。

また、try_read_buf()の引数に与えるバッファは、Readトレイトのread()と異なり、BufMutというトレイトを実装していることを要求しており、u8型の配列ではそれを満たしていないので、Vec型をバッファとして使っています。そのときに、Vec::with_capacity(1024)として、1,024バイトのVec型の値として確保しています（7行目）。

なお、write_all()（18行目）では、Writeトレイトのメソッドではなく、tokio::io::AsyncWriteExtトレイトのメソッドが使われています。

◆ ◆ ◆

スレッド実行では従来のコードをほぼそのまま使えましたが、非同期実行ではI/Oやネットワーク関連のモジュールを標準のものからtokioのものへ置き換えるなど、ライブラリ側に大きな変更が必要になりますし、それを利用するプログラマー側もライブラリやプログラミングモデルの違いに対応する必要が出てきます。同時に複数の処理をさせるのに、スレッドによる並列実行と非同期処理による同時実行のどちらが適切であるかはケースバイケースであり、見込まれる効果とそれに対応するコストを検討し、選択する必要があります。

注14 https://docs.rs/tokio/1.12.0/tokio/net/struct.TcpStream.html#method.try_read_buf

第9章

C言語のライブラリのRustからの利用

Summary

第9章では、RustからC言語で書かれたライブラリを利用する方法について解説します。Rustが非常に良いプログラミング言語であったとしても、すべてを一斉にRustに移行することは現実的ではありません。Rustからほかの言語の関数を呼び出す、またはほかの言語からRustの関数を呼び出す仕組みをFFI（Foreign Function Interface）と呼んでいますが、Rustからほかのプログラミング言語で書かれた関数を呼び出せるようになれば、これまでのほかのプログラミング言語による資産を利用しながら、徐々にRustに移行していくこともできます。この章では、C言語で書かれたgzipのライブラリをRustから利用するコードを例にしながら、C言語のライブラリをRustから利用する方法を紹介します。

9.1　C言語で書かれたzlibの関数のRustからの呼び出し

C言語で書かれたgzipの圧縮や展開を行うライブラリzlib[注1]の関数をRustから呼び出してみます。zlibには与えたバイト列をgzip圧縮する`compress()`と、gzip圧縮されたバイト列を元に戻す`uncompress()`という関数があり、zlib.hではこれらの関数のシグネチャが以下のように宣言されています[注2]。

リスト9.1　zlib.hで宣言されているcompress()やuncompress()のシグネチャ

```
ZEXTERN int ZEXPORT compress OF((Bytef *dest,   uLongf *destLen,
                                 const Bytef *source, uLong sourceLen));
ZEXTERN int ZEXPORT uncompress OF((Bytef *dest,   uLongf *destLen,
                                   const Bytef *source, uLong sourceLen));
```

ここで、`ZEXTERN`、`ZEXPORT`はWindowsを含むいろいろな環境で使えるようにするためにマクロで定義されているもので、`ZEXTERN`は`extern`、`ZEXPORT`は空白とみなして差し支えありません。そして、`Bytef`、`uLongf`はそれぞれ`unsigned char`、`unsigned long`に対応するものです。

これらの関数をRustで使うためには、C言語の関数シグネチャをRustの関数シグネチャ

注1　https://zlib.net/
注2　https://github.com/madler/zlib/blob/master/zlib.h

に翻訳する必要があります。そのためには、各種のC言語の型をRustでの型に読み替える必要があります。このときに気をつける必要があるのは、C言語においてはcharが1バイトであることが規約で決まっており、Rustではu8型に対応しますが、int、longなどのサイズは環境に依存することです。

筆者の環境で次のようなC言語のコードを書き、これらのサイズを調べました。

```
#include <stdio.h>

int main(){
  printf("%ld\n", sizeof(int));
  printf("%ld\n", sizeof(long));
}
```

これを実行すると、筆者の環境でのint、longのサイズはそれぞれ4バイト、8バイトであることがわかりました。そこで、intはi32に対応させることとし、longは、筆者の環境のRustのusizeと同じサイズですので、unsigned longはusizeに対応させることにします。

これらの情報をふまえると、C言語でのBytef、uLongf、intをそれぞれu8、usize、i32に読み替え、C言語のポインタはRustの生ポインタに読み替えると、**リスト9.1**のC言語の関数シグネチャは次のように翻訳できます。

リスト9.2 Rustでのcompress()やuncompress()のシグネチャ

```
fn compress(dest: *mut u8, destlen: *mut usize, src: *const u8, srclen: usize) -> i32;
fn uncompress(dest: *mut u8, destlen: *mut usize, src: *const u8, srclen: usize) -> i32;
```

この翻訳をふまえ、compress()やuncompress()をRustから使うコードは、たとえば次のようになります。

リスト9.3 C言語で書かれたzlibをRustから使うコード例

```
#[link(name = "z")]
extern "C" {
    fn compress(dest: *mut u8, destlen: *mut usize, src: *const u8, srclen: usize) -> i32;
    fn uncompress(dest: *mut u8, destlen: *mut usize, src: *const u8, srclen: usize) ->
i32;
```

```
}

const BUFSIZE: usize = 1024;

fn main() {
    let mut compressed_buf = [0_u8; BUFSIZE];
    let mut uncompressed_buf = [0_u8; BUFSIZE];

    let orgdata = "Hello, Hello, Hello, world!!!";
    let orgdata_size = orgdata.len();

    let mut destlen_comp = BUFSIZE;
    let mut destlen_uncomp = BUFSIZE;

    println!("orgdata: {}", orgdata);
    unsafe {
        let ret_comp = compress(
            compressed_buf.as_mut_ptr(),
            &mut destlen_comp as *mut usize,
            orgdata.as_ptr(),
            orgdata_size,
        );
        println!("ret_comp = {}", ret_comp);
    }
    println!("destlen_comp = {}", destlen_comp);
    println!();

    unsafe{
        let ret_uncomp = uncompress(
            uncompressed_buf.as_mut_ptr(),
            &mut destlen_uncomp as *mut usize,
            compressed_buf.as_ptr(),
            destlen_comp,
        );
        println!("ret_uncomp = {}", ret_uncomp);
    }
    println!("destlen_uncomp = {}", destlen_uncomp);
    println!(
        "uncompressed: {}",
        String::from_utf8(uncompressed_buf[..destlen_uncomp].to_vec()).unwrap()
    );
}
```

このコードのmain関数では、「Hello, Hello, Hello, world!!!」という文字列を入力にして

compress()を実行し（21行目）、gzip圧縮されたバイト列をcompressed_bufに格納します（22行目）。そして、compressed_bufを入力にしてuncompress()を実行し（33～38行目）、gzip圧縮されたバイト列を展開し、それが「Hello, Hello, Hello, world!!!」に戻ることを確認しています。

翻訳をした関数シグネチャはextern "C"で始まるブロックの中に配置します（2～5行目）。1行目の#[link(name = "z")]によって、cargo buildの中で、zlibのモジュールがアーカイブされているlibz.aを、リンカのデフォルトの探索パス注3から探してリンクすることを指定しています。

10行目、11行目で処理結果を格納するバッファ（圧縮用、展開用それぞれ）をu8型の配列（サイズBUFSIZE）で作成し、そのサイズを16、17行目でdestlen_comp、destlen_uncompにセットしています。destlen_comp、destlen_uncompは、それぞれ関数compress()、uncompress()に入力するバッファのサイズですが、関数の実行後には処理結果のバイト列のサイズに置き換えられます。

C言語の外部の関数を呼ぶことはunsafeな操作とされているので、compress()、uncompress()を呼ぶ部分はunsafeのブロックで囲んでいます（20～28行目、32～40行目）。compress()、uncompress()の第1、3引数はC言語ではポインタであるので、as_mut_ptr()（ポインタを通じて値の変更が可能なミュータブルな生ポインタに変換）、as_ptr()（ポインタを通じて値の変更ができないイミュータブルな生ポインタに変換）を使い、生ポインタに変換して渡しています。また、第3引数にはusize型の生ポインタを渡す必要がありますが、&mutを付けたリファレンスをas *mut usizeによって生ポインタに変換しています。

zlibをインストールしたうえで、cargo runでこのコードをコンパイルして実行すると、次の出力が得られます。

```
orgdata: Hello, Hello, Hello, world!!!
ret_comp = 0
destlen_comp = 25

ret_uncomp = 0
destlen_uncomp = 29
uncompressed: "Hello, Hello, Hello, world!!!"
```

注3　Linuxでは/usr/lib、/usr/local/libなど。

9

ret_comp、ret_uncompの値からcompress()、uncompress()が正常終了を示す0を返していること、compress()で圧縮したバイト列をuncompress()で展開すると元の値である「Hello, Hello, Hello, world!!!」に戻せていることが確認できます。

関数のシグネチャの読み替えができてしまえば、C言語で書かれた豊富なライブラリを簡単にRustから使うことができます。

9.2 呼び出す外部関数の引数が構造体である場合

関数のシグネチャの読み替えの際に、引数が構造体になっていることもあり得ます。RustでC言語と互換の構造体を定義するためには、Rustでの構造体の定義の前に#[repr(C)]を入れておきます。

それでは、構造体を引数とするC言語の関数を自分で作って、関数の呼び出しができることを確認しましょう。

まず、C言語の関数のコードを用意します。**リスト9.4**のように、2つの浮動小数点の値をフィールドとして平面座標上の点を表す型としてPointという構造体を定義します。そして、2つの点の間の距離をdistance()という関数で求められるようにしています。この関数は2つのPoint型の値を引数に取ります。

リスト9.4　point.c

```c
#include <stdio.h>
#include <math.h>

struct Point {
    double x;
    double y;
};

typedef struct Point Point;

double distance(Point a, Point b){
    return sqrt(pow((a.x - b.x), 2) + pow((a.y - b.y), 2));
}

# ifdef TEST
int main(){
    Point x = {1.0, 2.0};
```

```
    Point y = {4.0, 6.0};

    printf("%f\n", distance(x, y));
}
# endif
```

zlibのときと同様に、ライブラリとしてリンクできるようにアーカイブファイルを作成しますので、main関数は不要ですが、テストのためのmain関数は作ってあります。以下のようにコンパイルすれば実行モジュールの作成ができ、テストすることができます。

```
$ cc -o point_distance -DTEST point.c -lm
```

生成された実行モジュールpoint_distanceを実行すれば、

```
5.000000
```

という結果が得られます。

次にRust側のコードです。

リスト9.5 main.rs

```
#[repr(C)]
struct Point {
    x: f64,
    y: f64
}

extern "C"{
    fn distance(a: Point, b: Point)->f64;
}

fn main(){
    let a = Point{x: 1.0, y: 2.0};
    let b = Point{x: 4.0, y: 6.0};

    unsafe {
        let dist = distance(a, b);
        println!("distance={}", dist);
    }
}
```

関数のシグネチャの読み替えに加え、構造体の定義の読み替えが必要になっています（1〜5行目）。読み替えをした構造体の定義の前に#[repr(C)]を付けておくことで、C言語互換の構造体にすることができます。あとは、zlibのケースと同様に理解できるでしょう。

9.3 自作のC言語のコードをRustのコードとリンクする

リスト9.4のpoint.cと**リスト9.5**のmain.rsをリンクして実行モジュールを作るためには、point.cからライブラリのアーカイブファイルlibpoint.aを作り、これをmain.rsとリンクします。ここで、**リスト9.3**の1行目のように属性#[link(name = "point")]をコード内に指定してもリンカのデフォルトの探索パスしか探索されないので、自身の作業ディレクトリにあるlibpoint.aを見つけ出すことができず、リンクができません**注4**。

Rustのコンパイラrustcには、C言語のコンパイラccと同様、ライブラリのアーカイブファイルを探索するパスを指定できる**-L**オプションがあります。cargoを使わずにrustcを直接使えば、次のようにして、自ら作成したC言語のコードをコンパイルしてライブラリのアーカイブファイルを作成し、Rustのコードとリンクすることができます。

```
$ cc -c point.c
$ ar r libpoint.a point.o
$ rustc main.rs -lpoint -lm -L.
$ ./main
distance=5
```

しかし、この方法ではcargoの持つさまざまな機能の恩恵を受けられなくなってしまいます。これらの処理をcargoを使って実行するためには、cc-rsというクレート**注5**を使うのが便利です。

このクレートを使うために、現在のパッケージのCargo.tomlに次の追記をします。

・[package]にbuild = "build.rs"を追加

注4　ライブラリのアーカイブファイルをリンカのデフォルトの探索パスに配置すれば良いのですが、一般ユーザーはそのパスへのファイルの書き込み権限が与えられていないことが多く、現実的ではありません。

注5　https://github.com/alexcrichton/cc-rs

- [build-dependencies]にcc = "1.0"を追加

追記をしたCargo.tomlの例が次のとおりです。

```
[package]
name = "c_self"
version = "0.1.0"
edition = "2018"
build = "build.rs"

# See more keys and their definitions at https://doc.rust-lang.org/cargo/reference/manifest.
html

[dependencies]

[build-dependencies]
cc = "1.0"
```


そして、build.rs（Cargo.tomlの[package]に追加したbuildの値に対応）という名前で次のコードファイルを作り、Cargo.tomlと同じ階層に配置します。

```
fn main() {
    cc::Build::new()
        .file("src/point.c")
        .compile("point");
}
```

これは、

- コンパイルするC言語のソースコードは（build.rsから見て）src/point.cにあること
- 生成するアーカイブファイルがlibpoint.aであること

ということを示しています。ファイルの配置は以下のとおりになっています。

```
├── Cargo.toml
├── build.rs
└── src
    ├── main.rs
    └── point.c
```

ここまでできたら、cargo buildを実行することで、C言語およびRustのコードそれぞれのコンパイルとリンクが行われます。

build.rsの中で、ライブラリのアーカイブの名前や探索パスなどの設定を、所定のキーを付けてprintln!で出力し、cargoに知らせるというトリッキーな方法もあります[注6]。src/libpoint.aを作成したうえで、build.rsの内容を次のようにしても、cargo buildで実行モジュールを作成できます。

```
fn main() {
    println!("cargo:rustc-link-lib=point");
    println!("cargo:rustc-link-search=src");
}
```

しかし、cc-rsクレートを使うとC言語のコードのコンパイルやアーカイブファイルの作成もcargo buildでできるので便利です。

このように、C言語で書かれた関数をRustからも手軽に使えますので、ぜひ活用してください。

注6　https://doc.rust-lang.org/cargo/reference/build-scripts.html#outputs-of-the-build-script

索引

へ

ほ

み

む

め

も

ゆ

ら

り

れ

ろ

参考文献

"Asynchronous Programming in Rust". https://rust-lang.github.io/async-book/

Isaac Guoy. "The Computer Language Benchmarks Game". https://benchmarksgame-team.pages.debian.net/benchmarksgame/

Jim Blandy, Jason Orendorff. Programming Rust, O'Reilly Media, Inc., 2017

M. Odersky, L. Spoon, B. Venners. Programming in Scala, 3rd Edition, Artima Press, 2016.

"Rust By Example". https://doc.rust-lang.org/stable/rust-by-example/

Samuel P. Harbison (Texas Instruments), Guy L. Steele, Jr., C: A Reference Manual (5th Edition), Pearson, 2002

Steve Klabnik, Carol Nichol. "The Rust Programming Language". https://doc.rust-lang.org/book/

渋川よしき. Goならわかるシステムプログラミング, ラムダノート, 2017.

著者について

原 旅人（はら たびと）

スーパーコンピュータを使って天気予報をするためのソフトウェア（数値予報モデル）の精度改善のための開発に14年従事。その後、エンジニアとしてWebアプリケーション開発、高速検索用のデータベースの構築、研究開発（データ分析基盤の構築とそれを活用したデータ分析、コンテナ技術活用、クラウド技術活用など）、サポート業務に参画。

長年使ってきたC言語、FORTRAN、Ruby、Pythonなどに加え、Rust、Go言語、TypeScript、Scalaなどのモダンなプログラミング言語でプログラムを開発するとともに、クラウドのサーバーレスサービスや、コンテナ技術（DockerやKubernetes）の活用による開発・運用負荷の軽減などに強い興味を持っている。

AWS認定資格全12種、CKA（Certified Kubernetes Administrator）、CKAD（Certified Kubernetes Application Developer）、CKS（Certified Kubernetes Security Specialist）を取得。

あとがき

本書の執筆のお話をいただいてから約9ヵ月、本業の業務外の時間を使いながら、本書を執筆してきました。これまでに学術的な報告書などの執筆経験はあるものの、このような長大な技術書籍を執筆するのは初めてであり、文章を書くことへの苦手意識もあって、当初はなかなか筆が進みませんでした。ただ、執筆の材料を集めるために、さまざまなドキュメントを読み込んだりサンプルコードを作成したりする中で、あらためてRustの奥深さを知ることとなりました。

筆者も当初は「所有権」や「トレイト」などのRustに特有な概念の理解に苦しんだ1人であり、その経験をふまえ、どのように書けば多くの方にわかりやすく伝えることができるかを主要なテーマとして、いろいろな概念やコードの書き方についての筆者の自分自身の理解を、自分自身の言葉で説明しました。筆者にとってのわかりやすい言葉が、読者のみなさんにとってもわかりやすいのかということは不安に感じているところですが、みなさんの理解の助けになり、Rustのすばらしさを感じていただければ、これほどうれしいことはありません。

本文にも書きましたように、新しいプログラミング言語を学ぶときには、それぞれの概念を説明するためのサンプルコードを「写経」してその言語のコードの書き方を感じ取り、その感覚をふまえて自分がほしい実用的なコードをドキュメントなども参考にしながら書いてみることが、そのプログラミング言語を使いこなせるようになるための近道だと経験上感じています。

本書で紹介した事柄は奥深いRustのまだまだ入口部分ですが、本書のコードを写経に使い、そのコードで説明しようとした概念やコードの書き方を理解すれば、本書では紹介できなかった機能のドキュメントを読みこなしたり、既存のライブラリを活用したりしながら、たいていのコードを書くことができるのではないかと考えています。

読者のみなさんがRustを学ぶ際の一連のプロセスに、本書が役に立つことを願っています。

カバーデザイン◆嶋 建夫（トップスタジオデザイン室）
本文設計◆徳田 久美（トップスタジオデザイン室）
組版◆株式会社トップスタジオ
編集担当◆中田 瑛人

コンセプトから理解《りかい》する Rust《ラスト》

2022年 2月 23日　初　版　第1刷発行

著　者　原《はら》　旅人《たびと》
発行者　片岡　巌
発行所　株式会社技術評論社
　　　　東京都新宿区市谷左内町 21-13
　　　　電話　03-3513-6150　販売促進部
　　　　　　　03-3513-6170　雑誌編集部
印刷／製本　昭和情報プロセス株式会社

定価はカバーに表示してあります

ISBN978-4-297-12562-2　C3055

Printed in Japan

■お問い合わせについて

本書の内容に関するご質問につきましては、下記の宛先までFAXまたは書面にてお送りいただくか、弊社ホームページの該当書籍コーナーからお願いいたします。お電話によるご質問、および本書に記載されている内容以外のご質問には、いっさいお答えできません。あらかじめご了承ください。

また、ご質問の際には「書籍名」と「該当ページ番号」、「お客様のパソコンなどの動作環境」、「お名前とご連絡先」を明記してください。

宛先：〒162-0846
東京都新宿区市谷左内町 21-13
株式会社技術評論社　雑誌編集部
「コンセプトから理解する Rust」質問係
FAX：03-3513-6179

■技術評論社 Web サイト

https://gihyo.jp/book

お送りいただきましたご質問には、できる限り迅速にお答えするよう努力しておりますが、ご質問の内容によってはお答えするまでに、お時間をいただくこともございます。回答の期日をご指定いただいても、ご希望にお応えできかねる場合もありますので、あらかじめご了承ください。

なお、ご質問の際に記載いただいた個人情報は質問の返答以外の目的には使用いたしません。また、質問の返答後は速やかに破棄させていただきます。